"十三五"江苏省高等学校重点教材（编号：2017－2－106）

测绘空间信息学概论

李　浩　岳东杰　主编

U0282703

西安交通大学出版社
XI'AN JIAOTONG UNIVERSITY PRESS

内容简介

本书共分 10 章,第 1 章绪论主要讲述测绘学科的概况及其重要作用,介绍现代测绘学科的基本体系框架及其内容,展望测绘学科的发展及新任务;从第 2 章到第 6 章分别介绍了大地测量学、摄影测量学与遥感技术、地图制图学与地理信息工程、工程测量学、海洋测绘学等五大分支学科的基本内容、研究的对象和任务、理论与技术方法;第 7 章介绍了测量误差处理理论与方法;第 8 章介绍了全球卫星导航与定位系统及应用;第 9 章介绍了"3S"技术集成与应用;第 10 章介绍了智慧城市与时空大数据,着重数字城市框架和时空大数据概念,以及与物联网、云计算等的关系。全书强调从地图产品生产转向以地理信息服务为主的信息化测绘的发展。

通过本书的学习,有助于测绘专业的学生或从事测绘工作的读者对测绘学科的研究内容和任务、测绘学科的组织和发展状况、现代测绘技术变革和服务特色等有总体的了解及认识。本书可作为高等院校测绘类专业的教材,也可供测绘专业的工程技术人员参考。

图书在版编目(CIP)数据

测绘空间信息学概论 / 李浩,岳东杰主编. — 西安:
西安交通大学出版社,2020.10(2023.8 重印)
ISBN 978-7-5693-1165-5

Ⅰ. ①测… Ⅱ. ①李… ②岳… Ⅲ. ①测绘—地理信息系统—概论 Ⅳ. ①P208

中国版本图书馆 CIP 数据核字(2019)第 092272 号

书　　名	测绘空间信息学概论
主　　编	李　浩　岳东杰
责任编辑	贺彦峰

出版发行　西安交通大学出版社
　　　　　(西安市兴庆南路 1 号　邮政编码 710048)
网　　址　http://www.xjtupress.com
电　　话　(029)82668357 82667874(市场营销中心)
　　　　　(029)82668315(总编办)
传　　真　(029)82668280
印　　刷　陕西奇彩印务有限责任公司

开　　本　787mm×1092mm　1/16　　印张　16.75　字数　348 千字
版次印次　2020 年 10 月第 1 版　　2023 年 8 月第 2 次印刷
书　　号　ISBN 978-7-5693-1165-5
定　　价　48.00 元

如发现印装质量问题,请与本社市场营销中心联系。
订购热线:(029)82665248　　(029)82667874
投稿热线:(029)82665249

前　言

　　测绘学科历经几千年发展的厚积，众多名望卓著的科学家和广大测绘工作者用心血和汗水结成丰硕的成果，使测绘学科焕发着经久不衰的光辉。近40年来，随着现代科技的飞速发展，测绘学科已迈入了信息化的全新时代，众多体现了当代科技特色的新兴研究内容和研究成果涌现，使整个测绘学科的内涵和外延不足以用"浩瀚如海"所能概括和形容，真正使人领悟到了"美不胜收"的含义。

　　现代测绘学，随着世界科技的进步和国民经济的飞速发展，其研究的理论方法，应用的技术手段和涉及的服务领域等，都进入了一个新阶段。结合空间技术、电子技术、信息技术、计算机技术、通信及网络技术等，在数字地球、数字中国、智慧城市等发展目标的驱动下，测绘学发生了"翻天覆地"的变革。每位学习者要深入了解和精通如此庞大而又深奥的测绘学科全部知识是困难的，每位测绘工作者可能也仅侧重于其中某个分支学科的学习、工作和研究，因此现阶段按照学科分类特征和体系结构把测绘学科分为五大分支学科，即大地测量学、摄影测量学与遥感、地图制图学与地理信息工程、工程测量学、海洋测绘学等，这是十分必要和恰当的。这有利于对当前测绘学科实质内容的科学组织与表达，便于读者整体了解测绘学科的主要科技内容、服务领域和发展状况，避免因片面专业化带来的学科认知不足。当然，随着科技和社会的发展，学科划分及其内容必然是变化的。

　　现代测绘学科的发展，要求测绘工作者不应仅局限于本学科及本专业范畴的学习和研究，要不断拓宽专业知识面，或还要更多地结合本专业以外的甚至其他似乎不太相关的学科理论及技术开展学习，才能适应当前快速变革的科技浪潮。为此，首先必须全面了解本学科的科技内容，然后系统地学习基础理论知识和专业知识，掌握相关技能。"广积而薄发"方能紧跟形势开展创新研究，发展学科内容，不断满足社会需求，推动测绘科技的进步。

　　考虑到测绘学从模拟法测绘发展到数字化、信息化、智能化测绘，从地面观测发展到空、天、地、海协同观测，从侧重测量与制图技术发展到面向地球空间信息科学和全球时空信息服务,测绘学研究时空变化的空间信息学特征愈加明显,故本书的测绘空间信息学的概念由此提出。本书适应测绘专业新生的特点,以专业培养导入为原则,理论学习与科普教育相结合,以学科研究内容、科技体系、服务领域与发展状况为主线,使新生在完全不具有测绘专业知识的背景下,能够快速、系统地了解测绘学科的历史、发展现状和前沿动态,认识学科地位及其在国民经济建设中的重要作用,总体上掌握测绘空间信息学的基本内容、理论架构和技术体系。

本书共分 10 章,对应各章的内容分别由华锡生、陈光保、李浩、安如、岳建平、黄张裕、兰孝奇、岳东杰、贾东振、潘鑫等编写,由李浩、岳东杰做统一校阅修改。编者们在总结以往"测绘学概论"授课内容的基础上,经过推敲和提炼,力求做到体系结构合理、内容深入浅出。由于编者的水平有限,书中缺点和不足之处难免,敬请读者指正。

编 者

目录

第 1 章　绪论

1.1　测绘学发展史概述

　　测绘学是一门有着悠久历史并正处在飞速发展中的学科,它属于地学的一个重要组成部分。特别是近 30 年来,测绘学已发展成为广泛集成现代科技,服务于国民经济和国防建设,最富现代气息及饱含高科技结晶的一门学科。它涉及的领域非常广泛,与众多相关学科的联系非常紧密,通常很难全面而详细地给出一个严密而又恰当的定义。随着时代不断进步,人类对地球及太空奥秘的探索不断深化,计算机技术及通信网络等各种高新技术的应用,测绘学在研究内容、理论技术、应用领域等各个方面都在迅速地更新、充实和提高,测绘学及其内涵也将会随时间的推移而有更加全面新颖的含义。

　　顾名思义地理解测绘学,常易使人们简单地认为其是通常所见的野外测量和绘图技术。从现代的观点来看,这种见解是十分"表面"的且是以"古老"的标准来衡量测绘学。发展到今天的测绘学,已迈入了信息化时代,在科学及技术上都获得了"质"的飞跃,从而以一种全新的面貌屹立于当代先进科技之前列。

　　现代的测绘学,应该理解为是一门研究与地球有关的各种空间信息采集、处理、管理和应用的科学与技术。得益于国民经济建设、国防建设和科技发展的需要,结合计算机技术、信息技术、空间技术、通信技术、传感器技术等以及本学科杰出的研究成果,测绘学科产生了实质性的飞跃式发展。与以前的测绘学相比,在研究内容上、科学技术上、服务对象上等均发生了"翻天覆地"地变革。测绘学已融入现代科技进步的大潮流,并占有重要的一席之地,正进一步为国民经济的现代化、国防科技的现代化发挥重要作用和做出突出贡献。

　　人类生活在地球上,必须为生存和环境的改善而不断努力,深入了解和研究地球及相关空间是人类生存的首要条件。早在古代的人类生存活动中,就大量涉及测绘科技的内容。在我国发现的古代各类星图及其变化的记载,为当时天文历书及农事耕作的安排做出了贡献;我国古代指南针的发明和应用为地面的定向及航海导航提供了手段;计里鼓车为远距离的机械丈量提供了方便;长江上的鱼梁石刻演示了洪水高程的变化及对防洪的警示;反映山河险要、田亩、疆域、户籍的各类地图为军事行动和行政治理打下了基础。所有这一切无不显示了早期的测绘学与人们最基本的生存活动休戚相关。这方面的例子在世界各国同样有众多的历史资料可以来佐证。

综观测绘学科的发展,从其理论上、研究的对象上以及采用的技术方法等方面来考察,可粗略地分成如下三个阶段。

1.1.1 初期发展阶段(17 世纪前)

该阶段是人们早期从事测绘科学及实践工作的阶段,正像其他学科早期发展阶段一样,测绘学科在此阶段开展了很多极有意义的工作,并取得了辉煌成果。总体而言,此阶段的测绘工作尚处在一种无序的、零星的、局部的,缺少系统理论指导的工作状态。这个阶段的工作很重要,探索和研究的内容为后期工作的展开铺平了道路。

要系统地列举在漫长初期发展阶段测绘学科完成的全部工作是困难的,毕竟在时代上离我们已十分遥远,文史的记载不可能全面而且历经沧桑后又残缺不全。根据历史记载,在此阶段较有代表性和系统性的测绘工作有:①亚历山大学者埃拉托逊尼在公元前3世纪就完成了首次用测量子午圈弧长来估算地球半径的工作。②我国唐朝的僧一行,于开元年间(713—741 年),在地势平坦的河南平原上,选择大致位于同一子午线上的 4 个连续点,用测绳丈量间距(约 300km),计算该段地面每度纬差对应的距离并推估子午线长度。③在地图学方面,地图的制作可上溯到古代美索不达米亚平原。此外,1986 年我国甘肃天水放马滩战国秦墓中出土四块 7 幅木板地图。地图绘制了公元前 323—310 年间秦国邦县地区(今天水一带)的地域,是世界上最早的实用地图。随后,在公元 2 世纪由克劳提斯·托勒密创建了地理学,并描述了圆形的地球投影到平面地图上的方法。16世纪吉拉杜斯·墨卡托开创了地图投影,使航海制图取得显著进展。④在海洋测绘方面,北宋时期(960—1127 年),指南针已在航海事业中普遍使用并采用测绳下悬铅锤测量海水深浅。在明朝,我国著名航海家郑和七下西洋(1405—1433 年),编制了较为详细的航海图志。所有这一切无不说明了早在古代,人们为生存和发展,为环境的改善和对地球的探索进行了大量卓有成效的测绘研究和技术开发,有力地推动了人类社会的进步。

1.1.2 迅速发展的中期阶段(17—20 世纪中期)

17 世纪后,测绘学科得到了前所未有的迅速发展。这应归功于许多著名科学家致力于天文学及地球形状和重力场的研究并取得的丰硕成果。这期间提出了有别于早期发展阶段的众多崭新的概念和理论,为测绘学科的确立和发展打下了基础。可以说,真正有系统的测绘学科的构建是在这个阶段完成的。

在此阶段,必须提及的是伟大的英国物理学家牛顿(L. Newton,1642—1727 年),他提出并论证了在万有引力作用下,地球为绕一轴旋转的两极扁平的旋转椭球体。此理论的确立使人类对地球的认识从圆球进入旋转椭球的新阶段,也为测绘学科奠定了基础。这一新的理论,在随后众多的测绘工作中得到了验证和广泛应用,产生了大量的以此理论为基础的测绘科研成果,使测绘学科逐步走向成熟。要全面和完整地介绍在此发展阶段众多卓著的测绘研究成果同样是困难的,下面仅列举一些标志性的成果,以使读者对测绘学科在此阶段的发展有个初步的了解。

（1）在 17—19 世纪中期,由高斯（C. F. Gauss）、勒让德（A. M. Legendre）、贝赛尔（F. W. Bessel）等研究了椭球面测量计算理论,研究出椭球面投影到平面的正形投影法,解决了椭球面测量的关键技术,有力地推动了椭球大地测量学的构建。

（2）法国测量学者采用较精确的弧度测量数据,在 1799 年计算得出新的椭球参数 $a = 6375653\mathrm{m}$, $\alpha = 1/334$,并首次定义子午圈弧长的四千万分之一为长度单位 $1\mathrm{m}$,使测绘学中有了较明确的长度单位。此外,对于地球椭球参数的研究由贝赛尔（1841 年）和克拉克（A. R. Clarke,1866 年）分别推算了更可靠的椭球体参数值,广泛地应用于当时的测绘工作中。

（3）荷兰测量学者斯涅耳（W. Snell）研究及开创了三角测量方法,进一步推进了测绘技术的发展。由于三角测量的应用,在测绘技术及仪器方面,相继研制了经纬仪、精确的长度杆尺、水准仪等测量工具。

（4）法国的勒让德在 1806 年发表了最小二乘法理论。在此之前,德国的高斯在 1794 年已应用最小二乘理论推演了谷神星的轨迹,并于 1809 年在他的著作《天体运行论》中,导出了最小二乘法原理,并把这一理论运用到测量平差处理中。最小二乘法原理的建立和应用,为测绘科学中观测数据的处理和观测误差的理论分析打下了坚实的基础。

（5）法国学者克来罗（A. C. Clairaut）提出重力等位面理论及地面各点重力加速度计算式。此外,勒让德在研究地球形状和重力的关系中提出重力位函数理论。这些理论把地球形状与重力场紧密地联系在一起,为物理大地测量翻开了新的一页。

（6）1839 年法国人达盖尔（L. J. M. Daguerre）发明了摄影术,为摄影测量开创了条件。1851—1859 年法国陆军上校劳赛达特（A. Laussedat）提出了交会摄影测量方法并测绘了万森城堡图,标志着摄影测量的开始。1903 年莱特兄弟发明飞机,使航空摄影测量有了真正的工具,随即首台航空摄影机问世。

在 19 世纪下半叶到 20 世纪中期,测绘学科的进展突出地表现在如下几个方面。

（1）为研究地球形状及天体运行规律,在亚洲、北美洲、欧洲均布设长达 70000 ~ 80000km 的大规模长距离天文大地网,进行较高精度的观测。结合大量重力资料和大地测量资料推求新的地球椭球体参数,有赫尔默特（F. R. Helmert）1906 年参数,海福特（F. Hayford）1909 年参数和克拉索夫斯基椭球参数。新的椭球参数更精确地表达了大地体的几何形状并在较长时期内得到广泛应用。但是直到这个阶段,大地测量仍以刚体地球为研究对象,所进行的测量也是静态局部的测量。此外,在测量平差理论方面,荷兰学者田斯特拉（J. M. Tienstra）完成了相关平差的理论研究,使平差处理的对象扩展到随机相关的观测值和函数。

（2）在物理大地测量方面，英国的斯托克斯（G. G. Stokes）在1849年提出地球重力位由正常位和扰动位两部分组成，分别对应为正常重力和重力异常。在此理论基础上，经随后不断地研究和完善，实现了直接利用地面上的重力观测值，精确求定地面点的扰动位，可不再依据大地水准面的求解而求定地球形状及外部重力场。

（3）在测绘技术方面，由瑞典人耶德林（E. Jaderin）首创的24m因瓦基线尺悬空丈量技术解决了地面上精密量距的难题。各种高精度的光学经纬仪以及带平行玻璃板测微装置的精密水准仪、因瓦水准尺等的研制开发，在第二次世界大战后蓬勃兴起的各种巨型工程建设测量及近代大地测量中发挥积极作用。此外，在摄影测量技术上，1901年和1909年分别出现了立体坐标量测仪和1318自动立体测图仪，使摄影测量开始了利用立体像对进行双像测量的新时期。在印刷技术上，发明了胶版印刷术，使地图制图得到快速发展。

（4）在海洋测绘方面，欧洲的资本主义社会发展较快，对远洋交通十分重视，相继成立海道测量机构，同时研制了天文钟、六分仪等成套的定位和导航仪器。1854年，美国海军部的毛利绘制出了"北大西洋水深图"，体现了当时海洋测量的新水平，是最早的一张海底地形图。1922年，法国航道部首次在海洋测量中应用回声测深仪进行地中海的水深测量。

这个阶段正处于近代社会发展的盛期，社会的进步极大地带动和促进了科技的发展，使测绘学科在理论、技术以及学科的体系结构等方面打下了坚实的基础，构建了经典测绘学的完整内容和框架。测绘学亦为经济建设、社会文明进步以及军事科技发展等发挥了重要作用。

1.1.3 近代测绘学阶段（20世纪中期以后）

本阶段是测绘学发展最为活跃的时期，计算机和计算机网络技术的发展，人造卫星及空间探测器的发射，各种先进传感器的出现及数码技术、自动化技术、智能技术的进步以及先进测绘仪器的研发，特别是20世纪末以来正在轰轰烈烈开展的"数字地球""智慧城市"等工程，使测绘学在研究内容和技术手段上与以往相比，发生了"脱胎换骨"的改变。测绘工作已从繁重的体力劳动型向技术密集型过渡，从大量人工作业向自动及智能化作业发展，从文字资料型向信息化迈进。这些"质"的变化，在近30年来表现得尤为明显和突出。与世界科技发展一样，测绘学科迈入了一个崭新的时代，取得的成就和进展是举世瞩目的。

在对地球的研究中，现代的大地测量学，从刚体地球的概念转入以可变地球为对象，研究动态的全球绝对测量技术的新时期。其在构建我国现代大地测量参考框架，研究地壳及板块的运动规律，监测地表变形及预报地震，解释板块的断裂作用、地震活动及反演地壳构造等工作中发挥了作用，为我国的卫星、导弹、航天器及宇宙探测器的发射、制导、跟踪、返回等提供了先决条件。现代卫星测量技术,如卫星多普勒定位、海洋卫星雷达测高、激光卫星测距(20 世纪 70 年代),美国全球卫星定位系统 GPS(20 世纪 80 年代),俄罗斯卫星定位系统 GLONASS(20 世纪 90 年代),我国"北斗"卫星导航定位系统(2000年)等的投入使用,在现代大地参考框架的构建,地球动态参数测定和重力场模型精化,地球板块运动和地壳变形监测,高精度海洋测量以及海空导航、车辆导向、导弹制导等方面起着极为重要的作用,各种应用实例不胜枚举。

　　工程测量学科的研究,为解决经济建设中大量涌现的各类工程项目所涉测量关键技术问题提供了支撑。特别是 20 世纪 70 年代以来,自然环境和谐和各种工程的防灾减灾、运行安全被放到十分重要的位置,精密工程测量、安全监控技术等工程测量新内容得到了快速推进,以适应现代社会和经济发展之需。这类技术方法,在我国兴建的特大型高坝、南水北调工程、核电站、电子对撞机、特大跨径的桥梁、高速公路、地铁工程、高铁工程、大型现代建筑群体等众多前所未有的现代工程,以及地表沉陷监测、高边坡及危岩监测、大坝及各类大型工程的安全监测中发挥重要的作用。与此同时,在测量技术手段上,20 世纪 60 年代光电测距仪的诞生,70 年代以后的全站仪、自动全站仪、特高精度测距仪及 GPS 的投入使用,进一步改变了工程测量的技术和面貌。在各种工程的建设及安全监测中,研制和开发了工程测量的大型信息管理系统、安全监测系统、安全综合推理分析及评判预报系统等。该阶段构建起了现代工程测量的框架体系,极大丰富了工程测量的内容,使工程测量学科的现代化、自动化、智能化不断推进。

　　在摄影测量和遥感方面,摄影测量经历了一种典型地从模拟方法到数字方法的技术发展道路。摄影测量技术成熟于 20 世纪初,当然就是所谓模拟摄影测量,其主导摄影测量历程约 80 年。模拟摄影测量利用光学或机械投影实施摄影过程的反转,构建起与实际地表形态成比例的几何模型,由此测绘出地形图和各种专题图。本质上讲,模拟摄影测量就是基于影像的机械辅助测图,但由于精密的光学机械仪器设备巧妙地解决了物像坐标转换问题,这成为那个年代最富有科技含量的代表性测绘技术,并成为地形图生产的主要方式,故摄影测量成了测绘学科前沿发展方向。得益于计算机技术的发展成果,从 20 世纪 60 年代开始,解析摄影测量开始发展,其本质是基于影像的计算机辅助测图技术。解析摄影测量仍然使用胶片影像,但由计算机替代了复杂的光学机械设备来实现物像坐标变换,并发挥了计算机在观测数据处理和图形绘制方面的特长。20 世纪 80 年代开始,数字摄影测量得以迅速发展,其本质是自动化影像测图技术。实际上,解析摄影测量阶段只是一个短暂的过渡性阶段,其主导摄影测量历程不足 20 年的时间。自 20 世纪90 年代中后期开始,摄影测量学科全面进入了数字摄影测量发展阶段。数字摄影测量的处理对象是各种传感器获得的数字影像,通过摄影测量和计算机视觉等处理技术,实现像片定向、共轭影像匹配、三维信息提取等过程,高度自动化地生产数字高程模型、数字正射影像、三维实景模型等多种形式的测绘产品,并成为数字测绘产品的主要生产方式。在数字摄影测量过程中,人的工作已经降为辅助性工作。

进入 21 世纪以来,有五项突出的新技术成果极大地推动了摄影测量的发展。一是量测用数字航空相机的出现,使得数字摄影测量的发展摆脱了传统胶片成像方式的拖累,数字摄影测量真正进入了全数字化流程;二是新一代遥感图像处理系统,集并行处理、远程管理、多功能处理和多种影像兼容等特点于一身,大大提升了摄影测量的生产和服务能力;三是摄影测量与计算机视觉的结合,有效提高了序列影像数据处理与三维建模的自动化水平;四是多传感器集成应用技术,使摄影测量具有了实时获取三维数据的能力,进一步拓展了摄影测量的研究及服务领域;五是以无人机为飞行平台的低空航摄技术的出现,大大降低了开展航空摄影测量的门槛,推动了摄影测量技术应用的爆发式增长。

卫星遥感方面,1957 年,苏联成功地发射了人造地球卫星。1959 年,人造卫星发回了第一张地球照片。1960 年,从气象卫星上获得了全球的云图。1962 年,在美国密执安大学召开第一届"环境遥感"会议后,"remote sensing"一词开始使用,遥感科技得到飞速发展。遥感是在航空勘测技术基础上,随着空间技术、传感器技术、电子技术、通信技术、计算机技术和地球科学技术等的发展而诞生的现代化综合性探测技术,它超越了人眼所能感受的可见光的限制,延伸了人的感官。由于遥感影像具有宏观性、光谱性和时相性等特点,使它能够快速、及时、准确、全面地观测全球陆地、海洋和大气等的状况及其变化,极大地改变了人们的生活和生产方式,从而也成为人类发展的标志性技术成果。至今,遥感技术在资源调查、环境监测、灾害预报以及军事技术等领域发挥着广泛的不可替代的作用。

20 世纪 50 年代起,随着计算机技术的发展,测绘工作者和地理工作者逐渐利用计算机汇总各种来源的数据,借助计算机处理和分析这些数据,最后通过计算机输出一系列结果,作为决策过程的有用参考信息。1956 年,奥地利测绘部门首先利用计算机创建了地籍数据库。20 世纪 60 年代末,加拿大创建了世界上第一个地理信息系统(Geographical Information System),用于自然资源的管理和规划。地理信息系统(GIS)是计算机软、硬件支持下,对整个地球表层的地理数据进行采集、存储、管理、分析、显示和描述的技术系统。进入 20 世纪 70 年代以后,地理信息系统朝实用方向迅速发展,商业化的 GIS 软件亦开始成长。20 世纪 80 年代是 GIS 普及应用的阶段,并且涌现出一批代表性的 GIS 软件,如 ARC/INFO 等。20 世纪 90 年代,随着微型计算机和 Windows 操作系统的发展,GIS 进入各行各业。全球信息网的发展,为地理信息系统在互联网上运行提供了条件,基于 WWW 的地理信息系统促使 GIS 社会化发展。GIS 一开始就在自然资源管理方面显示了其重要性,迄今 GIS 技术已广泛应用于林业、矿业、水利、土地利用、城市规划、防灾减灾和地图制图与地理数据发行等众多领域。

在海洋测绘方面,近代的海洋测绘不仅仅是测绘海图为航海服务,而是转入了以海洋研究和海洋开发为两大目标的全新内容中。海洋测绘应为研究地球的形状提供更多的资料,海洋占地球面积的 71%,缺乏如此广袤面积上的测量资料而研究地球是不完善的。海洋测绘应为研究海底的地质构造及其运动提供各种信息,为海洋实体的研究和开发提供基础平台。在海洋开发工作中,海洋测绘应充分服务于海洋自然资源的勘探开采、海洋工程、航运、渔业、海底工程(如电缆、管道)、海上划界等各种应用性任务。

近代的海洋测绘技术得到迅速发展,无线电定位技术,计算机、激光和卫星测量技术,新一代的声呐技术等被广泛应用,使海洋测绘进入了自动化时代。在海洋定位技术中,满足各种用途需要的定位距离从数千米到数千千米的无线电定位系统的投入使用,GPS 及卫星导航系统的构建,结合加速度计、电子或激光陀螺、多普勒声呐、各种传感器、卫星、无线电定位系统等由计算机实时处理的综合自动导航系统的研制开发,使得在水深测量中的多波束扫描测深仪、光度法测深仪及海底图像测量装置等的开发与应用得到较快发展。近代海洋测量技术的发展,在海洋定位、导航、海底地形图的自动绘制,以及海洋开发利用和国防建设中,发挥了重要作用。

综上所述,测绘学的研究内容及发展,与国民经济和国防建设的需要是密切相关的。现代测绘学着重利用各种航空、航天飞行器及集成传感器系统,获取地球在统一坐标系中的空间位置信息及其他多种信息,建立地理、土地等各种空间信息系统,为研究地球自然和人文社会,解决人口、资源、环境和减灾防灾等社会可持续发展中的重大问题,以及为国民经济和国防建设的发展提供技术支撑和数据保障等服务中,发挥着极其重要的作用。

1.2 测绘学科的基本体系和主要内容

测绘学科在发展的第二阶段已较完整地构建了基本体系,形成一整套分类上较科学的学科门类及相应的研究内容。但是自 20 世纪 50 年代以来,随着现代科技和世界经济的快速发展,"经典"的内容在进一步地深化,新的测绘技术和理论在不断涌现。此外,科技的发展,要求测绘学科吸纳和加强与其他门类相关学科的紧密联系,体现学科间的交叉发展趋势越来越强烈,使测绘学科在不同发展阶段构成极富时代特色的不同体系及相关内容。

现代的测绘学,根据所研究的内容,采用的技术方法,服务的对象及目的等方面的差异和特点,主要分为大地测量学、摄影测量学与遥感技术、地图制图学与地理信息工程、工程测量学、海洋测绘学五个主要学科分支。应该说明的是,虽然这五个分支学科各有自己的特点及任务,但是它们之间是紧密相连的,相互间互为依存、互为补充,体现了整个测绘学科的全貌及本色。以地理信息系统而言,它是地图制图学与地理信息工程最主要的研究内容,但是摄影测量与遥感、工程测量、海洋测绘等学科也在从事属于自己学科范围内的各种专题地理信息系统或与地理信息系统密切相关的各种技术研究。而且其他学科,如地理学、地质矿产、水利、交通、土木工程、农林、军事工程技术等众多的学科,也都在从事地理信息系统的相关研究。再如在以形变监测为手段的工程及地质灾害监测预警方面,大地测量、摄影测量与遥感、工程测量、地理信息系统等学科都根据各自的特点,发挥自己的优势,结合各种生产科研项目而开展这方面的研究。它们分别采用高精度的边角控制网、精密水准仪、卫星定位技术,或采用高精度近景摄影测量、航空摄影空中三角测量、合成孔径雷达干涉测量、防灾地理信息系统,或埋设测斜仪、沉降仪、渗压计、应力应变计采集信息,并建立变形预报模型,研发监控信息综合分析评价系统等,实现防灾减灾的安全监控。

因此,测绘学科发展到现阶段,不仅体现了技术和理论的先进性、内容的广泛性、应用的普遍性,而且明显地反映出学科边缘的交叉性和模糊性。深入本学科的特色内容研究、加强边缘学科的开拓、密切与其他相关学科的结合,是测绘学科现阶段发展的方向。

1.2.1 大地测量学

大地测量学是研究和测定地球的形状、大小和重力场,地球的整体与局部运动和地面点的几何位置以及它们的变化的理论和技术的学科。在学科长期发展和众多卓越人才开创性的工作下,构建起了现代大地测量学的体系。最主要的内容包括几何大地测量学、物理大地测量学、空间大地测量学。

几何大地测量学主要是研究确定地球形状、大小和确定地面点三维空间位置的理论及技术。因此有关精密的角度、距离测量,水准测量,地球椭球体的参数及模型,椭球面上测量成果的计算、平差、投影变换以及大地控制网建立的原理和技术方法等,是几何大地测量学的基本内容。

物理大地测量学研究用物理方法(重力测量)确定地球形状及外部重力场。它的主要内容是重力测量及其归化,地球及外部重力场模型,大地测量边值问题,重力位理论,球谐函数,利用重力测量研究地球形状及椭球体参数等。

空间大地测量学是研究以卫星及其他空间探测器实施大地测量的理论和技术。主要内容包括卫星多普勒技术、海洋卫星雷达测高、卫星重力测量、卫星激光测距、卫星定位系统、卫星定位定轨理论等,以及应用卫星及空间探测器在全国性大地测量控制网、全球性的地球动态参数求定和重力场模型精化、地壳形变、板块活动、海空导航、导弹制导等方面的研究。确切地讲,空间大地测量学的开创,使大地测量学迈入了以可变地球为研究对象,实施全球动态绝对测量的现代大地测量新时期。

1.2.2 摄影测量学与遥感技术

摄影测量与遥感是研究利用飞机、卫星等携带的空间传感器获取影像等数据,并通过对数据的量测和分析处理,提取被摄目标及其环境的相关信息,最终以图形、图像或其他数字形式进行信息表达和应用的科学及技术。作为几何遥感的担当者,摄影测量学科发展经历了模拟摄影测量、解析摄影测量、数字摄影测量等阶段,但其测量与制图的根本没有改变。摄影测量基于各种影像生产地形图和专题图,建立地形数据库,为各类地理信息系统、智慧城市、虚拟地理环境等提供空间数据采集、处理、更新、三维建模及可视化分析等支持。

模拟摄影测量主要研究以光学摄影机获得像片,利用光学或机械投影的方法,模拟摄影机的位置和姿态,实现摄影过程的几何反转,构建与实际被摄目标表面形态相似的几何模型,通过对几何模型的量测,生成各种地形图及专题图等。模拟摄影测量阶段的学科研究内容包括影像拍摄、像片冲晒、模拟测图仪、模拟法像片定向及测图、航带空中三角测量等。模拟摄影测量技术虽然已经过时,但其开创的摄影测量的基本原理传承给了解析摄影测量和数字摄影测量,摄影测量仍然以几何学为基础。

解析摄影测量解决了以数字投影代替模拟投影的方法,使摄影测量利用计算机在像片处理中实现共线方程的实时解算,摒弃了光学、机械的模拟投影过程。其学科研究内容包括光束法和独立模型法解析空中三角测量、像片系统误差的补偿、观测值粗差理论、区域网平差、直接线性变换、数字地面模型、计算机地形图绘制等。

数字摄影测量是利用空间传感器获得的数字影像,经计算机处理,自动化地提取目标几何与物理信息的摄影测量学科。空间信息采集处理和测绘产品的生产仍然是它的主要目的。数字摄影测量是全数字工作流程,它以数字影像为信息源,运用数字处理技术,生产数字化产品。处理过程除了实现影像自动量测和坐标变换外,还正努力实现影像自动判读和解译、影像目标自动分类和定性描述,这体现了计算机视觉性能。数字摄影测量阶段学科研究内容包括测绘遥感平台与传感器、不同传感器的构像方程及解算、影像自动定向、图形的识别、影像特征自动提取与分类、立体影像匹配、数字地面模型、影像的数字纠正与融合等,并研究精细三维建模和虚拟环境构建与应用技术。

现代遥感技术在航天、电子及计算机等技术的发展及支撑下,得以迅速崛起。遥感通常主要指卫星遥感,卫星遥感技术建立有从卫星测控到信息的获取、传输、存储、处理和应用服务等庞大而复杂的遥感系统。遥感的应用领域十分广泛,如用于农业、林业、地质、地理、海洋、水文、气象、测绘、环境保护和军事侦察等诸多领域,而且不同领域的具体应用方法差异很大。遥感的研究内容浩瀚,测绘领域重点开展测绘遥感的研究及应用,包括高精度制图传感器、卫星姿态测量及精密定轨、传感器方位元素在轨检校、构像方程及高精度定位算法、卫星测图方法、测绘卫星数据应用等。可以说,模拟摄影测量就是光学机械时代的遥感技术,而数字摄影测量就是现代遥感中的几何遥感技术。测绘学科中的摄影测量学科发展成为摄影测量与遥感学科,既是传承,又是超越。

1.2.3　地图制图学与地理信息工程

地图制图学与地理信息工程是一门研究用地图图形技术,科学地、抽象概括地反映自然界和人类社会各种信息的空间分布、相互关系及其动态变化,对空间信息采集、抽象、存储、管理、处理、分析、可视化和应用的学科。其主要内容包括理论制图学、地图制图学、地理信息系统等。

　　理论制图学研究的内容,主要有地图投影原理和方法、地面形态的表达、投影变换理论及计算、地图的制作、地图数据库技术、地图的规范化、地图存储管理及应用技术等。

　　现代地图制图学不仅改变了制图的过程,而且也改变了地图的概念。其采用各种传感器或人工采集信息,借助于计算机制图软件,可以快速编绘各种地图或专题图,极大地改变了某些地图的物理形态,也改变了地图使用的实质。地图成为数字化产品后则很容易根据需要摘录地理信息,构建地理数据库。计算机地图制图的主要内容有地图制图数据结构、计算机制图设计、计算机制图程序、格栅与矢量模式及其转化、矢量符号表达、地图要素的提取及综合、存储、表达等。地图被认为是人类认识自然的信息载体,地图制图学已发展成为研究空间地理环境和建立相应的空间信息系统的学科,也成为地理信息系统的支撑技术。

　　地理信息系统(GIS)是一种特定而又十分重要的空间信息系统,它是以采集、存储、管理、分析和描述地球表面与空间地理分布有关的数据的空间信息系统。其基本特点是将信息系统、图形系统和空间分析功能综合在一起,同时考虑地理对象的空间信息、属性信息及拓扑关系。本质上讲,地理信息系统是一种为地理研究和地理决策服务的计算机技术系统。由于现实信息中约80%都具有空间性,故 GIS 在众多领域都扮演重要角色,不仅帮助人们解决全球环境变化和可持续发展分析决策等重大问题,而且应用呈现社会化趋势,成为人们在科研、生产、生活、学习和工作中一种不可缺少的工具与手段。GIS 主要研究内容包括空间信息采集、地理信息标准化和地理数据共享、空间数据模型、空间数据库技术、图形图像处理及可视化方法、信息系统模型和 GIS 软件、空间分析和决策支持方法等。

1.2.4　工程测量学

　　工程测量学是研究及解决国民经济建设和环境及资源的利用与保护中,工程及相关信息的采集、处理、分析及表达的理论与技术的学科。工程测量的领域十分广阔,涉及水利电力、地质矿山、建筑工程、市政工程、地下工程、交通及桥梁、海洋及港口等许多部门,并且构成了各有特色的工程测量内容,形成了工程测量学科的基本体系。现阶段,工程测量学科的主要内容有工程测量学、精密工程测量、变形测量等。

　　工程测量学是研究解决各种工程建设的测量及控制问题的测绘学分支。主要内容有控制网的建设及其优化、工程测量技术与精度分析、测量误差及数据处理、各种工程的施工测量、工程测量信息管理系统等。

　　精密工程测量是结合现代测绘科技的新进展,研究和解决大型工程或特种工程对测量的高精度、可靠性、自动测控等各个方面要求的测量科技。主要内容包括观测数据的可靠性、精密测量技术和方法、控制基准及监控系统的优化、GNSS 技术的应用、自动测控技术、安全监控信息系统、精密工程测量技术的应用。

　　变形测量是主要研究各种构造物及地表形变的监测理论和技术。主要内容包括变形监控网、监测系统的构建及优化、监测技术和方法、自动化监控系统、监控模型的数理基础、安全监控综合推理及专家评判系统、大型工程安全监控网络等,也是体现多学科相互结合的测绘学应用领域。

工程测量学科是直接服务于国民经济建设的一门偏重于应用性的学科。为适应现代工程建设的需要,工程测量也同其他测绘学科一样,在理论上、研究对象上、采用的技术上都呈现突飞猛进的势态。

1.2.5 海洋测绘学

海洋测绘学是研究以海洋水体和海底为对象的测量与海图编制理论和技术方法的测绘学科。在海洋测绘中,周围的介质是广阔的水体,加之测量作业的动态性、测区条件复杂及不可视性、测量内容的多目标性,致使海洋测绘无论从仪器上、技术方法上、测量基本理论及内容上都有显著的特色。

海洋测绘学的主要内容包括海洋大地测量控制网、海洋测量基准、海洋定位系统、海洋卫星定位、声学定位、水深测量技术、海底地形及数字化技术、海洋地球物理测量、海图数据库和海洋地理信息系统等。其中海洋地理信息系统,以海洋空间数据及其属性为基础,存储海洋信息,记录物体之间的关系和演变过程,具有强大的显示和分析功能,为海洋环境的调查与规划、海洋资源的开发利用、海战场环境建设等,提供动态模拟、统计分析和决策支持等。

海洋测绘是很重要的测绘学科分支,对我国海洋资源的综合利用及开发,对研究地球的演化过程和地球的构造,对研究地球的形状大小和重力场,对海上航运和我国的海防建设均有重要作用。

1.3 现代测绘学科的发展现状

测绘学科在过去漫长岁月的发展中取得了显著成果,特别是近40年来这种进展表现得更为神速,彻底地改变了过去"经典"测绘工作中大量依靠人工、低效率、技术落后的面貌而迈进现代的信息化技术时代。现今社会的进步、经济的发展、自然环境的利用保护等,使测绘学科面临着更为光荣、繁重和极富挑战性的任务。例如,动态地、更精确地研究地球形状、大小及重力场和地球动力学涉及的地球板块运动和地壳形变,研究地震的机理及预报,研究地球内部构造和活动,为地球科学研究、灾害预防、太空利用、导弹的制导、海陆空导航等发挥积极作用;进一步研究从空间对地探测的遥感技术,将有力推进城市规划、环境监测与保护、资源探测与开发、防灾减灾、精准农业、交通导航与通信策划、地图测绘与地理信息系统等领域的科技发展;对国民经济建设中的各种大型及特种工程建设进行控制、精确定位、施工质量评价、安全监测等各种测量关键技术的研究,应用现代测绘科技去实现工程测控的自动化、智能化、信息化,以达到信息化工程施工和确保工程建设的高质高效和长期运行安全的目标;以数字地球和智慧城市的建设为契机,研究建立的数字城市、数字流域、数字行业等已经在城市规划、城市管理、交通导航、防洪抗旱、生态农业、环境保护、水资源综合利用、大型工程项目的评估和立项论证等各个方面发挥作用,并正向智慧化发展;以海洋保护和综合利用为目的,研究海洋测量定位及导航、海洋大地网、海洋重力场、海底地形、海洋潮流和波浪等,确保海上交通航运、海底资源的开发利用、海洋渔业的发展、海上工程的实施和海防建设事业的现代化。研究和解决测绘学面临的新问题,是测绘学科发展的动力,也是每个测绘工作者肩负的责任。

现阶段的测绘学科正处于信息化和智能化发展的新阶段,研究的内容和发展的方向主要体现在如下一些方面。

1.3.1 大地测量学方面

以全球卫星导航定位系统(GNSS)为代表,空间大地测量技术主导大地测量学科的发展。自美国 20 世纪 90 年代研制成功并投入使用全球卫星定位系统(GPS)以来,相继又出现了俄罗斯的 GLONASS 系统、欧盟的 Galileo 系统,以及我国的北斗卫星导航系统(BDS)。除此以外,还有区域系统和增强系统,区域系统有日本的 QZSS 和印度的 IRNSS,增强系统有美国的 WAAS、日本的 MSAS、欧盟的 EGNOS、印度的 GAGAN 以及尼日利亚的 NIG – GOMSAT – 1 等。卫星导航定位系统将进入一个全新的阶段,用户将面临 4 大全球系统近百颗导航卫星并存且相互兼容的局面。丰富的导航信息可以提高卫星导航用户的可用性、精确性、完备性以及可靠性,但与此同时也得面对频率资源竞争、卫星导航市场竞争、时间频率主导权竞争以及兼容和互操作争论等诸多问题。

现代测绘基准体系的建立与维护。测绘基准体系是为地理空间信息的获取提供空间位置、高程以及重力等方面的起算依据,由相应的参考系统及其相应的参考框架构成。国际上几乎所有发达国家都在采用国际地球参考系统(ITRS)和国际地球参考框架(ITRF)。我国利用空间观测技术建成了 2000 国家 GPS 大地控制网,并完成了该网与全国天文大地网的联合平差工作,建成了 2000 国家大地坐标系(CGCS2000)。我国的高程基准采用 1985 黄海高程系统,基准是青岛水准原点及其高程值。其参考框架则为国家一、二等水准网。高程基准的另一种表现形式是海拔高程(正高或正常高)的起算面,我国采用 CQG2000 似大地水准面。关于重力基准,国际上有波茨坦重力系统和国际重力标准网(IGSN71)。我国目前采用 2000 国家重力基准网作为重力基准。

领海是国家主权的重要组成部分,国家空间基准和位置服务应该覆盖陆地与海洋。以 2000 国家大地坐标系和 2000 国家重力基准为代表,我国已在陆地建成了较为完善的大地测量基准,然而二者并未有效覆盖海洋。因此,海洋大地测量与导航技术是未来科学研究的重点方向之一。《全国基础测绘中长期规划纲要(2015 – 2030 年)》明确提出了我国基础测绘发展的主要任务——加强测绘基准基础设施建设,形成覆盖我国全部陆海国土的大地、高程和重力控制网三网结合的高精度现代测绘基准体系。

卫星大地测量学的快速发展,极大地促进了现代大地测量观测技术在水文学、海洋学、冰冻圈科学等领域的应用研究。以 GRACE 卫星为代表的系列重力卫星计划,加深了人们对全球和区域陆地水储量时空变化的理解,以 GNSS 和 InSAR 为代表的大地测量观测技术可获得高时空分辨率的地表水文负荷形变信息,卫星测高技术则提供了海平面、河流和湖泊高度的变化信息。

1.3.2　摄影测量与遥感方面

随着无人机技术的发展,无人机低空摄影测量异军突起。其在小区域和飞行困难地区高分辨率影像快速获取方面具有明显优势,这大大拓展了传统摄影测量的服务领域,并已成为测绘地理信息科技进步的增长点及行业发展的推动力。得益于无人机技术、姿态控制和数据处理技术等的发展,近年来兴起的倾斜摄影测量(Oblique Photogrammetry)技术,突破了传统航测只能从垂直角度拍摄获取地面影像的局限,通过搭载的多台传感器,同时从垂直、倾斜多个不同角度采集影像,以获取地物更加全面完整的信息,为用户呈现更为真实的世界。倾斜摄影测量技术已广泛服务于城市实景三维建模和灾害应急响应勘察等领域,并正为航测成图技术带来变革。仅依赖飞行平台多源观测值的航空航天摄影测量区域网联合平差理论方法的发展,实现了无地面控制的高精度对地直接定位及快速测绘,有效提高了对无人区或海岛礁等困难区域的测绘能力。集成组合导航和激光雷达扫描的新型摄影测量技术,可实时获取地表的三维信息,革新了摄影测量成图方式和方法,并促进了空/地观测数据的融合处理及应用。运行于高性能刀片式计算机系统的新一代航空航天摄影测量数据处理平台,集生产、质检、管理于一体,进一步提高了摄影测量的生产效率。面向智能摄影测量发展,摄影测量学还积极引入计算机视觉等领域的科技发展成果,取长补短,不断提高摄影测量科技及服务水平,更好地履行摄影测量基于各类影像快速、自动化地采集、处理空间数据并生产各种测绘产品的任务。

卫星遥感方面,航天遥感平台已成系列,建立起了具有全天时、全天候、全球观测能力的大气、陆地、海洋观测体系;遥感探测的空间分辨率和光谱分辨率不断提高,遥感分析解译定量化,微波遥感深入发展并取得重要的地位,多种探测技术集成应用日趋成熟,满足快速、全面、精细遥感的目的;遥感信息的处理向自动化和网络化方面发展,遥感云服务的出现,为用户提供一站式的空间信息云服务;遥感技术更趋于实用化、商业化和国际化,遥感技术应用已广泛渗透到了国民经济的各个领域。遥感技术本身也已成为衡量一个国家科技发展水平和综合实力的重要标志。

1.3.3　地图制图学与地理信息工程方面

通过地图空间认知和人的思维方式模拟,面向地理信息服务,开放、动态、多模式、综合的时空感知认知和时空信息传输新模式,必将成为时空大数据时代地图学理论的基础研究任务,逐步构建起现代地图制图学的新理论体系。例如:在时空大数据背景下,开始研究各类大数据的融合、时空大数据挖掘与知识发现,以及建立各种智能化的应用模型与自动生成各种综合评价、预测预报的专题制图方法。又如以物联网、云计算和网格计算等作为技术支撑,以思维科学作为理论基础,提出了基于网格的知识服务为主的智能地图学。其他如虚拟地图学、全息地图学、互联网地图学等概念也提出并得到发展。地图制图在形式上也已经进入动态、时空变换、多维、逼真、可交互的新阶段。

地图应用方面,电子地图日益深入大众生活。互联网地图在经历了从简单到复杂、从静态到动态、从二维平面到三维立体的发展过程后,成为测绘与地理信息前沿技术和重要服务领域。微博地图、微信地图、地图 App 等新媒体地图在信息通信技术发展大潮下成为地图制图学最接近大众生活的应用方向,驾车、骑车、智能交通、室内导航等都变得和地图息息相关。

地理信息系统技术方面的研究主要体现在组件 GIS、互联网 GIS、三维 GIS、移动 GIS、虚拟现实和增强现实技术,以及地理信息共享与互操作等方面,尤其形成了云 GIS(Cloud Computing GIS)、跨平台 GIS(Cross Platform GIS)、三维 GIS(Three Dimension GIS)和大数据 GIS(Big Data GIS)等新的分支。应用上,国家空间数据基础设施(National Spatial Data Infrastructure,NSDI)继续建设完善,它是国家围绕其地理信息和其他空间分布信息的采集和利用而建设的基础环境,是国家信息基础设施的组成部分和重要支撑。而轰轰烈烈建设的数字城市地理空间框架正是 NSDI 的重要组成部分。对大众而言,随着计算机网络技术的发展和普遍应用,越来越多的地理空间信息被送到网络上为用户提供服务,除了传统的二维电子地图数据能够在网上浏览查询以外,影像数据、数字高程模型数据和城市三维数据等都可以通过网络进行浏览查询,或提供“一站式”地理信息服务。基于位置的服务,如搜索、追踪、导航和社交服务等,已经深入大众生活。GIS 与卫星遥感技术相结合,开始用于解决全球性问题,例如全球沙漠化、厄尔尼诺现象、核扩散与核废料及全球气候与环境变化等。

总之,地理信息服务已呈现普世化趋势,地理信息将成为数字经济的基础设施。地理信息服务的价值,也从原来的基础数据和技术支撑层面正逐步向认识世界、改造世界的科学理论和科学工具层面升级。

1.3.4　工程测量方面

随着我国国民经济建设的飞速发展,各种前所未见的大型工程相继涌现,例如,三峡工程、南水北调工程、青藏铁路工程、主跨为 1088m 的千米级斜拉桥——苏通长江公路大桥、总长 55km 的港珠澳跨海大桥、全国高速公路网以及大型核电站、火箭卫星发射基地、城市地铁、磁悬浮轨道、特高层和特大跨径的建筑物等现代大型工程。这些工程在形态结构上、施工工艺上、施测及安装定位的精度上都有着各自的特殊要求,这也对工程测量提出了许多亟待解决的技术难题。根据测绘科学的基本理论,结合现代测绘先进技术和方法手段,研究及解决现代大型工程或特种工程中的测量关键技术,并构建现代工程测量的体系,确保工程建设的高质、快速和安全是广大工程测量工作者应负有的使命。

精密工程测量主要是服务于各种工程中对精度要求"特高""特难",以及必须实施精密自动化测量的那部分工作。因此,进一步研究精密控制测量的理论和技术,研制开发精密工程测量的专用设备及仪器,努力发展精密工程测量的自动化、智能化技术,提高测值的可靠性和测量系统的稳定性,研究数据处理的新方法及提高对异常值的判别能力,进一步深化多学科相结合处理解决精密工程测量问题的能力等,是精密工程测量目前发展的方向。

大型工程的安全和自然地表与环境的恶性变形一直是众所关注的问题。对变形信息的采集、处理、分析、评价,并进行预报,实施有效的安全监控,是变形测量与安全监控研究的内容。现阶段变形测量的发展体现在如下几个方面:在变形测量技术方法上,由于大型工程安全监测项目众多,测点数量极大,因此,各类监测系统的自动化以及各种传感器的开发、应用,实现众多观测信息采集的快速、同步、实时要求;深入研究大型信息采集系统的体系结构、优化方案以及测控单元的自动化和智能化,确保数字信号传输中的抗干扰、高可靠性,提高控制系统的速度和性能,重视开发应用和扩充性的要求;在变形监测的理论方面,进一步结合现代数学及数据处理的新理论和新方法,解决变形模型特别是动态模型的建立,对异常观测值的判别,对结构体工作性态的分析和评价,对未来变形值的准确预报等;变形测量另外一个重要的研究方向是大型工程的安全监控系统的构建,安全监控系统将具备自动化、智能化进行各种信息的采集、分析、预报、安全评判,以及对产生不安全因素的反演分析、查找原因、给出处理方案的能力。大型工程安全的影响因素众多,安全监控显著地体现了多学科相互结合、相互交叉的特点,测绘工作者必须有机地将众多的相关学科的内容融为一体,才能研究及开发出性能优良的安全监控系统。

1.3.5　海洋测绘学方面

构建海洋大地测量控制网及统一基准。我国构建了现代动态的大地基准体系,海洋控制测量也应在此统一框架下实施。因此对渤海、东海、黄海特别是南海海域,在特殊环境条件下研究和布设大地控制网,建立在我国统一大地基准框架体系内的海洋控制网十分重要,这也为融合"北斗"系统的沿海高精度的无线电–差分全球定位导航系统(RBN–DGPS)的升级建设提供保障。在统一基准下,精密联测我国所有长期观测资料的验潮站,建立验潮站监测网,实施沿海海平面变化动态的研究,分析我国垂直基准的变化及参与全球海平面变化规律和特征的研究。此外,对海洋重力场与磁力场的观测、建模精度和应用方法也在不断改进。这些为地球几何、物理和地球动力学的研究创造条件。

研究海洋定位和测深技术。利用 GNSS 大地高信息进行水深的归算,研究了与动态吃水无关的、不需验潮站信息的动态水深测量技术。在多波束测深技术中,开展顾及船只姿态的影响改正、多波束测量中的声速校正、波束角效应改进,以及测量数据中异常值检测、测深信号中海底环境噪声污染分离等方面的研究,进一步提高了测深的精度和可靠性。机载激光测深则是实施沿岸浅水区测量的快速、机动的技术手段,进一步研究提高机载激光测深系统的性能,向实现更浅、更深和更精确的水深测量技术发展。研究自适应海底快速跟踪技术的智能化深海测深仪,以解决深海测量的难题。

海洋遥感遥测技术是一个蓬勃发展的方向。卫星海洋遥感不但提供海表温度、海面高度、海面风场、海洋重力场、海浪、海冰、风暴潮、水汽和降雨等海洋信息,而且在一定条件下也可测绘海底地形。卫星海洋遥感充分展现了遥感技术的优势,提高了海洋监测与预报水平和海洋防灾减灾与海上突发事件响应能力,服务于海洋资源开发利用。海洋声学遥感技术是探测海洋的另一种十分有效的手段,可以探测海底地形,进行海洋动力现象的观测,进行海底地层剖面探测等。

研究、建立和应用海洋地理信息系统。数据快速采集技术(如卫星定位、多波束声呐等)和数字海图生产技术促进了各种海洋 GIS 的建立与应用,为有关部门进行决策和管理提供十分有效的工具。我国在构造"数字海洋"方面已取得了长足进展,建成了覆盖我国近海海域的大、中比例尺海洋数据仓库,形成统一标准与接口的"数字海洋"基础信息平台,建立了四级海洋综合管理信息系统,已形成面向海洋管理的辅助决策分析能力和面向公众的信息发布服务能力。

上述新型的海洋测绘技术,拓展了海洋测绘信息获取手段,扩大了信息源,提供了海量数据,提高了信息质量,呈现了多样化的数字产品,为构建"数字海洋"和"数字地球",乃至"智慧海洋"和"智慧地球"奠定了雄厚的基础。

1.4　测绘空间信息学的概念

测绘科学同空间科学、电子科学、地球科学、计算机科学等实现大学科交叉融合,逐渐发展形成一门新型知识体系,即地球空间信息科学。地球空间信息科学的英文名称为 Geomatics 。这一术语最早由法国学者伯纳德·杜比森创造,是由大地测量学 Geodesy 和地理信息科学 Geoinformatics 两词结合而成,我国学界将其对应为地球空间信息科学。

地球空间信息科学,或称地球空间信息学,是在信息科学和空间信息技术发展的支持下,以地球表层系统为研究对象,以地球系统科学、信息论、控制论、系统论和人工智能的基本理论为指导,运用空间信息技术和数字信息技术,来获取、存储、处理、分析、显示、表达和传输具有空间分布特征的地球空间信息,以研究和揭示地球表层系统各组成部分之间的相互作用、时空特征和变化规律,为全球变化研究和社会可持续发展服务的一门综合性信息学科。显然,地球空间信息科学是地球信息科学的一个重要分支学科,它为地球科学问题的研究提供数学基础、空间信息框架和信息处理的技术方法。当今的空间定位技术、航空和航天遥感、地理信息系统和互联网等现代信息技术的发展及其相互间的渗透,逐渐形成了地球空间信息科学的集成化技术系统。

　　地球空间信息科学不仅包含现代测绘科学的内容,而且体现了多学科的交叉与渗透,并特别强调计算机技术的应用。这标志着测绘学科从单一学科走向多学科的交叉。当然,从地球空间信息科学的中文含义来看,其研究领域理应涉及地球物理学、地质学、地理学、大气学、海洋学等,甚至是人类学、社会学、经济学、城市学、旅游学等相关学科。但目前测绘学与许多学科的交叉还是浅层次的,地球空间信息科学仍处于初始阶段,完整的地球空间信息科学体系有待构建和完善,发展的结果会超出当时对 Geomatics 的定义内涵。

　　现代测绘学已经是一个较为成熟的学科,但在与信息学科的融合方向上又发展迅速,以致无法继续沿用测绘学的名称来囊括测绘学科当前的内涵。地球空间信息科学是测绘学拓展的主要目标方向,但其现有的知识体系仅是过渡性的,构建起较为成熟的体系结构尚待时日,现在就来系统、全面地阐述地球空间信息科学的学科内容,一定是困难的。我们既不能仅从字面出发,把地球空间信息科学理解为研究地球的一门自然科学,也不能因为当前测绘地理信息产业服务社会的作用十分突出,而将地球空间信息科学解释得偏向社会科学。鉴于以上事实,以测绘空间信息学来概括现代测绘学,是比较恰当的。测绘空间信息学当然包含测绘学,但又强调关于空间信息方面的知识。测绘空间信息学的概念广于传统测绘学,又窄于地球空间信息学,正适应当前测绘学科的发展状况。至于测绘空间信息学的英文名称 Geomatics,仍然适用。

　　测绘空间信息学是测绘科学向信息科学交叉发展的学科,包含测绘学的所有内容,并以研究时空大数据背景下的空间数据的采集、处理、管理、量测、分析、建模、显示和传播等为重点,深度开发和利用空间信息,揭示区域空间分布及其变化的规律,以便解决复杂的规划、建设和管理问题。

　　正是因为测绘学与相关学科的快速发展与交叉,使得测绘学与地球空间信息学、测绘空间信息学等,在概念上难以严格定义与界定。作为进入信息学科的一分子,现代测绘学已经无须再自我强调独特的技术优势和价值,融入信息领域使测绘学科有了更广阔的发展空间和作为。数字经济成为继农业经济、工业经济之后的新经济形式,信息技术正在从助力经济发展的辅助工具变成引领经济发展的核心引擎。空间信息与大数据、云计算、物联网和人工智能等高新技术融合,已成为服务经济和推动社会发展的标志性科技手段。测绘学科历经久远,正处于一个大变革、大发展的时期,前景远大而光明。

第 2 章　大地测量学

2.1　概述

大地测量学是一门古老而年轻的科学,是地球科学的重要分支,而且是发展最活跃、最具有重要地位的一个分支,是测绘科学的基础学科。其在测绘专业的课程设置中占有重要的地位和作用。

自 20 世纪 50 年代开始,由于微电子学和卫星技术的飞速发展,大地测量发生了革命性的变化。它超越了过去的局限性,由区域性大地测量发展为全球性大地测量,由研究地球表面发展为涉及地球内部,由静态大地测量发展为动态大地测量,由测地发展为测月和太阳系各行星。

2.1.1　大地测量学发展的几个阶段

1. 地球圆球阶段

人类对地球形状的认识经历了一个漫长和逐步逼近的过程。中国的古人提出了"天圆地方"的说法;西方的古人则认为"地如盘状,浮于无限海洋之上"。公元前 6 世纪,学者们提出了地为圆球的说法,两个世纪后,亚里士多德用物理方法论证了这一学说,于是建立了"地圆说"。公元前 3 世纪亚历山大学者进行了子午圈弧度测量并估算了地球的半径。

2. 地球椭球阶段

随着开普勒望远镜的出现,17 世纪大地测量仪器得到了发展,光学测量仪器开始出现;同时,在这期间还创立了三角测量法;哥白尼创立了"日心说";开普勒发表了行星运动三大定律;伽利略用自由落体原理进行了世界上第一次重力测量;惠更斯提出了用摆进行重力测量的原理,按照数学摆公式,如果同一摆在两地的摆动周期不等,必然是两地的重力加速度不等,牛顿和惠更斯因此提出了"地扁说"。为了用几何学观点来证实地扁说,三角测量法被用于弧度测量。从公元前 6 世纪的"地圆说"到 18 世纪最后确认"地扁说",人类进入了认识地球为旋转椭球的新阶段。在这一过程中,大地测量学的两个分支学科：几何大地测量学和物理大地测量学也各自奠定了基础。

3. 大地水准面阶段

这一阶段几何大地测量学与物理大地测量学都取得了重大进展，主要体现在天文大地网的布设、大地测量边值问题的提出等。另外，测量数据处理和测量平差理论与实践方面也取得了重大进步。同时，高斯对椭球面大地测量学的形成做出了巨大贡献。他首创椭球面投影到平面上的正形投影法，还提出了计算大地经、纬度和方位角的高斯公式。随着大地测量观测精度的提高，为了推算椭球参数而进行的一些弧度测量平差中，所出现的矛盾远非观测误差所能解释。高斯等人因此感到采用椭球作为地球模型已经不适宜了，由此，大地水准面的概念被提出。由椭球面过渡到大地水准面，是人类对于地球形状认识的又一次飞跃，这一认识过程经历了 100 多年。

4. 现代大地测量新时期

20 世纪上半叶的大地测量处于低潮，它的复苏始自 20 世纪 50 年代。50 年代末人造卫星的出现，为大地测量带来了革命性的变革。60 年代末又出现了甚长基线干涉测量（VLBI）技术。从此，大地测量是以完全不同于传统大地测量的崭新理论和方法来进行的，它在三十几年内取得的成就，比传统大地测量过去两个多世纪的成就多得多。电子学的发展对大地测量的影响主要有两个方面：第一，提供了电子计算机；第二，提供了电磁波测距技术。在这期间，电子测量仪器不断推陈出新，卫星大地测量学开始形成，甚至月球测量学和行星测量学也开始形成。

2.1.2　大地测量学的作用

19 世纪下半叶，形成了大地测量学的经典定义：大地测量学是测定地球表面的学科。其基本目标是测定和研究地球空间点的位置、重力及其随时间变化的信息，为国民经济建设和社会发展、国家安全以及地球科学和空间科学研究提供大地测量基础设施、信息和技术支持。现代大地测量学与地球科学和空间科学的多个分支相互交叉，已成为推动地球科学、空间科学和军事科学发展的前沿科学之一，其范围已从测量地球发展到测量整个地球外空间。目前，现代大地测量学还没有一个完整统一的定义，如下是一个比较简洁并被认可的定义：现代大地测量学是测量和描绘地球并监测其变化，为人类的活动提供地球空间信息的科学。因此，大地测量学的作用可概括为如下几个方面。

1. 现代大地测量学在国民经济和社会发展中的作用

人类的生产和经济活动与定位技术密切相关，中国古代发明的指南针、古代天文学家创造的天文导航方法开创了人类航运史，导致美洲新大陆的发现。丝绸之路带来了唐代欧亚贸易和经济繁荣。古老的大地定位技术推动了人类社会文明的发展。

卫星大地测量的高效高精度导航和定位能力，为大幅度减少交通事故，为发展交通运输提供了重要保障。资源开发，不论是陆地还是海洋资源勘探，各种比例尺的地形图和精密的重力资料是必不可少的基础资料。对海底大陆架油气田的勘探和开采，大地测量显得尤为重要。从更广泛的应用来说,地形图是一切经济规划和开发必需的基础资料,测制地形图首先要布设一定密度的大地测量控制点网,传统方法作业效率低、周期长、劳动强度大、投资高,现代大地测量技术则有明显优势。现在新的经济开发区迅速增加,新的铁路公路干线和支线迅速扩展,大规模国土调查和利用规划正在进行,大、中、小型水利项目迅速增加,大地测量无疑将面临繁重任务。

2. 现代大地测量技术在防灾、减灾和救灾中的作用

各种自然灾害,特别是地震、洪水和强热带风暴等常给人类带来巨大破坏和损失。现代大地测量技术,特别是空间大地测量将在地震灾害的监测和预报研究中发挥越来越重要的作用。大地测量还可在预防其他地质灾害中起作用,如滑坡和泥石流监测。厄尔尼诺现象是另一种影响大、持续时间长的灾变,现在应用 VLBI 和卫星激光测距技术(SLR)可精确测定地球转速的变化,使提前几年预测这一灾害现象成为可能。在灾害救援方面,现在国际上已建立了卫星救援系统,关键是利用全球导航定位系统(GNSS)快速定位和卫星通信技术,使国际救援组织能迅速判明出事地点并及时组织救援行动。

3. 现代大地测量技术在环境监测、评估与保护中的作用

当今世界各国都认识到在发展经济的同时必须同时采取保护环境的对策,为此必须建立一个全球性的环境监测系统,各个国家也应有一个完善的监测系统。主要措施是发展遥感卫星,建立动态地理信息系统(GIS),对环境变化定期做出准确的定量评估。发展这种监测系统也需要大地测量的支持,建立地理信息系统也需要有点位和地形信息,尽管大地测量在这个系统中的作用是间接的,却是重要和不可缺少的。

4. 现代大地测量技术在发展空间技术和国防建设中的作用

空间技术、空间科学的发展水平,是当今评估一个国家综合科技水平和综合国力的重要指标,也是评估一个国家国防能力的重要标志。卫星、导弹、航天飞机和行星际宇宙探测器的发射、制导、跟踪、遥控以至返回,都需要两类基本的大地测量保障:①有一个精密的地球参考框架。②有一个精密的全球重力场模型。现代军事测绘保障大致可分为超前储备保障和动态实时保障两类,卫星技术在这两类保障中都起着基本的作用。导航定位卫星是主要的大地测量保障系统。测地卫星主要用于测绘超前储备保障,拍摄军事目标和制作地形图,测算打击目标的精确三维坐标,存储待用。动态实时测绘保障还用于提高战役、战术制导武器的命中精度,这些武器称为精确制导武器,如巡航导弹、激光炸弹、拦截导弹等。从古代战争到现代战争,都需要相应的军事测绘保障,大地测量从来就同军事结有不解之缘,由此也形成了大地测量信息的保密体制。

5. 现代大地测量学在当代地球科学研究中的作用

地球科学的众多分支都是从各自不同的侧面,应用不同的手段去观测揭示地球系统的组成、运动和发展。大地测量着重于研究地球的几何(空间)特征和最基本的物理特征——重力场,并描述其变化。现代大地测量学的进展,空间大地测量手段的引入,对推动地球科学发展的重要意义正是由于它已具有广泛能力获取地球活动的信息。现代大

地测量的贡献主要有以下几个方面：

（1）为研究板块运动提供精密的大地测量信息，使建立精确的板块运动定量化模型有了新的手段。

（2）极移和地球自转速率的变化包含了地球构造和多种地球动力学过程的信息，空间大地测量测定地球自转参数的精密性已成为提取、分辨这些信息的最有效工具。

（3）通过一系列卫星重力计划和陆地、海洋的更大规模的重力测量，将提供更精细的地球重力场。

（4）应用空间大地测量技术（特别是卫星海洋测高），可以高精度地监测海平面的变化和以更高的精度和分辨率确定海面地形及其变化。

2.2　大地测量学的基本体系和内容

2.2.1　大地测量学的研究内容

大地测量学是地球科学的一个分支学科，就其本质来说，它是一门地球信息学科，即为人类的活动提供地球空间信息的科学。测定地球形状大小，测定地面点空间坐标、点间距离和方向，测定和描述地球重力场、重力异常及空间分布，测定和描述地球重力等位面的起伏形状等，是该学科的主要任务。具体内容包括以下几个方面：

（1）建立和维持陆地上的国家和全球三维大地控制网，并考虑这些网中点位随时间的变化。这些控制网是广义的，既包含以传统大地测量方法建立的、各点间有地面几何联系的网，也包含以空间技术建立的网。

（2）建立海底控制网和月球上的控制网。

（3）测定海面地形、大洋环流和海面动态。

（4）测定和描述各种地球动力现象，包含极移和日长变化、固体潮、全球板块运动以及区域和局部地壳运动。

（5）测定地球形状和全球重力场以及重力场随时间的变化。

（6）测定月球和太阳系各行星的形状和重力场。

大地测量在国民经济建设和现代科技的发展中都发挥着巨大的作用，有着广泛的应用。

2.2.2　大地测量学的学科体系分支

很久以来，人们把测量学划分为两个分支：测量学和大地测量学。测量学的研究范围是不大的地球表面，以至在这个范围内把地球表面认为是平面且不损害测量精度，计算时也认为在该范围内的铅垂线彼此是平行的。大地测量学是研究全球或相当大范围内的地球，在该范围内，铅垂线被认为彼此不平行，同时必须顾及地球的形状和重力场。

之所以顾及地球的重力场是因为地球重力对研究地球形状,对高精度测量及数据处理都起到不可忽略的重要作用。

常规大地测量学经过不断发展和完善,已形成了完整的体系。主要包括:以研究建立国家大地测量控制网为中心内容的应用大地测量学;以研究坐标系建立及地球椭球性质以及投影数学变换为主要内容的椭球大地测量学;以研究测量天文经纬度及天文方位角为中心内容的大地天文测量学;以研究重力场及重力测量方法为中心内容的大地重力测量学;以研究大地测量控制网平差计算为主要内容的测量平差等。

大地测量学的发展还与一系列相关学科的发展有着密切的关系。特别是电子学和空间科学的发展,电子计算机、人造地球卫星以及声呐等先进科学技术的出现,使得大地测量学同其他学科相结合出现了许多新的研究方向和分支,极大地丰富了常规大地测量的内容和体系。例如:大地测量学同无线电电子学相结合产生了电磁波测距大地测量学;与天体力学及天文学结合产生了宇宙大地测量学,其中包括月球及行星大地测量学;与海洋地质学及海洋导航学相结合形成了海洋大地测量学;与地球物理、海洋地质学及地质学相结合形成了地球动力学;与人造地球卫星学及天体力学相结合形成了卫星大地测量学;以惯性原理为基础,利用加速度计测量运动物体某方向加速度,通过计算机积分计算而得到运动物体空间位置的惯性大地测量学;与线性代数、矩阵、概率统计及优化设计、数值计算方法等相结合形成现代大地测量数据处理学等。以上这些新的方向和分支,充分说明了大地测量学已从传统的大地测量学进入到现代大地测量学的新时期。

综上所述,可把现代大地测量学归纳为由以下三个基本分支为主所构成的基本体系。这三个基本分支为几何大地测量学、物理大地测量学及空间大地测量学。

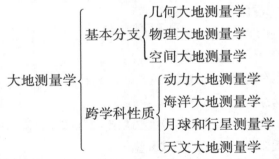

而通常的大地测量学(常规大地测量学)主要是指应用(地面)大地测量学、椭球面(几何)大地测量学与物理(重力)大地测量学。

2.3　应用大地测量学

2.3.1　应用大地测量学的任务和方法

应用大地测量学的基本任务是建立高精度的地面大地控制网,以精密的地面点坐标、高程和重力值来实现大地测量系统。地面大地控制网通常分为平面控制网、高程控制网和重力控制网。

1. 国家平面控制网

我国领土辽阔，地形复杂，不可能一次性用较高的精度和较大的密度布设全国网。为了适时地保障国家经济建设和国防建设用图的需要，根据主次缓急而采用分级布网、逐级控制的原则是十分必要的。即先以精度高而稀疏的一等三角锁，尽可能沿经纬线纵横交叉地迅速布满全国，形成统一的骨干控制网，然后在一等锁环内逐级布设二、三、四等三角网。布网的类型主要有测角三角网、边角导线网、测边网等。

2. 国家高程控制网

国家高程控制网必须通过高精度的几何水准测量方法来建立。根据我国地域辽阔、领土广大、地形条件复杂和各地经济发展不平衡的特点，按从高到低、从整体到局部，逐级控制，逐级加密的原则布设国家高程控制网。分为一、二、三、四等水准测量。

3. 国家重力控制网

同国家平面控制网与高程控制网一样，国家重力控制网也采用逐级控制的方法在全国范围内建立各级重力控制网，然后在此基础上为各种不同目的再进行加密重力测量。我国的重力控制网提供了其他加密重力测量的重力起算值和相对重力测量的尺度。在我国分为二级，即重力基准网和一等重力网。

2.3.2　应用大地测量技术

（1）平面控制测量的技术通常包括水平角测量与距离测量。用于水平角和垂直角测量的主要仪器是经纬仪。不论是哪种类型的光学经纬仪或电子经纬仪，都是由角度测量、目标照准和归心置平三大装置组成。用于距离测量的主要仪器为光电测距仪和微波测距仪。全站仪可以同时测量水平角、垂直角与距离（图 2 - 1）。

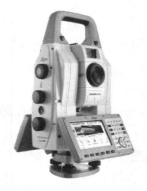

图 2 - 1　光学经纬仪与全站仪

（2）高程控制测量的技术通常采用水准测量，其采用的主要仪器是水准仪与水准尺，图 2 - 2 所示分别为光学水准仪与电子水准仪。水准仪置平后，其视线将给出当地水平面,根据视线在前后两个直立的水准尺上的读数,就可测定两个水准尺零点(底部)之间的高差,从而实现高程传递。如图2-3所示,水准仪在斜坡A、B两点间进行水准测量。水准仪的水平视线在置于A、B两点的水准尺上的读数分别为a,b,则A、B两点的高差就是$h_{AB} = a - b$。

（3）重力控制测量的技术通常分为绝对重力测量与相对重力测量。绝对重力测量就是用仪器直接测出地面点的绝对重力值,是相对重力测量的起始和控制基础。相对重力测量就是用仪器测出地面上两点间的重力差值,是地面加密重力测量的主要技术手段。

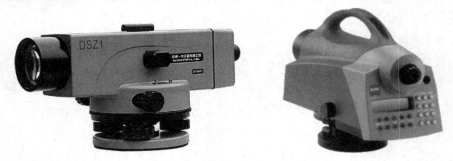

图2-2 光学水准仪与电子水准仪

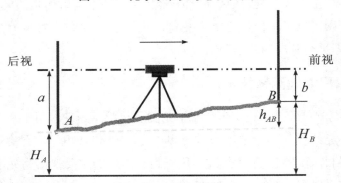

图2-3 水准测量原理

（4）卫星定位测量。利用卫星定位系统,如 GPS、GLONASS、北斗、GALILEO 等,也可以测定和传递控制点的坐标。这是近年来迅速发展的测定点位的新技术,是卫星大地测量的内容。

2.4 椭球面大地测量学

椭球面大地测量学是应用大地测量学数据处理的数学基础。这是因为:①由于地球表面的弯曲,不同海拔高度处的地面几何观测量存在不同程度的变形;②由于地球形状复杂,不同地理位置上的铅垂线之间的关系非常复杂,而应用大地测量都是在以铅垂线为依据的站心地平坐标系中进行的。为对应用大地测量观测数据进行统一处理和表示,必须将观测数据归算到一个易于表示的椭球面上进行数字或几何的处理与表示。

在大地测量学发展过程中,椭球面大地测量学是研究与大地水准面最佳拟合的旋转椭球面的数学性质,以及以该面为参考的一切大地测量计算问题的学科,是几何大地测量学的一个分支。主要包括以下内容:大地控制网的地面数据向椭球面的归算问题;椭球面法截线和大地线的性质,以及椭球面三角形的解算方法;大地测量主题及其解算方法;椭球面投影到平面上的问题,以及不同形式的地球坐标系统之间的转换问题。因此,它的主要内容是讨论椭球面上的大地测量计算问题,并不涉及测量工作。

2.4.1　椭球面的大地线和大地主题解算

1. 法截线和大地线

包含椭球面上一点法线的平面称为法截面,法截面与该椭球面的交线称为法截线。椭球面上两点间的最短曲线称为大地线。大地线又称测地线,它是一条空间曲面曲线。

2. 大地测量主题

在椭球面大地测量计算中,经常出现两类问题(图 2-4):

(1)已知 A 点的大地坐标 (φ_1,λ_1) 以及其至 B 点的大地方位角 α_1 和距离 s(大地线),计算 B 点的大地坐标 (φ_2,λ_2) 和大地方位角 α_2。

(2)已知 A 点和 B 点的大地坐标 (φ_1,λ_1) 和 (φ_2,λ_2),计算该两点上的正反方位角 α_1 和 α_2 以及其间的距离 s。

这两个问题分别称为大地测量主题的正算和反算问题,也称为第一和第二大地测量主题。

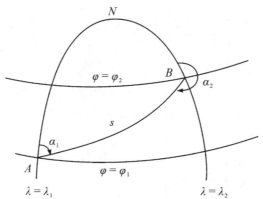

图 2-4　大地测量主题

2.4.2　高斯-克吕格投影

1. 高斯-克吕格投影的概念

高斯-克吕格投影又称等角横切椭圆柱投影,是地球椭球面和平面间正形投影的一种。它是德国数学家、物理学家、大地测量学家高斯于 19 世纪 20 年代提出的,后经德国大地测量学家克吕格于 1912 年对投影公式加以补充和完善。我国于 1952 年正式决定采用这种投影。所谓高斯投影就是将椭球面元素(大地坐标、大地方位角、大地线长度和方向)按照一定的数学关系归算至平面上,这个平面称为高斯平面。

可以用图 2-5 所示的投影方法,将一个断面为椭圆形的柱面,横套在椭球面上,同地球椭球某一子午圈相切。这条子午线称为投影的轴子午线,用它投影后的直线作为高斯平面上坐标系的纵轴即 x 轴。再把地球赤道平面扩大,与椭圆柱面相交成一直线,这条直线与轴子午线正交,作为坐标系的横轴即 y 轴。x 轴和 y 轴的交点作为坐标原点。把椭圆柱面展开后,就得出以 x,y 为坐标的平面坐标系。

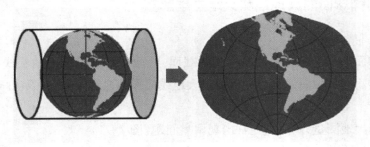

图 2-5　高斯-克吕格投影

高斯投影是以上述平面直角坐标系为基础,同时满足如下三个要求:①椭球面上的角度投影到平面上后保持不变。②中央子午线的投影是一条直线,并且是投影点的对称轴。③中央子午线投影后没有长度变形。

2. 高斯-克吕格投影的分带

在高斯投影中,除中央子午线上没有长度变形外,其他所有长度都会发生变形,且离开中央子午线越远,变形就越大。因此,有必要把投影的区域限制在中央子午线两侧的一定范围内,这就产生了投影分带的问题。

所谓分带就是按一定的经度差,将椭球体按经线划分为若干个狭窄的区域,以使各区域分别按高斯投影规律进行投影,每个区域就称为一个投影带。在每个投影带中,位于各带的中央子午线就是轴子午线,分带之后,各带都有自己的坐标轴和原点,形成各自独立而又相同的坐标系统。

根据国际通用方法,我国投影分带主要有两种:六度带(每隔经度差六度分为一带)和三度带(每隔经度差三度分为一带)如图 2-6 所示。

这样,在中央子午线以东的点的横坐标 y 为正值,以西的点的横坐标 y 为负值。为了避免负值的不方便,一般规定将纵坐标轴向西平移 500km,这样得出的横坐标用 Y 表示,则 $Y=y+500km$,Y 永远为正值。还因为不同投影带的控制点可能有相同的坐标,为了区别其所属投影带,还规定在横坐标前加注带号。

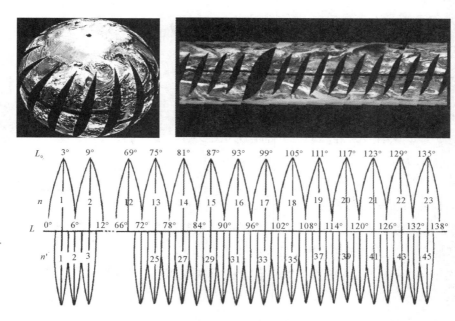

图 2 - 6　高斯 - 克吕格投影的分带

2.5　物理大地测量学

2.5.1　物理大地测量学的任务和内容

物理大地测量学是研究应用物理方法(重力测量)确定地球形状及其外部重力场的学科,又称大地重力学。

几何大地测量的观测都是在地球重力场内,以铅垂线为依据的站心坐标系中进行的。为了把这些观测数据归算到一个统一的大地坐标系中去,必须知道地球的大小、形状及其外部重力场。高程测量的最重要的参考面——大地水准面(静止的海水面向大陆内部延伸所形成的封闭曲面)是地球重力场的一个等位面。所以研究地球形状及其外部重力场是大地测量学的主要科学任务。地球卫星轨道计算需要精密的重力场信息,地球重力场误差通过影响导航定位卫星的定轨星历,从而影响卫星的定位精度。另外,对地球外部重力场的分析,可以为地球物理学和地质学提供地球内部结构和状态的信息。

测定地球形状可以用重力测量方法,也可以用几何大地测量方法。但比较起来,用重力测量方法更为有利。因为重力测量差不多可以在地面上任意地点进行,而且重力点之间不需要像天文大地网各点之间那样互相联系着。

物理大地测量学的主要内容包括:

(1)重力测量的仪器与方法。

(2)重力位理论。

（3）地球形状及其外部重力场的基本理论。

（4）用重力测量方法归算大地测量数据的问题。

2.5.2 地球重力场理论的基本概念

1．重力和重力位

重力 g 是地球引力 F 和离心力 P 的合力（图 2-7），其单位为伽（gal，为了纪念意大利科学家伽利略），即

$$g = F + P$$

1 伽 = 1cm·s^{-2} = 1000 毫伽（mgal）= 10^6 微伽（μgal）

g 的方向为铅垂线的方向，也是外业测量作业时仪器安置的基准方向。地球重力场通常是指地球重力作用的空间，在此空间中每一点所受的重力大小和方向只与该点的位置有关。

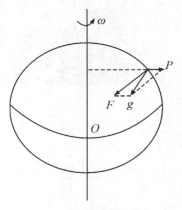

图 2-7　重力示意图

2．大地水准面

地球外部重力场等位面俗称水准面，但它并非是几何曲面，而是一个近似于椭球面的复杂曲面。其中，与静止状态的平均海水面相重合的那个重力等位面称为大地水准面（图 2-8），它是海拔高程的起算面，即地面点到大地水准面的垂直距离就是该点的高程。

大地水准面是大地测量中一个很重要的概念，它与地球椭球面之间的垂直距离称为大地水准面差距，这个值是描述大地水准面形状（即地球形状）的一个量。

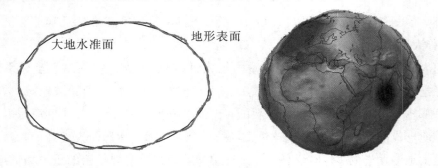

大地水准面　　　地形表面

图 2-8　大地水准面形状

2.6　卫星大地测量学

2.6.1　卫星大地测量学的内容和技术特点

卫星大地测量学是研究利用人造地球卫星解决大地测量学问题，利用空间技术手段进行区域或全球大地测量的学科。其主要研究内容包括：

（1）建立和维持全球和区域性大地测量系统与大地测量框架。

（2）快速、精确测定全球、区域或局部空间点的三维位置和相互位置关系。

（3）利用地面站观测数据确定卫星轨道。

（4）探测地球重力场及其时间变化,测定地球潮汐。

（5）监测和研究地球动力学(地球自转、极移、全球变化等)。

（6）监测和研究电离层、对流层、海洋环流、海平面变化、冰川、冰原的时间变化。

卫星大地测量技术根据观测目标的不同可分为 3 种类型:地面对卫星观测、卫星对地观测、卫星对卫星观测。

卫星大地测量从原理上可分为几何法和动力法。将卫星作为高空目标,由几个地面站同步观测,即可按三维三角测量方法计算这些地面点之间的相对位置。这种方法不涉及卫星的运动,称为卫星大地测量几何法。如果把卫星作为运动的天体,并利用卫星离地球较近的特点,将它作为地球引力场的敏感器进行轨道摄动观测,就可以推求地球形状和地球重力场参数,同时还可以精确计算卫星轨道和确定地面观测站的地心坐标。这种方法称为卫星大地测量动力法。

卫星大地测量学的发展十分迅速,它把大地测量学推进到了一个崭新的阶段。随着空间技术的发展,以及天文学、大地测量学和空间科学的相互渗透,卫星大地测量学将成为大地测量学的前沿学科,它的飞速发展将使大地测量学和地球动力学中的许多重大科学技术问题得到解决。

2.6.2　几种卫星测量技术

1. 甚长基线干涉测量

甚长基线干涉测量(Very Long Baseline Interferometry,VLBI)是一种接收河外射电源发出的波,来进行射电干涉测量的技术。它产生于 20 世纪 60 年代,是随着干涉测量法和射电天文学的发展以及现代电子技术和高稳定度频率标准的诞生而形成的。VLBI 观测结果的可靠性和重要性得到了日益广泛的承认,被认为是适用于测定极移、日长、全球板块运动和区域构造运动的空间大地测量技术。它的基本原理是在相距甚远(数百千米至数千千米)的两个测站上,各安置一架射电望远镜,同时观测银河外同一射电源信号,分别记录射电微波噪声信号,通过对两个测站所记录的射电信号进行相关处理(干涉),求得同一射电信号波到两个测站的时间差,解算出测站间的距离,称为基线长度(图 2 -9)。

VLBI 有一系列的特点:①它是一种纯粹的几何方法,不涉及地球重力场;②它不受气候限制,有长期的稳定性;③它为大地测量、地球物理和星际航行提供了一个以河外射电源为参考的坐标系,这个坐标系与地球、太阳系和银河系的动态无关,是迄今最佳的准惯性参考系。尽管 VLBI 有上述特点,但整个系统非常庞大,造价太高,只适用于固定台站。但为了使 VLBI 发挥更大的作用,不得不向小型化和流动站发展。因此,美国于 1976年建立了 9m 天线的 VLBI 流动站,与大型天线的 VLBI 固定站配合使用。此后还出现了

4m 天线的 VLBI 流动站。中国在上海和乌鲁木齐建立了 25m 天线的 VLBI 固定站。

图 2 - 9　VLBI 工作原理和射电天线

2. 全球卫星导航定位系统

全球卫星导航定位系统(Global Navigation Satellite System, GNSS)是利用在空间飞行的卫星不断向地面广播发送某种频率并加载了某些特殊定位信息的无线电信号来实现定位测量的定位系统。这将在后面章节详细介绍。

3. 卫星激光测距

卫星激光测距(Satallite Laster Ranging, SLR)是目前精度最高的绝对定位技术。其在定义全球地心参考框架,精确测定地球自转参数,确定全球重力场低阶模型,监测地球重力场长波时变,以及精密定轨,校正钟差等方面都有重要作用。最初把反射镜安置在卫星上,在地面点上安置激光测距仪,对卫星测距,此称为地基;如果反过来,把激光测距仪安置在卫星上,地面上安置反射镜,就组成空基激光测地系统。显然空基系统比起地基系统更有优越性。更进一步,还可发展成为卫星对卫星的在轨卫星之间激光测距。

SLR 的测距原理是用安置在地面测站上的激光测距仪向配备了后向反射棱镜的卫星发射激光脉冲信号,该信号被棱镜反射后返回测站,精确测定信号往返传播的时间,进而求出观测瞬间从仪器中心至卫星质心间的距离。这种技术和方法称为卫星激光测距或激光测卫。目前的测距精度可达 1cm 左右,如图 2 - 10 所示。

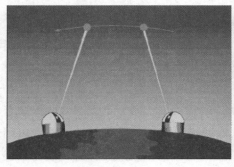

图 2 - 10　激光测卫示意图与上海卫星激光望远镜

SLR 在以下方面有着重要应用:

(1)精密测定地心绝对坐标。

（2）建立全球或区域地心参考框架。

（3）测定低频地球重力场参数。

（4）测定地球质心的变化。

（5）监测板块运动。

（6）监测地球自转参数及变化。

（7）测定海潮波参数（振幅和初相）。

（8）激光测月测定地心引力常数（fM）。

4. 卫星雷达测高

卫星雷达测高（Satellite Radar Altimetry, SA）是通过 SLR、GPS 等手段精确确定测高卫星的运行轨道，同时又利用安置在卫星上的雷达测高仪测定至瞬时海水面间的垂直距离来测定地球重力场，研究海洋学、地球物理学中的各种物理现象的技术和方法。

卫星雷达测高是从卫星上安装的测高仪垂直向地球表面发射电脉冲，这些脉冲被海面垂直反射至卫星，于是根据脉冲往返行程的时间，推求卫星对于瞬时海面的高度，如图 2－11 所示。

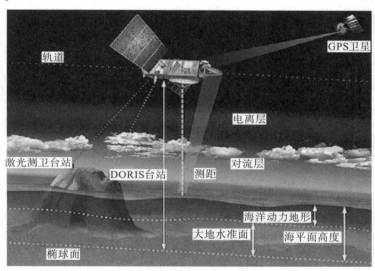

图 2－11　卫星雷达测高示意图

卫星雷达测高技术是目前研究和监测海洋环流与中尺度海洋现象及其动力环境的重要手段之一，下面简要介绍其应用。

（1）利用卫星测高方法可以实际测定海洋区域的大地水准面。美国国家地球物理数据中心利用 Seasat 资料求得了在南纬 72°和北纬 72°间的 5′×5′格网点上的重力异常值。利用轨道摄动法只能求得 20 阶和 20 次的低阶地球重力场模型。而用海洋测高资料后则可求得 200 阶和 200 次的地球重力场模型。

（2）在海洋中大地水准面的形状与海底地形有关。因此依据大地水准面所提供的信号能探测出海底山脉、断裂带和地堑构造等大地构造，并给出地球物理解释。

（3）在精确测定大地水准面的形状时，海面地形是一种噪声，需精确地加以改正。但对于海洋学家来说，海面地形包含了有关洋流和潮汐的大量信息。如果精确的大地水准面形状可由其他方法确定（如卫星跟踪卫星，卫星梯度测量等方法），那么用卫星测高资料即可求得精确的海面地形。据此可研究洋流，海潮的范围、幅度及其随时间的变化规律。同时还能把分属于不同高程系统的验潮站相互联系起来以建立一个全球统一的高程基准，此外利用卫星测高技术还能确定冰盖的形状、大小及其变化情况。

2.7 大地测量学的发展趋势

1.向地球科学基础性研究领域深入发展

大地测量学是地球科学的一个分支学科，就其学科性质来说，既是一门地学基础性学科，又是一门应用地学学科。作为基础性学科，经典大地测量学的任务是在刚性均匀旋转地球的假设下研究地球的形状、大小及其外部重力场，这是学科的科学任务，是大地测量学科分支之一的物理大地测量的研究范畴；作为应用学科，它的任务是建立一个地球参考坐标系，并在这个坐标系中建立控制地形测图和工程测量的地面标准点位控制网，为人类社会活动提供地球表面及近地空间的几何信息，这是学科的工程技术任务，是大地测量学另一分支即几何大地测量学的研究对象。大地测量学科取得的突破性进展和前景预测，表明了学科性质将从工程应用为主转向以基础性地学研究为主。这是因为，尽管现代大地测量的技术进步无疑将扩大其直接服务于社会经济活动的应用面，但推动大地测量学科发展的主动力将是它在相关地学领域的科学目的，总的趋势是向地球科学的深层次发展。

2.空间大地测量将主导学科未来的发展

空间大地测量在大地测量学科未来发展中的主导地位，已经为它本身所显示的广泛应用前景和巨大的潜力所确定。空间大地测量是实现大地测量学科各类目标最基本最适合的技术手段，也是大地测量学科向地球科学深层次拓展的主通道和主推力，决定着学科的发展方向和科学地位。目前正在发展或将要发展的空间大地测量技术主要包括六类：

（1）全球卫星导航系统（GNSS）。

（2）卫星激光测距（SLR）。

（3）卫星测高（SA）。

（4）射电源甚长基线干涉测量（VLBI）。

（5）双向无线电卫星定位。

（6）卫星重力梯度测量。

从发展的潜力和应用的广度来看，在这些技术中，GNSS 类型的技术，发展潜力最大，应用前景最为广阔，特别是 GNSS 将成为大地测量最基本的常用技术。

3. GNSS、SLR 和 VLBI 将是扩展学科应用面和实现其科学任务的主要技术

GNSS 将作为大地测量的全能型技术向扩大应用面的方向发展。SLR 仍将是最精密的绝对定位技术并向空间系统发展。VLBI 仍将保持全球尺度相对定位和监测地球自转的技术优势。这些技术中,GNSS 的研究和应用潜力最大,主要有以下特点:

(1)相对定位精度将接近 VLBI 的水平。

(2)地球参考框架和精密 GNSS 定轨系统的发展。

(3)接收机向高自动高适应性方向发展。

(4)GNSS 动态定位日益受到重视。

(5)多种类型的全球定位系统正在形成。

4. 我国大地测量的进展

从 20 世纪 50 年代到 70 年代初,我国在全国范围内开展了大规模的大地测量工作,初步建成了经典大地测量的完整体系。这个体系包括为实现大地测量基本任务所需的各等级各类国家大地测量基本网和定义参考系统的原点和基准:大陆范围的天文大地网;精密水准网;重力基准网和一等重力网。1954 北京坐标系和 1956 黄海高程基准不仅满足了我国前六个五年计划经济建设和国防建设对大地测量控制基准的迫切需要,及时为各项测绘工作提供了起始数据,也奠定了我国大地测量学科发展的科学技术基础。

从 20 世纪 70 年代初开始,我国大地测量进入一个新的发展阶段。用历时近 10 年的时间,完成了全国天文大地网的整体平差,采用了当时国际上推荐的椭球,椭球定位与我国大地水准面有最佳拟合,重新严格定义了大地基准,建立了 1980 西安坐标系和我国历史上第一个独立的西安大地原点。1985 年建成了 1985 国家高程基准与 1985 国家重力基本网。

从 20 世纪 90 年代初起,我国大地测量从静态到动态、从地基到天基、从区域到全球迅速发展,定位精度显著提高,应用领域不断拓宽。围绕现代大地测量数据融合、地球系统参数反演、卫星与航空重力、地球动力学等开展研究,取得一系列进展。我国相继建立了国家高精度 GPS A、B 级网。我国的 360 阶地球重力场模型 WDM94 广泛应用于测绘、空间技术、海洋、地球物理等学科领域。尤其是进入 2000 年以后,我国的 2000 国家似大地水准面、2000 国家重力基本网、2000 国家 GPS 网陆续完成。2005 年我国对珠峰高程进行了新的精确测定,得到珠峰峰顶岩面海拔高程为 8844.43m。目前我国的北斗卫星导航系统已经具备提供定位、导航以及通信服务的能力。

第3章 摄影测量学与遥感技术

3.1 摄影测量学的定义及其分类

3.1.1 摄影测量学的定义及研究对象

摄影测量学（Photogremmetry）是利用传感器拍摄的影像，研究并确定被摄目标的形状、大小、位置、性质和相互关系的一门科学与技术。

摄影测量学的科技内容包括影像信息的获取、处理、表达和应用。

摄影测量工作的第一步即是获得适用的影像。适用的影像是指具有良好的清晰度和分辨率，能反映出所需的各种信息、满足测绘精度要求的影像。摄影测量研究影像信息获取，主要就是研究各种摄影机及其摄影的方式和方法，目的是解决如何快速、方便、经济的拍摄得到目标高质量影像的问题。随着时代的发展，摄影测量用的摄影机和拍摄方式也在不断改变。就影像而言，从黑白影像发展到彩色影像，从光学影像发展到数字影像，从平面影像发展到三维影像。这些都大大促进并提高了摄影测量的信息处理、表达和应用的水平及能力。

摄影测量研究影像信息处理，主要就是研究如何依据影像信息提取出目标及其环境的可靠信息，即回答被摄目标是什么、状态和性质如何、空间位置在哪里等等。摄影测量尤其着重于解决对目标的空间定位问题，因为这也是测量的根本任务之一。

由影像提取的信息须以某种形式加以表达。摄影测量研究影像信息表达，就是研究如何将提取出的目标信息以清晰、明确、定量和便于应用的形式表示出来。纸质地形图是大家熟悉的地形信息的模拟表达，数字地形图则是地形信息的数字表达。数字地形图正是由模拟地形图发展而来的，因其在信息存储、管理、表示、应用等方面具有以往表达形式不可比拟的优点，使之成了目前表达地形信息的最主要方式。然而，地形图仍然只是地形信息的二维表达方式，随着计算机技术的发展，摄影测量提取的空间信息愈来愈趋向三维表达。

摄影测量获取目标信息的最终目的是应用信息。这种应用可以通过测绘的地形图、专题图等间接地实现,也可以将获取的信息输入地理信息系统直接实现,甚至将摄影测量融合成为地理信息系统的空间信息采集、更新和信息可视化分析部分。当然,摄影测量不仅对地观测,其在非地形测绘领域也有广阔的应用市场。通过摄影提取的各类目标的空间信息,可为工业制造、建筑工程、生物医学等领域提供不可替代的技术支持。

3.1.2 摄影测量学的发展及分类

摄影测量学的分类是同其发展历程联系在一起的。摄影测量学一百多年的发展历程,形成了三个发展阶段,每个阶段的摄影测量学的科技内容都有本质的不同。后来,人们将不同阶段的摄影测量学分别称为模拟摄影测量学、解析摄影测量学和数字摄影测量学。目前我们正处于数字摄影测量阶段。

1. 模拟摄影测量学

早在 18 世纪,数学家兰勃特(J. H. Lanbert)在他的著作(Frege Perspective, Zurich, 1759)中就论述了摄影测量的基础——透视几何理论。1839 年,法国人达盖尔(Daguerre)发明摄影术以后不久,摄影测量就开始了它的发展历程。

真正的摄影测量学创始人,一般公认为法国陆军上校劳赛达特(A. Laussedat)。他在1851 至 1859 年之间,首先创造了适合于摄影测量用的摄影仪器和作业方法。该方法从一条"基线"的两端点摄取某一物体的两张像片,再从这两张像片向要测定的点引出交会方向线,通过"交会摄影测量"就可以逐点测绘出所摄物体。差不多同时,德国的迈登鲍尔(A. Meydenbauer)根据建筑物的两张像片,用交会法进行了第一次建筑物摄影测量的试验。

1858 年,法国摄影师纳达尔(Nadar)乘坐气球在巴黎郊外 80m 上空拍摄了世界上第一张航空像片。1860 年 10 月 13 日,美国人布莱克(Black)利用湿板(感光材料)拍摄了波士顿的航空像片。1885 年,法国人又从 600m 左右高度的气球上拍摄了巴黎的航空像片。1906 年,美国旧金山地震引起了火灾,劳伦士(Rorence)用 17 只风筝吊着巨型相机,从空中拍摄了照片,如图 3 - 1 所示。到 20 世纪初,怀特兄弟发明了飞机,飞机制造业突起,使利用飞机开展航空摄影成为可能。

图 3 - 1 航空像片"San Francisco in ruins"

如何用像片来量测出被摄物体的位置、形状和大小呢? 在摄影测量发展的早期,限于当时的计算技术,不可能对摄影测量的复杂几何关系直接进行计算。因此,人们只能依赖当时的光学和机械学技术,利用光学机械方法模拟投影的光线,在几何上反转摄影过程,由模拟投影光线建立起缩小了的被摄目标的几何模型。几何反转构建目标几何模型的最基本原理,就是不同方位的两根同名光线的交会定点。由于所建几何模型同目标几何相似,故测图工作可在几何模型上完成。这样,摄影测量便以模拟法起步了。20世纪初,由维也纳军事地理研究所按照奥雷尔(Orel)的思想制成了"自动立体测图仪"。后来,由德国卡尔蔡司厂进一步发展,成功地制造出了实用的"立体自动测图仪"。

第一次世界大战加速了航空摄影测量技术的发展。经过了半个多世纪的发展,到20世纪60—70年代,这种类型的仪器发展到了顶峰。由于这些仪器均采用光学投影器或机械投影器"模拟"摄影过程,并用它们逆向交会出被摄物体的空间位置,所以称其为"模拟摄影测量仪器",图3-2所示是一款典型的模拟立体测图仪。这一发展时期后来也称为"模拟摄影测量时代"。相应地,我们就有模拟摄影测量学一说。在这一时期,摄影测量工作者们都在自豪地欣赏着20世纪30年代德国摄影测

图3-2　模拟立体测图仪

量大师Gruber的一句名言:摄影测量就是能够避免繁琐计算的一种技术。当时有些仪器冠以"自动"二字,其含意也仅在于此,即利用光学机械等模拟装置,实现了复杂的摄影测量解算。显然,它并不意味着不需要人工的立体观测而真的实现了"自动测图"。

2. 解析摄影测量学

当计算不成为问题后,由数值解算方法带来的好处就突现出来。

随着模数转换技术、电子计算机和自动控制技术的发展,海拉瓦(Helava)于1957年提出了摄影测量的一个新概念,就是"用数字投影代替物理投影"。所谓"物理投影"就是上述"光学的、机械的或光学-机械的"模拟投影。"数字投影"就是利用电子计算机实时地进行投影光线(共线方程)的运算,从而解算出被摄物体的空间位置。"数字投影"可使立体测图仪避免复杂的光学机械装置,并使测绘如其他工程技术一样,享受计算机带来的种种好处。然而,由于当时电子计算机十分昂贵,加上摄影测量工作者通常没有受过计算机技术的训练,因而新概念没有引起摄影测量界很大的兴趣。但是,意大利的OMI公司确信Helava的新概念是摄影测量仪器发展的方向,他们与美国的Bendix公司合作,于1961年制造出第一台解析立体测图仪AP/1。这个时期的解析测图仪多数为军用,直到1976年在赫尔辛基召开的国际摄影测量学会的大会上,由7家厂商展出了8种型号的解析测图仪,解析测图仪才逐步成为摄影测量的主要测图仪器。

摄影测量学在这一发展时期的代表性仪器设备就是"解析测图仪"。该仪器明显的特点是没有了复杂的物理投影装置,而应用了计算机,图3-3为一仪器示例。解析测图仪是世界上首先实现测量成果数字化的仪器。在机助测图软件控制下,将立体模型上测

得的结果存入计算机中,然后再传送到数控绘图机上绘制图件。这种以数字形式存储在计算机中的地形图,构成了建立测绘数据库和各种地理信息系统的基础。解析测图仪与模拟测图仪的主要区别:前者使用数字投影,后者使用模拟投影;前者采用计算机辅助作业方式,后者采用完全的人工作业方式。

　　解析测图仪应用了电子计算机,使摄影测量的作业方法和效率得到了大大改善。但是,解析测图仪和模拟测图仪都使用光学影像,测绘中都需要人工操纵仪器,还需用眼睛观测由影像产生的立体模型。两者生产的测绘产品主要是描绘在纸上的线画地形图等模拟图件。因当时尚未形成对数字测绘产品的需求,故解析测图仪虽然也具有生产部分

图 3 - 3　解析立体测图仪

数字形式测绘产品的功能,但多数只是为方便计算机存储而设计。

　　根本上讲,确实是计算机技术推动了摄影测量的发展。除解析测图仪这个典型标志外,这一时期以量测算法和计算机制图为核心的数据处理理论方法也得到迅速发展,形成了摄影测量解析法理论和成熟的计算机辅助测绘技术。我们将这一阶段的摄影测量学称为解析摄影测量学。

3. 数字摄影测量学

　　数字摄影测量的发展起源于摄影测量自动化的实践。摄影测量工作者一直试图将由影像灰度转换成的电信号再转变成数字信号,由电子计算机来实现摄影测量的自动化过程,这一研究探索过程持续了 30 年左右。成熟的商业化产品直至 20 世纪 90 年代才出现。数字摄影测量系统的出现,在短短几年时间内就改变了摄影测量的生产方式,这一功劳首先仍要归功于计算机技术的发展和应用。

　　数字摄影测量学即是将摄影测量的基本原理与计算机视觉相结合,从数字影像中自动(半自动)提取所摄对象用数字方式表达的几何与物理信息的摄影测量学。数字摄影测量学是继模拟摄影测量学、解析摄影测量学后,摄影测量学发展到达的最新阶段。

　　数字摄影测量学的理论方法主要包括影像匹配、影像理解两大部分。前者是自动地对数字影像进行特征提取和立体量测,完成空间几何定位,建立目标数字高程模型和数字正射影像。相应的目视化产品则为等高线图、正射影像图和三维景观等。由于这种方法能代替人眼观测立体的过程,故而是一种计算机视觉方法。后者是自动地解决对数字影像的属性描述,亦称为数字图像分类。低级的分类方法基于灰度、特征和纹理等,多用统计分类方法;高级的影像理解则基于知识,构成分类专家系统。由于影像理解的目的在于代替人眼识别和区分目标,是一种比定位难度更高的计算机视觉方法,因此,数字摄影测量是一个高科技的研究领域。

随着计算机技术及其应用的发展，以及数字图像处理、模式识别、人工智能、专家系统和计算机视觉等学科的不断发展，数字摄影测量学的内涵已远远超过了传统摄影测量的所涉范畴。数字摄影测量学与模拟、解析摄影测量学的最大区别：它处理的影像是数字影像，研究的目标是以计算机视觉代替人眼观测实现全自动化测绘，所使用的仪器只是通用计算机设备，而测绘产品是形式丰富的数字产品。表 3 – 1 列出了摄影测量学三个发展阶段的部分特点。

表 3 – 1　摄影测量学三个发展阶段的特点

发展阶段	原始资料	投影方式	仪器设备	操作方式	产　　品
模拟摄影测量	光学像片	物理投影	模拟测图仪	机械辅助测绘	模拟产品
解析摄影测量	光学像片	数字投影	解析测图仪	计算机辅助测绘	模拟产品 数字产品
数字摄影测量	数字影像	数字投影	数字摄影测量系统	自动化测绘	数字产品

数字摄影测量学的发展还导致了实时摄影测量的问世。所谓实时摄影测量，即是用数字摄影机直接对目标获取数字影像，并直接输入计算机系统中，在实时软件作用下，立刻处理和提取需要的信息，并用来控制对目标的操作。这种实时摄影测量系统主要用于医学诊断、工业过程控制和机器人视觉方面。在陆地车载或航空机载、太空星载系统中，利用 POS(Position Orientation System)定位定向技术和 CCD 摄像技术，可以实时地为各类 GIS 采集所需要的数据和信息。

4. 摄影测量其他分类

摄影测量学是对摄影测量学科的科技内容的总称。但现实中，常常需对摄影测量某些具体的工作方式、方法分类命名。现有的分类通常按摄站位置、测绘对象、处理方法等三种不同的标准进行。

摄站位置即是拍摄时摄影机所处的位置。按摄站位置分类，摄影测量可分为航空摄影测量、航天摄影测量、地面摄影测量、水下摄影测量、显微摄影测量等。

航空摄影测量是以飞机等航空平台为摄影机载体的摄影测量。摄影机装载在飞机上对地观测，大大拓展了人类视野，也使人类对地观测的方式、方法产生了重大变革。目前，航空摄影测量是摄影测量生产、科研的主流。航空摄影测量的成图比例尺可覆盖 1∶500 ~ 1∶50000，是测绘地形图或专题图的主要方法。对城市或山区的大比例尺测绘中，航空摄影测量是首选方法。由于航空摄影测量所用影像的获取越来越容易，所需仪器设备的购价越来越低，而信息处理的自动化程度却越来越高，所以能够开展航空摄影测量生产的部门、机构或单位正在迅速增加。

航天摄影测量是以人造卫星等航天平台为摄影机载体的摄影测量。航天摄影测量的观测对象一般仍是地球表面，但利用各种影像对其他星球表面形态的测绘工作也属此类。与航空摄影测量相比，"航天摄影测量"这一名称较少被使用，这是因为以下几方面的原因：一是航天摄影影像通常被称为航天遥感影像，或称为遥感影像，对该类影像信息的获取、处理、表达、应用等过程统称为遥感或航天遥感，这里面包括了利用遥感影像进行测绘的处理过程。只有当强调摄影测量方法时，才称利用航天遥感影像的测绘工作为航天摄影测量；二是航天遥感影像着重于目标的识别和物理性质提取，对几何信息的处理相对较弱；三是基于影像的测绘工作大多使用航空影像，因为长期以来航空摄影测量正好满足最常用比例尺地形图的测制要求。航天遥感影像中最普及的是卫星遥感影像，部分种类的卫星遥感影像在获取时满足立体测绘条件，可以用其测绘 1∶50000 ~ 1∶1000000的地形图、专题图或快速提取所需空间信息。尤其需说明的是，自 1999 年以来，以 IKONOS 和 Quick Bird 为代表的高分辨率商用卫星遥感影像的出现和应用，使遥感测图的比例尺从最大 1∶50000 提高到了 1∶5000，甚至更大。显然在一定条件下，航天摄影测量已可部分地替代航空摄影测量。

地面摄影测量是摄影机架设于地面，或以汽车等地面移动平台为摄影机载体的摄影测量。地面摄影测量观测视野不如航空摄影测量开阔，但实施起来简便灵活，观测对象分为地形或非地形两类。地面地形摄影测量的观测对象为地形，通常是山体等竖立目标，故一般被用于山区的工程勘察。地面非地形摄影测量以地形以外的目标为观测对象，如飞机、轮船、建筑、生物、交通事故现场等。因对这类目标的拍摄距离一般都较近，故我们常称拍摄距离小于 300m 的地面非地形摄影测量为"近景摄影测量"（close - range photogrammetry）。有时也将此概念扩展至近距离地面地形摄影测量，甚至超低空的空中摄影测量。

水下摄影测量是利用水下摄影机以水下目标物为研究对象的摄影测量。水下摄影时，光线传播的物方媒介是水体，而像方媒体是空气，属双介质摄影测量，由此造成水下摄影测量的理论方法与航空摄影测量等单介质摄影测量理论方法有所不同。

显微摄影测量是通过在摄影机前面装显微镜来拍摄目标影像的摄影测量。显然，这是摄影测量中摄影距离最短的作业方式，有时拍摄距离还不足 1mm。这种摄影测量主要研究细胞形态、矿物晶体构造等微观结构，以实现定量分析。

若按测绘对象分，摄影测量可分为地形摄影测量和非地形摄影测量。

地形摄影测量的测绘对象是地形，主要应用于国家基本地形图的测绘，水利、电力、交通等工程的勘察设计，城镇、农业、林业等部门的规划与资源调查，以及相应的数据库和信息系统的建立。

非地形摄影测量实际上是摄影测量的一个分支学科，其在 20 世纪 60 年代后随着计算机技术、摄影技术、量测技术等的发展而逐渐形成。"非地形"一词来源于"non - topographic"。非地形摄影测量研究如何利用影像来确定非地形目标物的形状、大小及空间位置关系等。与地形摄影测量的一个不同点是，非地形摄影测量一般不关心目标在物方坐标中的绝对位置，而只关心目标本身形态及其与其他目标间的相对位置关系。非地形摄影测量突破了摄影测量传统的对地观测领域，在工业制造、建筑工程、生物医学以及变形观测、环境监测、军事侦察、公安侦破、事故勘察、弹道测量、矿山工程、文物考古、爆破分析等方面有着广泛的应用,以一种新颖有效的手段帮助解决相关领域的技术难题。

摄影测量处理方法指对影像信息进行处理,以获取有用信息并给予表示的方法。按信息处理方法分,摄影测量可分为模拟摄影测量、解析摄影测量和数字摄影测量。它们构成了摄影测量学在三个不同时期的典型技术和生产方式。

当然,摄影测量分类是相对的,甚至是变化发展的。例如:现今的无人机航空摄影勘测技术,似乎兼有航空摄影测量和近景摄影测量的特征,打破了传统的"航测"与"近景"的界限;现今的集成有摄影机、激光三维扫描仪和 POS 等设备的移动测量系统,亦兼有地形或非地形摄影测量的特征;多源影像的联合平差定位,可能同时涉及航天、航空影像或航空与地面影像,处理方法的发展已经跨越了原来按航高的分类。

3.2　摄影测量的作用与优点

3.2.1　摄影测量的作用

摄影测量的研究对象分地形和非地形两类,摄影测量的作用也体现在两个方面。对地观测是摄影测量的主要工作,因此摄影测量的主要任务是测制各种比例尺的地形图和专题图,建立地形数据库,并为各种地理信息系统的建立与更新提供基础数据。

摄影测量另一个重要作用体现在非地形测绘领域。摄影测量至今仍以一种新型、高效、方便、甚至是不可替代的观测手段不断开拓应用市场,被越来越多的生产或科研部门所认识、接受和赞誉。这个服务领域已远远超出了传统的测绘服务领域,并反过来为摄影测量的发展提供了不竭的动力。尤其是无人驾驶、智能视觉、智慧制造等战略性新兴产业方向上,摄影测量正在融入。

除了服务于"测绘",摄影测量近年来进入并支持了一个广阔而深远的新领域,即地球空间信息可视化及分析,表现出了前所未有的重要作用和发展前景。当前的地学三维建模、虚拟现实、数字地球和智慧城市建设等热点的空间信息技术中,均有摄影测量的重要作用,由此亦可见一斑。

3.2.2　摄影测量应用的优点

摄影测量应用的优点,指与别的观测手段相比,采用摄影测量方法有什么突出的好处。摄影测量应用的优点可以从如下几个方面来理解。

(1)影像记录的目标信息内容客观、信息丰富、直观逼真,人们可以从中获取被摄物体的大量几何和物理信息。航摄影像承载信息的丰富程度常常超出人们的想象。测绘人员主要处理几何信息,制作的地形图表达的是地形要素。这些要素一般包括工矿、居民地、道路、水系、植被、土壤、地貌等等,兼顾了国民经济各部门的需求,属基础地理信息。而其他不同的专业人员同样可从航摄影像上提取感兴趣的各种专题信息。例如,地质人员可提取地质构造信息,矿产人员可提取矿藏信息,水利人员可提取水资源甚至地下水资源信息,环保人员则可提取水体、土壤等的污染信息,等等。因此,影像信息作为制图信息源具有突出优势。

（2）摄影测量作业无须接触被摄目标本身,属间接测量方式,作业不受工作现场条件的限制。在地形测绘中,用全站仪等对山区的测绘将会十分困难,而采用航空摄影测量则会方便、经济得多。并且,越是大山区,航空摄影测量的优势越明显,这都是间接式测量带来的好处。在非地形测绘领域,这种好处亦表现得非常突出,并且对用户颇具吸引力。例如,在对滑坡、泥石流的监测中,人们无法到达被测物体表面,故可应用摄影测量来完成。在对爆破、高温、真空等危险现场监测时,摄影测量方法是唯一手段。同样,摄影测量被用于通过星际影像勘测外星体,通过显微影像测定微观事物结构或形态等。

（3）摄影测量可测绘动态变化的目标。摄影测量处理的信息源自影像,而影像则是某一瞬间对被摄目标状态的真实记录。正因如此,使得摄影测量具有研究动态目标的能力,并且这种研究是全面的、整体的、同时的,而非局部的、离散的、不同时的。这一优点往往是其他测量手段不具备的,也是不可被替代的。例如:摄影测量被用于研究液体、气体等动态目标。在水工试验中,摄影测量用来测定水体的流速、流场、泥沙运动等。在大江截流中,摄影测量用来测量龙口现场流态。在泥石流研究中,摄影测量用来测定泥石流的龙头形态及流速等。在汽车碰撞试验中,摄影测量用来测定碰撞瞬间汽车的变形与受力。在航弹、枪械的设计中,摄影测量用来测定弹道和弹速。类似例子不胜枚举,这些都得益于摄影测量的动态目标测绘能力。还值得一提的是,在安全监测工作中,摄影测量使用的影像是目标在某一瞬间的整体形态反映,因而有利于全面地测量分析目标形态及其变化。如用于高边坡变形监测、船闸闸门变形监测等。就此方面而言,摄影测量比只重点测定若干离散点上变形量的传统大地测量方法更具优势。

（4）摄影测量可测绘复杂形态目标。在地形测绘中,常规的全站仪或 GNSS 方法测绘地物、地貌时,都是首先采集地形的特征点,然后依据离散特征点内插表示出连续的地形形态。例如,由地貌特征点内插出等高线,由道路特征点内插出线状道路等。显然,当地形复杂时,采点和插绘的工作量很大。而且,当特征点少或关键特征点丢失时,会影响地形表示的准确性。摄影测量方法对地形的测绘,是利用测标在几何模型上对地貌、地物特征跟踪实测而成,因而可以方便地对复杂地形进行测绘并且逼真地给予表示。这种优点在测绘非地形复杂目标时表现得更加充分,例如对佛像的测绘。测绘佛像的目的有两种,一种是测绘属于文物的各类佛像,用于文物研究和保护;另一种是测绘现代工艺佛像,用于工业制像。无论哪一种,测绘过程都有一定的难度,原因是佛像是一个形态复杂的目标物。显然,测绘佛像采用摄影测量方法是较为理想的。复杂形态目标的测绘在工业制造中是较普遍的工作,如对飞机、轮船、汽车、水轮机叶片的外形的监测等。事实上,这些部门一直应用摄影测量技术为本行业的生产、科研服务。三维激光扫描技术出现后,摄影测量与激光扫描技术产生了融合,又发展成为一种新型的测量方式。

(5) 摄影信息可永久保存,重复使用。开展摄影测量就必须先拍摄像片,尤其是航空摄影测量或卫星遥感,所使用的航空像片或卫星像片均是珍贵的影像资料,其客观、详尽地反映了某一时期地表的状况。影像资料除满足拍摄后的测量和制图需要外,更成为保存当时地表信息的理想载体。随着时间流逝,这种资料变得弥足珍贵。例如,利用不同时期的影像资料,可以研究某地区环境变迁的过程和机理。影像的价值还在于可重复量测使用。地形图是用符号语言对某一时期地表信息筛选抽象后的表示。从信息量的角度来看,影像上的信息比相应地形图上信息要丰富得多。若有旧时期的影像资料,通过重复量测,仍可以像当年一样获取当时的信息,或提取当年未关注的信息。显然,这是旧地形图无法做到的。

以上阐述了摄影测量的一般优点,下面再介绍摄影测量在几个具体应用方面的长处。

在地形图测绘方面,与地面测绘方法相比,摄影测量有如下特点:①生产作业速度快,成图周期短。②作业以内业为主,人员劳动强度低。这是因为摄影测量将大部分原来须在现场完成的测绘工作搬到了室内进行。③对较大范围测绘成图时,所需的经费少。目前,摄影测量已是大范围测图的首选方法,大多数的城市测绘都选择了航空摄影测量。④摄影测量成图精度均匀、形态逼真。⑤摄影测量除可以生产最常见的线画地形图外,还可以生产影像地形图。影像地形图是以影像表示地形要素的平面位置和形态,以等高线和高程注记点表示高程形态的地形图的一种形式。影像地形图的影像来自原始航摄像片,故与线画地形图比,影像地形图所承载的信息要丰富、逼真得多。正是这个原因,使影像地形图愈来愈被用户看好,需求在不断增长。20 世纪 90 年代后,影像地形图作为与线画地形图(也称矢量地形图)并列的测绘产品,常被要求两者同时生产。

在为地理信息系统获取空间信息方面,摄影测量与遥感已成为 GIS 系统主要的数据来源。因为 GIS 系统存储、管理、更新、应用的空间信息大多来自地表,而快速地对地观测正是摄影测量与遥感的擅长之处。而且,摄影测量与遥感在影像信息获取、处理方面都有较高的自动化程度。摄影测量和遥感终将与地理信息系统在更高层次上融为一体。

在非地形测绘方面,摄影测量充分展现了作为一种特殊量测手段的优势。实际上,非地形摄影测量正是因其自身突出的优点才被众多不同行业所认识接受,逐渐发展起来的。以下举几个例子,可见一斑。摄影测量被用于古建筑、古石刻石雕、古塑像壁画等文化遗存的测绘中,以满足文物研究保护的需求。摄影测量被用于古化石、古遗址挖掘的测绘中,以满足考古研究的需求。摄影测量被用于水利工程的测绘中,测定水工模型的流速流态、泥沙冲刷淤积,或大坝溢流面、泄水闸墩面形态,或船闸闸门启闭过程中的动态变形等,以满足设计、运行的监测需求。摄影测量被用于工业制造中,测定常规手段不易量测的复杂形态目标物,以满足设计、制造的监测要求。摄影测量被用于生物医学领域,测量生物体的外部形态或内部形态,以满足整形、探测病灶或生物医学研究的需求。摄影测量还被用于公安、交通等领域,测量痕迹或事故现场,以满足刑事侦查或交通事故勘察的需求。

3.3 摄影测量的基本原理及方法

航空摄影测量是摄影测量的主干,摄影测量的生产、科研、教学无不受到航空摄影测量的主导。本节将以航空摄影测量为例介绍摄影测量学的基本原理与方法。

3.3.1 像片及其投影

用一组假想的直线将物体形态向几何面上投射称为投影。投影的几何面通常是平面,称为投影平面,投影的直线称为投影光线。若投影光线会聚一点,这种投影方式称为中心投影,如图 3 - 4(a)所示。

实际生活中,当投影直线为真正的光线,投影平面为像片平面时,投影过程即是摄影过程。像片平面上由感光材料或光敏电子装置记录的投影构像即称为像片或影像。航摄像片简称航片,通常由机载的量测用航空摄影相机在空中对地拍摄而得。显然,航片影像就是地面景物在像平面上的中心投影。投影光线的会聚点 S 称为投影中心。一般情况下,航片的投影中心可理解为摄影机的物镜中心。

与之相对,投影光线相互平行且垂直于投影平面的投影方式称为正射投影,如图 3 - 4(b)所示。大比例尺地形图是地面景物在地平面上的正射投影(按比例缩小)。因此,摄影测量成图的关键是将像片上中心投影的地面信息转换为正射投影的信息,并予以表达。

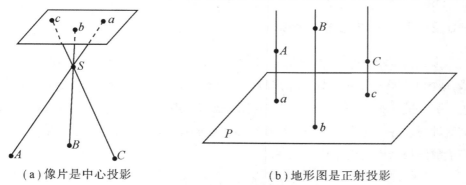

（a）像片是中心投影　　　　　　　　　（b）地形图是正射投影

图 3 - 4　中心投影与正射投影

图 3 - 5 是中心投影的像片与正射投影像片的对比,从中可以直观地看出不同投影方式对地物构像的影响。

图 3 - 6 反映了摄影测量对中心投影误差的改正。图中线画符号为正射投影的建筑物的矢量表达,底图背景为对应地物的包含有中心投影误差的影像。可以看出高出地面的建筑物,其正射投影位置和形态都得到了相应的纠正。这从几何方面直观地反映了摄影测量制图在不同投影之间进行信息处理及变换的必要性、效果和特点。

（a）中心投影的影像

（b）正射投影的影像

图 3－5　中心投影与正射投影构像对比

图 3－6　摄影测量制图中对地物投影位置纠正示例

3.3.2　航空摄影及立体像对

　　航空摄影时，飞机沿航线在一定高度匀速飞行，摄影机则按一定的时间间隔开启快门拍摄，或由 GNSS 控制按设计航线拍摄，所摄像片的影像在地面上形成如图 3－7 所示的覆盖。一条航线拍摄完毕，飞机进行相邻航线的拍摄。如此，直至所有航线拍摄完毕，整个测区即被航片影像全部覆盖。航空摄影一般委托专门的部门来完成，采用无人小飞机平台的航空摄影则可由用户自行完成。

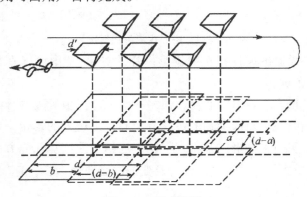

图 3－7　航空摄影

航空摄影时,需满足一定的技术要求,这些要求也是航片具备的特性。最基本的要求有航摄比例尺和像片重叠度。

航摄比例尺,亦称像片比例尺,指像片上一段距离 l 与地面上相应距离 L 之比。

航摄比例尺的大小视成图比例尺而定(具体参照相应规范),一般是成图比例尺的 $1/2 \sim 1/8$,即摄影测量具有对影像比例尺放大 $2 \sim 8$ 倍成图的特性。

像片重叠度,指相邻两张像片的相同景物影像面积占整幅像片面积的百分比。同一条航线内相邻像片之间的重叠度称为航向重叠度。一般而言,航向重叠度应达到 60% ~ 80%,保证一定的像片重叠度是立体摄影测量作业的要求。

具有重叠度的两张像片称为立体像对,使用立体像对可进行立体观察和立体量测,并由空间几何的前方交会原理,经两张像片上同名光线的交会,确定地面点位置。显然,当航向重叠度达到80%时,可以形成对测区的三重以上的影像覆盖,以提高摄影测量精度和可靠性。图 3 - 8 为一露采矿山的航空摄影立体像对的局部。

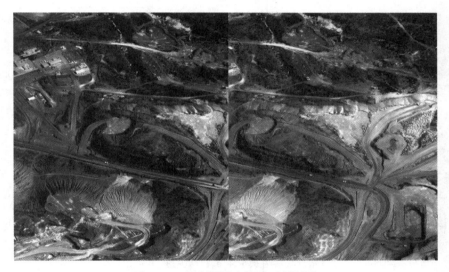

图 3 - 8　航空摄影立体像对(局部)

3.3.3　影像信息处理的主要理论与方法

摄影测量对影像信息进行处理,主要是几何信息的处理,以解决空间定位问题。故摄影测量理论方法以物、像的几何空间变换为主。

1. 像片的方位元素

像点都位于像平面上,要研究物点和像点间的空间变换,自然应该首先确定投影中心、投影光束与像片作为一个整体,在空间的形状、位置和姿态问题。像片的方位元素,即指描述投影光束形状及所处空间方位的参数,分为内方位元素和外方位元素。确定像片方位元素,是定量地建立物像空间几何关系的基础。

1）内方位元素

描述投影中心对像平面位置关系的参数称为内方位元素。具体包括 3 个，即主距 f 及 (x_0, y_0)，如图 3 – 9 所示。内方位元素确定了投影光束的形状。对某具体的航空摄影机而言，内方位元素是已知的确定值。

2）外方位元素

描述像片在空间中方位的参数称为外方位元素。具体包括 6 个，即 3 个线元素和 3 个角元素。线元素确定了拍摄瞬间投影中心 S 在地面坐标系中的坐标 (X_S, Y_S, Z_S)，角元素则确定了像片面在地面坐标系中的姿态角 $(\varphi, \omega, \kappa)$，如图 3 – 10 所示。当然，角元素的描述方法不只图示一种。

外方位元素确定了投影光束即像片在空间的方位。某像片外方位元素的值，需根据在像片上构像的地面控制点反算，或者在飞行时由 POS 系统直接测定。

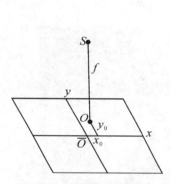

图 3 – 9　像片内方位元素

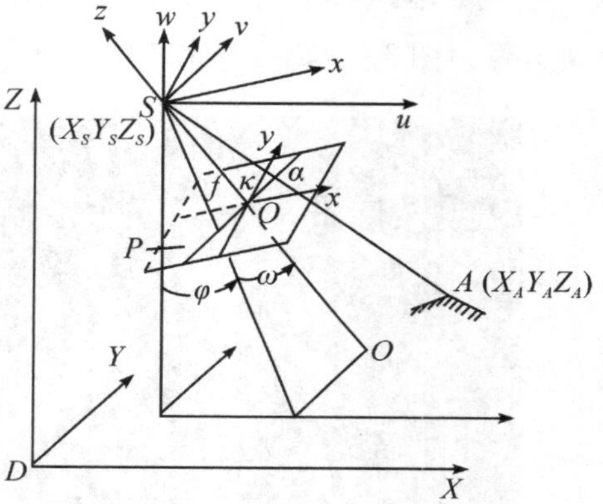

图 3 – 10　像片外方位元素

2. 构像方程及其作用

直接建立物、像几何关系的是构像方程式。中心投影的构像方程为

$$\begin{cases} x - x_0 = -f\dfrac{a_1(X_A - X_S) + b_1(Y_A - Y_S) + c_1(Z_A - Z_S)}{a_3(X_A - X_S) + b_3(Y_A - Y_S) + c_3(Z_A - Z_S)} \\[2mm] y - y_0 = -f\dfrac{a_2(X_A - X_S) + b_2(Y_A - Y_S) + c_2(Z_A - Z_S)}{a_3(X_A - X_S) + b_3(Y_A - Y_S) + c_3(Z_A - Z_S)} \end{cases} \tag{3 – 1}$$

式中：(x, y) 为像点 a 在像平面坐标系 $\overline{O} - xy$ 中的坐标；(X_A, Y_A, Z_A) 为物点 A 在地面坐标 $D—XYZ$ 中的坐标；(X_S, Y_S, Z_S) 为投影中心 S 在地面坐标系 $D—XYZ$ 中的坐标；(f, x_0, y_0) 为像片内方位元素；$(a_1, b_1, c_1, \cdots, c_3)$ 为像片的 9 个方向余弦，其根据外方位元素的 3 个角元素 $(\varphi, \omega, \kappa)$ 算得。

式（3 – 1）表达了物点 A、像点 a 及投影中心 S 三点共线的事实，建立了物像间的投影关系，如图 3 – 10 和图 3 – 11 所示。这是摄影测量中最基本、最重要的关系式，也称为共线方程式。

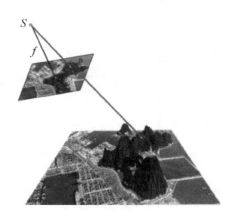

图 3 - 11　物点、像点及投影中心三点共线

利用共线方程,当已知若干物点的地面坐标(X_A, Y_A, Z_A)及相应像点的像平面坐标(x,y)时,可解求像片外方位元素 X_S、Y_S、Z_S、φ、ω、κ,甚至包括内方位元素 x_0、y_0、f;当已知立体像对的两张像片外方位元素和某同名像点的像平面坐标(x_1, y_1)、(x_2, y_2)时,可列出 4 个方程式来解求该物点的地面坐标(X_A, Y_A, Z_A);当已知物点的地面坐标和像片外方位元素时,也可解求物点的像平面坐标,即把物点投影到像片面上,而这正是三维模型可视化的基础方法。以上几种解法在摄影测量中均有应用。

3. 摄影测量的定位算法

基于影像的空间定位算法是摄影测量的基本方法。立体影像处理是摄影测量信息处理主要方式。立体影像处理是以立体像对为单元,以同名光线空间交会为基本原理,由像点的像平面坐标来确定相应物点地面坐标的处理方法。主要包括 3 种具体方法,即单像空间后方交会及双像空间前方交会法、相对定向及绝对定向法、光线束法。

1) 单像空间后方交会及双像空间前方交会法

单像空间后方交会是利用共线方程,依据像片上若干控制点的像平面坐标及其物方地面坐标,解求出该像片外方位元素的过程。我们把像片上少量的预先精确测定了相应地面坐标的点位,称为像片控制点。像片控制点于物方和像方一一对应,其作用是为像片的几何处理提供必要的同地面关联的依据。从共线方程式可看出,每个像片控制点可列出 2 个方程式,当有 3 个控制点时,则可列出 6 个方程式,解出 6 个外方位元素的值。

双像空间前方交会是在已知立体像对两张像片的内外方位元素后,利用同名光线空间交会条件,依据某同名像点的像平面坐标,解求出其物点地面坐标的过程。同名光线空间交会原理如图 3 - 12 所示。图中,当像片内外方位元素确定后,像片及投影光束在空间的方位是确定的。当选定像片上的任一同名像点后,同名像点所在的一对投影光线的空间方位亦是确定的,由同名光线交会即得物点空间位置 A。

单像空间后方交会及双像空间前方交会,是摄影测量经像片坐标处理获得物点地面坐标的一种立体摄影测量算法。

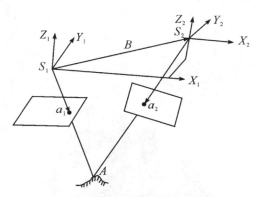

图 3 – 12 双像空间前方交会示意图

2）相对定向及绝对定向法

在图 3 – 13 中，实际的像片位置在 S_1、S_2 处。假想保持右像片姿态不变，沿摄影基线 S_1S_2 将右像移动到 S'_2 位置。因同名光线的共面性质没有破坏，故所有同名光线仍然相交，所有交会三角形都只产生相似变化，所有交会点的全体将构成一个与地表形态相似的几何模型。我们把影响像对内所有同名光线相交的两张像片的相对方位参数称为相对定向元素。相对定向元素共有 5 个。

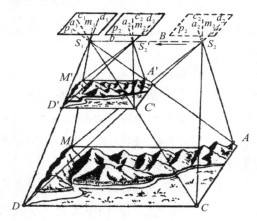

图 3 – 13 立体像对建立地表几何模型

相对定向就是利用立体像对中存在的同名光线共面的几何关系，解求得相对定向元素的过程。同名光线交会条件也就是同名光线共面条件，显然每对同名光线可列出一个共面条件式，它是 5 个相对定向元素的函数。当量测确定了像片上 5 对同名像点的像平面坐标，就可以列出 5 个共面条件方程式，解出 5 个相对定向元素的值。

相对定向的目的是由立体影像建立起被摄目标的几何模型。得到立体像对的相对定向元素后，实际上就是在某种过渡性的坐标系中确定两张像片的外方位元素。因此，对任一对同名像点，只要量测得到像片坐标，应用前面所述的双像空间前方交会就可以计算出相应的物点模型坐标。这里，模型坐标的概念，即表明了此处所得物点坐标是位于过渡性的坐标系中，而非实际地面坐标系中。相对定向后可以得到像对内任一点的模型坐标,所以在完成相对定向后,就称建立起了目标几何模型。

相对定向虽然建立了被摄目标的几何模型,但从前面阐述可知,模型还未恢复在地面坐标系中的绝对方位,并且模型的大小还是任意的。我们称相对定向后建立的这种模型为自由模型。为了能在几何模型上测绘,相对定向后还须进行绝对定向。绝对定向对模型所做的变换为空间的缩放、平移和旋转,称为空间相似变换。

绝对定向就是利用地面控制点,解求绝对定向元素的过程。绝对定向元素就是空间相似变换参数,共有 7 项。绝对定向的目的是通过空间相似变换,将自由模型纳入地面坐标系中(测图坐标系)。

相对定向及绝对定向是处理单个立体像对的最重要的影像定位算法。

3)光线束法

光线束法简称光束法,在恢复像片的空间方位和物像变换时,把像片方位元素和物点地面坐标都作为未知数,放在同一个数学模型中整体解求。光束法的数学模型仍是共线方程。与单像空间后方交会不同的是,未知数除了每张像片的 6 个外方位元素之外,还有每个物点的 3 个地面坐标。

光束法的计算单元不限于一个立体像对的两张像片。航空摄影像片在航线内部,以及相邻航线之间都有重叠,一个物点可能被多张影像所覆盖。一个物点在不同像片上所列的共线方程有着相同的未知数,即相同的地面坐标,因此可以放在同一个方程组中解算。光束法的计算单元可以是一个大的区域,包括若干条航线,每条航线又可包含上百张像片。计算的结果是同时解得区域内所有像片的外方位元素以及参与计算物点的地面坐标。

光束法的观测和计算工作量较大。但是,光束法充分利用了影像间的重叠覆盖,对同一物点形成了多光线交会,具有很高的定位精度和可靠性。而且,光束法利用物点连接起相邻像片,使计算单元扩大至成千上万张像片,与单个像对处理相比,可大大减少布设像片控制点的数量。当航摄使用 POS 系统时,光束法甚至可以实现无地面控制的摄影测量,这为困难地区、无人地区测绘和岛礁测绘乃至全球测绘带来极大便利。光束法是摄影测量的标志性算法,迄今用途甚广。

3.3.4　摄影测量作业设备和生产流程

摄影测量解决了利用影像确定物方点位的定位算法后,更重要的是应用算法来实现摄影测量生产,取得测绘产品。数字摄影测量系统正是这样一种作业设备,它基于摄影测量算法设计开发出影像测绘功能,可高度自动化地生产多种形式的测绘产品。

1. 数字摄影测量系统

数字摄影测量系统(Digital Photogrammetric System,DPS),或称数字摄影测量工作站(Digital Photogrammetric Workstation,DPW),是目前开展摄影测量工作的主要设备。国际上知名的数字摄影测量系统多达 10 余种,国内的如 VirtuoZo、JX - 4、MapMatrix 等,亦都是具有国际水平的系统。利用数字摄影测量系统,不但可以生产出多种形式的测绘产品,而且可以完成从数据处理到成果管理、分析、应用等多种任务。数字摄影测量系统的硬件组成有计算机、影像立体观测装置等,外设包括影像扫描数字化仪、输出设备等。数字摄影测量系统外形如图3-14所示,实际上它就是一套通用的计算机硬件设备。

图3-14 数字摄影测量系统外形示例

数字摄影测量系统的软件决定了系统的功能。系统软件通常包括数据管理模块、像对定向模块、影像匹配模块、DEM(数字高程模型)模块、DOM(数字正射影像)模块、数字测图模块等基本模块,还可包括卫星影像测图、近景摄影测量、空中三角测量等选用模块。系统的基本模块结构及内业工作流程如图3-15所示。

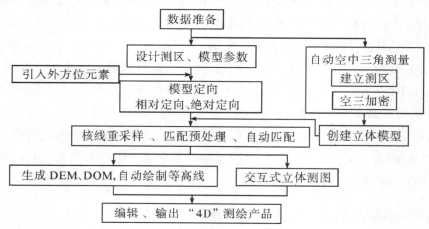

图3-15 摄影测量系统基本结构及工作流程

定向模块基本上以自动方式完成立体像对的相对定向、绝对定向等,建立物像变换关系;影像匹配模块以自动方式完成同名像点的寻找与量测;DEM生成模块基于影像匹配成果来取得地面足够密集的高程点,自动生成DEM。DEM是对地表起伏形态的一种数字表达;DOM生成模块利用DEM和定向结果自动生成地表正射影像图。顺便说明,正射影像图是地形图的一种,它具有与线画地形图相同的几何特性,但不采用符号表现地形,而主要采用影像表现地形;等高线生成模块可依据DEM自动绘制地形等高线线画图;数字测图模块则支持人工立体测绘,主要实现对地物要素的提取及用矢量形式表达。可见,数字摄影测量系统作业时,地貌要素由计算机自动提取,地物要素由作业员人工提取。随着数字摄影测量及其相关技术的发展,基于影像的全自动化测绘时代即将到来。

数字摄影测量的生产成果主要有 4 种,即数字高程模型(Digital Elevation Model,DEM)、数字正射影像图(Digital Orthophoto Map,DOM)、数字线画图(Digital Line Graph,DLG)、数字栅格图(Digital Raster Graph,DRG)。它们是对地形从不同角度、不同形式的表达,通常也简称为"4D"产品。图 3 – 16 是摄影测量的"4D"测绘产品的一个示例。

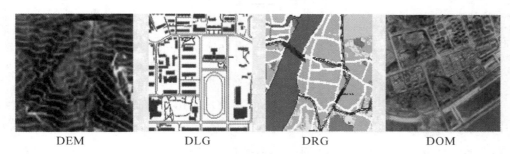

| DEM | DLG | DRG | DOM |

图 3 – 16 摄影测量"4D"产品示例

实际上,随着计算机技术和地理信息技术的发展,对空间信息的表达和应用有了更生动的方式,数字城市即是一例。数字城市需对城市地形进行大比例尺的三维建模,一定程度上可在虚拟环境中重现真实城市。摄影测量正是数字城市三维建模的主要途径和方法。图 3 – 17 为数字城市场景示例。其中,由 DEM 表达地形的高低起伏,由 DOM 表达地形的色彩和纹理,以及水域、绿地等地表物体形态,由建立的实体对象三维模型表达楼房、道路、桥梁、树木、雕塑等城市地物,并通过 GIS 技术集成在三维虚拟环境中。

图 3 – 17 数字城市场景示例

需要说明的是,数字摄影测量系统本身也在发展之中。能够处理各种卫星影像、无人机影像,具有多重任务并行计算、网络远程管理、跨像对作业方式等功能的新一代数字摄影测量系统,也已经成熟应用,如 Pixel Factory、DPGrid 等。

2. 航测制图生产流程

以上介绍的是摄影测量系统上的工作,称为内业。就整个摄影测量生产过程而言,它还包括外业工作。图 3 – 18 是航空摄影测量立体测图生产的一般工序流程。

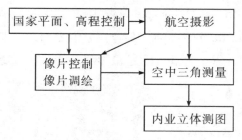

图 3 – 18 航测立体测图工序流程

其中,航空摄影是获取影像;像片控制是在实地选定像片控制点并测定其地面坐标;像片调绘是在判读识别影像上成图内容的基础上,实地加以调查确认,并将其表示在调绘像片上,供内业测图使用;空中三角测量是仅利用少量控制点来解得全测区的像片外方位元素和加密控制点坐标的过程;内业立体测图就是在数字摄影测量系统上生产测绘成果的过程。摄影测量成图大多采用立体测图方式。

值得说明的是,虽然航测制图分成不同的工序,特别是分内业和外业工序,但由于测绘科技的不断进步,自动化程度不断提高,外业和人工作业环节大大减少,故航测制图的内外业一体化已成为发展趋势。

3.3.5 无人机航测技术

传统的航空摄影测量曾被戏称为测绘技术中的贵族,无论是仪器设备、技术门槛,还是航测成本,甚至空域申请,都不是中小勘测单位能够承担的。这实际上长期制约了航测技术的充分应用。

得益于无人机(Unmanned Aerial Vehicle,UAV)技术的发展,小型的航摄系统被装载上了无人机,使得低空航空摄影变得如此简单和方便。再加上摄影测量和计算机视觉技术的发展,这必然推动无人机航测技术迅猛发展。

无人机低空摄影测量系统包括空中摄影系统、地面控制系统、数据处理系统 3 个部分。其中,空中摄影系统主要包含飞行平台、数码相机和自动驾驶仪,用来完成空中摄影工作;地面控制系统主要是由地面运输、无人机地面控制和数据接收与交换部分组成,用来完成无人机飞行控制、数据信号接收工作;数据处理系统主要包括航线设计、影像质量检查和数据后处理软件,用来完成摄影测量任务。

与传统的大飞机航空摄影测量相比,无人机航测技术在本质上并无区别,但在影像获取、处理和应用方面,具有自身特点。无人机航测具有机动灵活、快速高效、精细准确、作业成本低、适用范围广、生产周期短等优点,在小区域和飞行困难地区高分辨率影像快速获取方面具有明显优势,已成为测绘地理信息科技进步的增长点及行业发展的推动力。无人机航测广泛应用于国家重大工程建设、灾害应急与处理、国土监察、资源开发、新农村和小城镇建设等方面,尤其在基础测绘、土地资源调查监测、土地利用动态监测、数字城市建设和应急救灾测绘数据获取等方面具有广阔前景。这大大拓展了传统摄影测量的服务领域。图 3 – 19 是无人机低空摄影示例。

图 3 – 19　无人机低空摄影示例

因无人机飞行平台的特性,使得无人机航摄影像和传统航摄影像之间也有一定的差异。例如,无人机搭载的是非量测数码相机、飞行高度低、飞行平台不稳定等,这导致拍摄影像像幅小、构像几何质量差、单张影像覆盖范围小、拍摄覆盖效率低、影像姿态角有可能超过 10°。这些会进而影响后续处理的难度、精度和可靠性。为了保证摄影测量成果质量,无人机影像重叠度要比传统航摄影像的重叠度大很多,通常航向重叠度设置为 70% ~ 85%、旁向重叠度设置为 35% ~ 55%,并通过大力发展自动化处理软件来很好地解决产业化应用问题。

无人机航测除了对传统航空摄影测量方式形成有力补充外,适应其低空飞行的特点,近年来发展出了倾斜摄影测量(Oblique Photogrammetry)这一高新技术。它突破了传统航测单相机只能从垂直角度拍摄获取正射影像的局限,通过在同一飞行平台上搭载多台影像传感器,同时从垂直、倾斜多个不同角度采集影像,以获取地物更加全面的地物纹理细节,为用户呈现符合人眼视觉的真实直观世界。由于特殊的拍摄方式,倾斜摄影不但能获取地物全方位的影像,而且对同名地物的覆盖可多达几十张影像,这有利于提高地形三维建模的质量,当然也对相应的图像处理方法和软件带来巨大挑战。倾斜摄影测量已广泛服务于城市实景三维建模和灾害应急响应勘察等领域,并正为航测成图技术带来变革。图 3 – 20 为无人机携带 5 镜头倾斜摄影相机拍摄示例,图 3 – 21 为滑坡灾害发生后的倾斜摄影应急测绘建模,图 3 – 22 为倾斜摄影建立的鸟巢和水立方等体育场馆的实景三维模型。

图 3-20　多镜头倾斜摄影

图 3-21　滑坡灾害应急勘察建模

图 3-22　倾斜摄影建立体育场馆实景模型

3.4　遥感的定义和分类

3.4.1　遥感的定义

遥感是 20 世纪 60 年代发展起来的对地观测综合性技术。通常有广义和狭义的理解。

遥感一词来自英语 remote sensing,即"遥远的感知"。广义理解,泛指一切无接触的远距离探测,包括对电磁场、力场、机械波(声波、地震波)等的探测。狭义的理解,遥感是应用探测仪器,不与探测目标相接触,从远处把来自目标的电磁波记录下来,通过分析,揭示出物体的特性及其变化的综合性探测技术。

3.4.2　遥感系统

根据遥感的定义,遥感系统包括:被测目标的信息特征研究、信息的获取、信息的传输与记录、信息的处理和信息的应用五大部分,图 3-23 为一种示例,代表了某发展阶段的遥感技术水平。

任何目标物都发射、反射和吸收电磁波,这是遥感的信息源。目标物与电磁波的相互作用,构成了目标物的电磁波特性,它是遥感探测的依据。

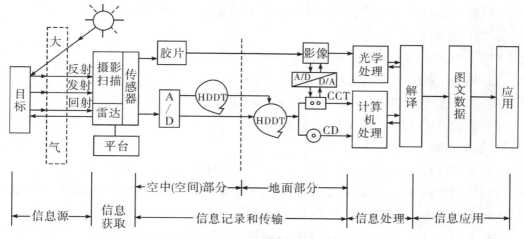

图 3-23 遥感系统组成示例

接收、记录目标物电磁波特征的仪器称为传感器。如扫描仪、雷达、摄影机、辐射计等。

装载传感器的载体称遥感平台,主要有地面平台(如遥感车、地面观测台等)、空中平台(如飞机、气球等)、空间平台(如人造卫星、宇宙飞船、空间实验室等)。

传感器接收到目标地物的电磁波信息,记录在数字磁介质上,并通过卫星天线传输至地面接收站。

地面站接收到遥感卫星发送来的数字信息,记录在磁介质或光介质存储器上,并进行一系列的处理,如信息恢复、辐射校正、卫星姿态影响校正、投影变换等,再转换为用户可使用的通用数据格式,才能被用户使用。

地面站或用户还可根据需要进行图像的精校正处理和专题信息处理等。

遥感获取信息的目的是应用。这项工作由专业人员按不同的应用目的进行。在应用过程中,还需进行大量的信息处理和分析,如不同遥感信息的融合及遥感与非遥感信息的复合等。

总之,遥感技术是一个综合性的系统,它涉及航空、航天、光电、物理、计算机和信息科学以及诸多的应用领域,它的发展与这些学科紧密相关。

3.4.3 遥感的分类

遥感的分类方法很多,主要有下列几种。

1. 按遥感平台分类

(1)地面遥感:传感器设置在地表平台上,如车载、船载、手提、高架平台等。

(2)航空遥感:传感器设置于航空器上,主要是飞机、气球等。

(3)航天遥感:传感器设置于环绕地球的航天器上,如人造地球卫星、航天飞机、空间站等。

(4)航宇遥感:传感器设置于星际飞船上,指对地月系统外的目标的探测。

2.按传感器的探测波段分类

(1)紫外遥感:探测波段在 0.05~0.38μm 之间。

(2)可见光遥感:探测波段在 0.38~0.76μm 之间。

(3)红外遥感:探测波段在 0.76~1000μm 之间。

(4)微波遥感:探测波段在 1mm~10m 之间。

3.按传感器工作方式分类

(1)主动遥感:传感器主动发射电磁波能量并接收目标的后向散射信号。

(2)被动遥感:传感器仅被动地接收目标物自身发射的和对自然辐射源反射的能量。

(3)成像遥感:传感器接收的目标电磁辐射信号可转换成图像。

(4)非成像遥感:传感器接收的目标电磁辐射信号不能形成常规图像。

4.按遥感的应用领域分类

从大的研究领域可分为外层空间遥感、大气层遥感、陆地遥感、海洋遥感等。

从具体应用领域可分为资源遥感、环境遥感、农业遥感、林业遥感、渔业遥感、地质遥感、气象遥感、水文遥感、城市遥感、工业遥感及灾害遥感、军事遥感、测绘遥感等,还可以划分为更细的研究对象进行各种专题应用。

3.5　遥感的基本原理与方法

下面将以航天遥感为主介绍遥感的基本原理和方法。

3.5.1　遥感图像的成像原理及影像特征

1.遥感平台

遥感平台是搭载传感器的工具。在遥感平台中,航天遥感平台目前发展最快,应用最广。航天平台的高度在 150km 以上,其中最高的是静止卫星,位于赤道上空 36000km 的高度上。其次是高 700~900km 左右的 LandSat、SPOT、MOS 等地球观测卫星。根据航天遥感平台的服务内容,可以将其分为气象卫星系列、陆地卫星系列和海洋卫星系列。

顾名思义,气象卫星主要用于获取气象信息。气象卫星的轨道分为两种,即低轨和高轨。低轨就是近极地太阳同步轨道,轨道高度为 800~1600km,南北向绕地球运转,对东西宽约 2800km 的带状地域进行观测,一日两次经过某地上空获取图像等观测数据。高轨指地球同步轨道,轨道高度为 36000km 左右,绕地球一周需 24 小时,相对地球静止,亦称为静止气象卫星,由 3~4 颗这样的卫星可形成空间监测网,对全球中低纬度地区进行全天时监测。

海洋卫星主要针对其特殊的观测对象,即海洋而设计。获取诸如海面温度、海流运动、海水浑浊度、海面粗糙度,以及风场、海冰、盐度、大气含水量等信息。

陆地卫星系列是航天平台中应用最广泛的一种。陆地卫星系列是指地球资源卫星(Earth Resources Satellite),继美国发射第一颗陆地卫星之后,俄罗斯、法国、印度、日本、加拿大、中国等都发射了陆地卫星。陆地卫星在重复成像的基础上,产生全球范围的图像,对地球科学的发展具有极大的推动作用。著名的陆地卫星有美国的 LandSat 和法国的 SPOT 等,中巴地球资源卫星(CBERS)也属此类。这类卫星的特点是具有中等分辨率、大视场角的快速观测能力,其轨道高度在 $700 \sim 900 km$ 左右,遥感图像的地面分辨率为几米至几十米,地面成像幅宽在 100km 以上,在对地观测精度、观测周期、用途和成本方面取得了一种平衡。在制图方面,中等分辨率的陆地卫星主要用于中小比例尺的专题制图。

1)陆地卫星(LandSat)

美国于 1972 年 7 月 23 日发射了第一颗地球资源卫星,1975 年后改名为 LandSat。该卫星系列先后成功发射了 8 颗,影像资料具有良好的连续性。

LandSat 的轨道为太阳同步圆形近极地轨道(资源卫星一般都具该轨道特征),保证北半球中纬度地区在上午能获得中等太阳高度角的影像,且卫星通过某一地点的地方时相同。LandSat 几颗卫星的轨道高度略有不同,在 $705 \sim 918 km$ 之间。每 16 至 18 天覆盖地球一次(重复覆盖周期),单景图像的覆盖范围大多为 $185 \times 185 km^2$。LandSat 上携带的传感器的空间分辨率不断提高,由 80m 提高到 30m,最终 LandSat – 7 携带的 ETM 提高到了 15m。

1999 年发射 Land Sat – 7 后的一个较长时期,NASA 重点发展较小型、较便宜、研制周期较短的地球观测卫星。然而 2013 年 2 月 11 日,美国发射了 LandSat – 8,为了纪念陆地卫星系列发射 40 周年,也是为了施行陆地卫星数据连续性任务(Landsat Data Continuity Mission,LDCM),旨在维持长期对地观测。

2)斯波特卫星(SPOT)

SPOT 意思是地球观察卫星系统,是由瑞典、比利时等国家参加,由法国国家空间研究中心(CNES)设计制造的。1986 年发射第一颗,至今已经发射了 7 颗。SPOT 的轨道高度在 830km 左右,卫星的覆盖周期为 26 天,重复探测能力一般为 $3 \sim 5$ 天,部分地区达到 1 天。星载的两台高分辨率可见光传感器,单幅图像覆盖面积达 $60 \times 60 \ km^2$。较之 LandSat,其优势是其空间分辨率。SPOT – 1 至 SPOT – 4 都是最高 10m 的地面分辨率,2002 年 5 月发射的 SPOT – 5 最高分辨率为 2.5m,2012 年 9 月发射的 SPOT – 6 和 2014 年 6 月发射的 SPOT – 7 最高分辨率都达到了 1.5m,可轻松地满足 1:25000 比例尺的制图要求。并且,SPOT 卫星的传感器可重叠扫描产生立体像对,提供了立体观测和立体成图的能力。

3)中巴地球资源卫星(CBERS)

早在 1985 年,我国就研制了中国国土普查卫星,但这是一种短寿命、低轨道的返回式航天遥感卫星。中巴地球资源卫星是中国与巴西联合研制的地球资源卫星,是继国土普查卫星之后,我国发射的第一颗地球资源卫星,也是我国第一颗数字传输型资源卫星。

中巴地球资源卫星 01 星（国际上简称 CBERS－01，国内称中国资源一号卫星）于 1999 年 10 月发射，在轨运行 3 年 10 个月。其轨道高度为 778km，卫星的重访周期为 26 天，携带有多种成像传感器，传感器的最高空间分辨率是 19.5m。图 3－24 为 CBERS－01 星外形。

图 3－24　CBERS－01 卫星外形

CBERS－02 星于 2003 年 10 月发射，CBERS－02B 星于 2007 年 9 月发射。CBERS－02B 星是具有高、中、低三种空间分辨率的对地观测卫星，搭载的 2.36m 分辨率的 HR 相机，改变了国外高分辨率卫星数据长期垄断国内市场的局面。CBERS－04 星于 2014 年 12 月发射，延续了该卫星系列，还有后续发展计划。

4）中国高分系列卫星

中国高分卫星是国家高分辨率对地观测系统重大专项的天基系统，被称为"中国人自己的全球观测系统"，其实现了高空间分辨率、高时间分辨率与高光谱分辨率的结合。

高分一号（GF－1）01 星于 2013 年 4 月 26 日发射入轨，是一颗多光谱高分辨率宽幅成像对地观测卫星。其 2m 分辨率影像，可进行高分辨率精确测绘，而 16m 分辨率宽幅影像，可对宽达 800km 的范围进行快速测绘。2018 年又同时发射了高分一号的 02、03、04 星；高分二号 2014 年 8 月发射，是一颗亚米级陆地观测卫星，最高分辨率达 0.8m；高分三号 2016 年 8 月发射，是一颗合成孔径雷达卫星，填补了我国民用合成孔径雷达成像遥感卫星的空白；高分四号于 2015 年 12 月发射，是该卫星家族的一个特例，其运行于地球同步轨道，实现了对中国及周边地区的日夜连续观测；高分五号于 2018 年 5 月发射，是高分家族的多面手，其有多达 6 种传感器，是我国乃至世界上第一颗可以对大气与地表进行全谱段探测的综合观测卫星，也是我国具备高光谱分辨率对地观测能力的标志。另外，高分六号、八号、九号、十一号也都已于近期内成功发射，服务于国土普查、城市规划、土地确权、农作物估产、防灾减灾和国防建设等领域。

5）高空间分辨率商业陆地卫星

高空间分辨率商用小卫星是由陆地卫星发展而来的高分辨率遥感卫星，这类卫星的特点是高空间分辨率、窄视场角、低成本，且卫星设计成易于调整和操纵，几秒钟就可以调整到指向新目标。其图像的地面分辨率高达 1m 左右，甚至是几十厘米，但地面成像幅宽只有 10~20km。这类卫星大都设计具有立体制图功能，可以满足 1:10000 甚至更大比例尺的专题制图或地形制图。高分辨率商用小卫星已成为现阶段主要的遥感卫星，最有代表性的是美国 Spacing Imaging 公司于 1999 年 9 月发射的 IKONOS 和 DigitalGlobe 公司 2001 年 10 月发射的 QuickBird，它们开启了高分辨率遥感新时代，图 3－25 为 IKONOS 卫星外形。

美国 GeoEye 公司（2013 年并入 DigitalGlobe 公司）于 2008 年 9 月发射的 GeoEye－1，能以地面 0.41m 全色分辨率和 1.65m 多光谱分辨率成像，而且还能以 3m 的定位精度确定目标的位置。DigitalGlobe 公司于 2014 年 8 月发射 WorldView - 3 卫星,成为迄今分辨率最高的商用遥感卫星,全色分辨率达 0.31m,多光谱分辨率达 1.24 m。WorldView - 4 也于 2016 年 9 月发射,分辨率相同。图 3 - 26 为某城市建筑区的 WorldView - 4 图像局部。

图 3 - 25　IKONOS 卫星外形

图 3 - 26　WorldView - 4 遥感图像局部

6)测绘卫星

测绘用途的卫星本应属于陆地卫星一类,但专门的测绘卫星须在观测视场大小和观测精度方面取得平衡,并突出立体制图功能,以满足对基本比例尺地形图的快速测绘需求。中国资源三号卫星(ZY - 3)是我国首颗民用测绘卫星,于 2012 年 1 月 9 日发射,卫星集测绘和资源调查功能于一体,填补了我国在卫星立体测图这一领域的空白。资源三号上搭载空间分辨率为 2.1 ~ 5.8m 的多种成像传感器,成像幅宽达 51km,可以快速获取同一地区三个不同观测角度的立体影像,满足测制 1:50000 比例尺地形图,或更新 1:25000 比例尺地形图的遥感测图需求。其为基础测绘、国土规划、城市建设、林业调查、农业调查、水资源开发利用、生态环境监测等提供了有力保障,并使得我国能够开展全球地理信息资源建设。2016 年 5 月,资源三号 02 星发射,图 3 - 27 为资源三号卫星外形。

图 3 - 27　ZY - 3 卫星外形

"天绘"卫星也属我国的测绘系列卫星。天绘一号卫星于 2010 年 8 月发射,2012 年 5 月发射天绘一号 02 号星,2015 年 10 月发射天绘一号 03 号星。天绘卫星可提供 5.0m 分辨率的三线阵列立体影像,成像幅宽达 60km,也可满足 1:50000 比例尺的立体测图要求。天绘卫星还提供 2m 分辨率全色影像和 10m 分辨率多光谱影像,以满足科学研究、国土资源普查、地图测绘等领域的各种任务需求。

目前,中高分辨率的卫星遥感影像已经很多,除了上面提到的,常用到的还有欧洲航天局的 SENTINEL(哨兵)、日本 ALOS、加拿大 RADARSAT 等。我国 2015 – 2025 年间计划有 80 颗遥感大卫星上天,重点发展陆地、大气、海洋三大卫星系列,推进资源环境、灾害应急、社会管理、城镇化、大众信息消费、地球系统、国际化服务等重大应用。

2. 遥感传感器

传感器即是获取遥感影像的装置。它能够探测、记录由地物反射或发射的电磁波,在不同的波段上形成影像。卫星遥感大多使用扫描成像式的传感器,具体有光机扫描成像和固体自扫描成像两种方式。

1)光机扫描成像

光机扫描成像仪的扫描镜在机械驱动下,随遥感平台的前进而摆动,依次对地面进行扫描。地面物体的电磁波辐射经扫描反射镜反射,再经透镜聚焦和分光,将不同波段的辐射分开,最后聚焦到感受不同波长的探测元件上。图 3 – 28 所示为 LandSat 曾携带的多光谱仪扫描仪(MSS)的成像示意图,它是最早的陆地卫星对地扫描成像方式,具有代表性。该种扫描成像方式亦称为摆扫式。

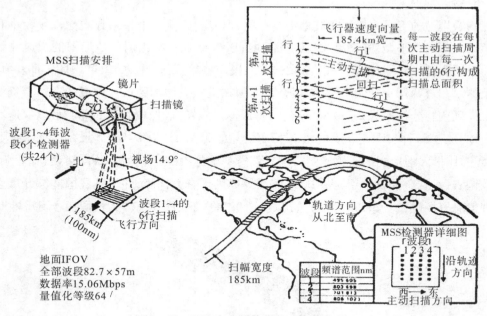

图 3 – 28　MSS 多光谱扫描仪成像示意图

2)固体自扫描成像

固体自扫描应用固定的探测元件,如电荷耦合器件(CCD)。探测元件沿垂直于飞行方向排成一行,通过遥感平台的运动对目标扫描成像。这种扫描成像方式也称为推扫式,是目前高分辨率遥感成像的主要方式。图 3 – 29 为固体扫描仪成像示意图。

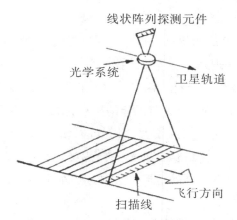

图 3 – 29　固体扫描仪成像示意图

3）高光谱成像

高光谱指高光谱分辨率,相应的有高光谱遥感(Hyperspectral Remote Sensing)。高光谱成像同样采用上述两种扫描成像方式,但因其成像方式有特殊之处,故单列于此。

通常的多波段扫描仪将可见光和红外波段分割成几个到十几个波段。对遥感而言,在一定波长范围内,取样波段数愈多,得到的波谱愈接近于连续波谱曲线。多波段扫描仪使得在取得地物图像的同时也能获取该地物的光谱组成。这种既能成像又能获取目标光谱曲线的"谱像合一"技术,被称为成像光谱技术。按该原理制成的扫描仪称为成像光谱仪。

高光谱遥感是当前遥感技术的前沿领域,其图像是由多达数百个波段的非常窄的连续光谱波段组成,光谱波段覆盖了可见光、近红外、中红外和热红外区域全部光谱带。使得图像中的每一像元均得到连续的光谱反射率曲线,而不像传统的成像光谱仪那样在波段之间存在间隔。高光谱图像包含了丰富的空间、辐射和光谱三重信息,如图 3 – 30 所示,它使原本在宽波段遥感中不可探测的物质,在高光谱遥感中也能被定量探测。高光谱遥感正在地质探矿、环境监测、农林估产、医学诊断、食品安全、文物保护等领域发挥独特作用。

图 3 – 30　信息丰富的高光谱图像立方体示例

4）雷达成像

微波遥感（Microwave Remote Sensing）是指通过微波传感器获取从目标地物反射或发射的微波辐射，经过分析处理来识别地物的技术。

微波在大气中衰减较少，对云层、雨区的穿透能力较强，基本上不受烟、云、雨、雾的限制，所以微波遥感具有全天候、全天时工作的特点；微波对某些地物具有特殊的波谱特征，即许多地物的微波辐射能力差别较大，因而可以较容易地分辨出可见光和红外遥感所不能区别的某些目标物的特性；微波对冰、雪、森林、土壤等地表覆盖具有一定穿透能力，该特性被用来探测隐藏在林下的地形、地质构造、军事目标，以及埋藏于地下的工程、矿藏、水源、古迹等。

微波遥感中应用最多的就是侧视雷达（Side – Looking Radar）成像。与前面几种成像方式不同，其属于主动遥感，并且成像的投影方式也很特别。

雷达是由发射机通过天线向目标地物发射一束很窄的大功率电磁波脉冲，然后用同一天线接收目标地物反射的回波信号并进行显示的一种传感器。不同物体回波信号的强度、相位不同，故经处理后，可测出目标地物的方向、距离等数据。

侧视雷达的天线不是安装在遥感平台的正下方，而是在平台的一侧或两侧倾斜安装。天线向侧下方发射微波，并接收回波信号（包括振幅、相位、极化等）。侧向发射不但可以增大探测范围，而且有利于提高探测分辨率。有些机载侧视雷达两侧各可探测100km。另外，波束的侧下方发射可使不同地形显示出更大的差别，使雷达图像更具有立体感。图 3 –31 为一种机载侧视雷达的成像示意图。

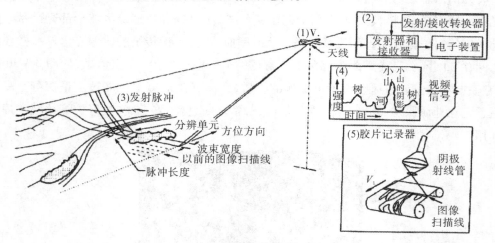

图 3 –31　机载侧视雷达成像示意图

3. 遥感影像特征

遥感图像是传感器探测目标的信息载体。遥感解译需要通过图像获取三方面的信息：目标地物的大小、形状及空间分布；目标地物的属性；目标地物的变化动态。相应地，将遥感图像归纳为三方面特征，即几何特征、物理特征和时间特征。这三方面特征的表现参数即为空间分辨率、光谱分辨率、辐射分辨率和时间分辨率。

图像的空间分辨率是指像元覆盖地面范围的大小。

辐射分辨率是指传感器接收波谱信号时,能区分的最小辐射度差值。在遥感图像上表现为像元的辐射量化级数。

时间分辨率是指对同一地点遥感成像的时间间隔,也称重访周期。

光谱分辨率是指传感器接收目标辐射波谱时,能区分的最小波长间隔。间隔愈小,分辨率愈高。

自然界中的任何地物在发射、反射或吸收电磁波方面都具有固有的特性。如它们都有发射红外线、微波的特性,都有不同程度的反射和吸收外来的紫外线、可见光、红外线和微波辐射的特性,少数地物还有透射电磁波的特性。上述特性叫作地物的光谱特性。

多数传感器接收地物的反射电磁波。不同地物对入射电磁波的反射能力是不一样的,通常采用反射率来表示。它是地物的反射能量与入射的总能量之比,用百分率表示。地物的反射率随入射波长变化的规律,叫作反射波谱。地物的反射波谱一般用一条连续的曲线表示。多波段传感器将波区分成一个一个波段进行探测,在每个波段里传感器接收的是该波段的地物辐射能量的平均值。图 3 – 32 为三种典型地物的波谱曲线及其在多波图像上的波谱响应曲线。量测多光谱图像的亮度值即可得到地物的波谱响应曲线。

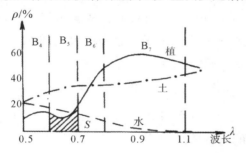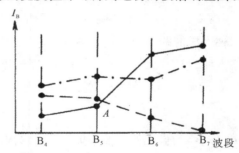

图 3 – 32　波谱曲线与波谱响应

从图中可以看出,地物的波谱响应曲线与其波谱曲线的变化趋势是一致的,而不同地物的波谱响应曲线是不同的。地物在多波段图像上特有的这种波谱响应就是地物的物理特征的判读标志。

地物的波谱是遥感技术的重要依据,它既是传感器工作波段的选择依据,又是遥感数据正确分析和判读的基础。显然,传感器的光谱分辨率愈高、波段数愈多,则愈有利于通过影像区分地物并获取地物的属性。

3.5.2　遥感图像处理及遥感图像处理系统

遥感图像处理包括辐射校正、几何纠正、图像增强、图像分类等基本内容。

1. 辐射校正

进入传感器的辐射强度反映在影像上就是亮度值(灰度值)。该值主要受两个物理量影响:一是太阳辐射照射到地面的辐射强度,二是地物的光谱反射率。当太阳辐射相同时,图像上像元亮度值的差异直接反映了地物光谱反射率的差异。但实际测量时,辐射强度值还受到其他因素的影响而发生改变。引起辐射误差的原因主要有两个,一是传感器本身产生的误差;二是大气对辐射的影响。辐射校正就是消除影像的辐射误差。

辐射校正为图像的后续处理,如增强、分类提供了良好基础。

2. 几何纠正

利用遥感图像提取信息时,总是要求将提取的信息表达在某个参照坐标系统中,以便进行图像信息的几何量测、相互比较、图像复合分析等处理。当原始影像上地物的形状、大小、方位等特征与在规定的系统中的表达不一致时,就产生了所谓图像几何变形。实用中,常用地球切平面坐标系作为参照坐标系统。

遥感图像变形由多种因素造成,如传感器外方位变化、大气折光、地球曲率、地形起伏、地球旋转等。通常把传感器成像投影方式引起的图像变形也归入几何变形误差一起纠正。遥感图像的几何纠正就是通过几何变换将影像信息纳入参照坐标系统中。

几何纠正的方法有两种:一种是针对具体的传感器成像方式建立严密的构像方程,从而严格地对影像几何变形误差进行纠正;另一种是只考虑影像几何变形误差本身,不管其来源,用某种数学模型加以描述并改正。第一种方法的纠正精度高,但构像方程复杂,还需要有作业区域精确的数字高程模型(DEM)或进行立体测绘,故实施相对较难。第二种方法的纠正精度稍差,因为用数学模型描述几何变形误差总是近似的,但该方法实施方便,应用广泛。用得最多的数学模型就是二元低次多项式,如式(3 – 2)。

$$\begin{cases} x = a_0 + a_1X + a_2Y + a_3XY + a_4X^2 + a_5Y^2 \\ y = b_0 + b_1X + b_2Y + b_3XY + b_4X^2 + b_5Y^2 \end{cases} \qquad (3-2)$$

式中:(x,y) 为像元的影像坐标;(X,Y) 为像元的地面投影坐标。

显然,当有 6 个以上像片控制点,就可以列方程解出 $a_0 \sim b_5$ 12 个变换系数。式(3 – 2)建立了变形误差改正前后的物像变换关系,依据此式即可将实现几何变形误差纠正,并将原始影像投影到参照坐标系中,为后续的增强、分类、制图和分析应用等提供数学基础。值得说明的是,利用高分辨率遥感图像进行 1:25000 等大比例尺制图时,最好使用基于构像方程的严格纠正方法,否则难免成图的几何误差超限。

3. 图像增强

传感器获取的遥感图像含有大量的地物特征信息。在图像上,地物特征信息以亮度(灰度)形式表现出来,当地物特征间表现的亮度差很小时,目视判读就无法辨认。图像增强的目的就是改善遥感图像的目视判读的视觉效果,以提高目视判读能力,它也是计算机自动分类的一种预处理。图像增强的实质是增加感兴趣地物与周围其他地物之间的光学反差。常用的数字图像增强方法有对比度变换、空间滤波、图像运算和多光谱变换等,通过改变颜色来提高图像目视效果也属图像增强的方法之一。

1）对比度变换

对比度变换是一种通过改变图像像元的亮度值来调整像元间的对比度,从而改善图像质量的处理方法。常用的方法有对比度线性变换和非线性变换。线性变换时,变换前图像的亮度范围 x_a 为 $a_1 \sim a_2$,变换后图像 x_b 为 $b_1 \sim b_2$,变换关系是直线,变换方程为

$$x_b = \frac{b_2 - b_1}{a_2 - a_1}(x_a - a_1) + b_1 \tag{3-3}$$

变换时将每个像元的亮度值逐个代入公式,求出 x_b 值并替换 x_a,便得到变换后的新图像。图像可显示的亮度范围比以前扩大,对比度也加大,图像质量比以前提高了。图 3-33 为一幅图像经对比度线性变换的前后效果示例。

图 3-33　对比度线性变换的效果示例

2）空间滤波

对比度变换通过单个像元的运算从整体上改善图像的质量,而空间滤波则以突出图像上的某些特征为目的,如突出边缘或纹理等。

地物辐射强度的空间分布包含不同频率的谐波信号,故图像亦可看成是由不同频率的谐波信号叠加而成。空间滤波就是对像元及其相邻像元,进行空间域中的邻域处理,以使图像达到突出某些频率信号或遏制某些频率信号的效果。它主要包括平滑和锐化。

例如,图像亮度的梯度反映了相邻像元的亮度变化率。图像中如果存在边缘,如湖泊、河流的边界,山脉和道路等,则边缘处有较大的梯度值。因此,找到梯度较大的位置,也就找到了边缘,然后再用不同的梯度计算值代替边缘处像元的亮度值,也就突出了边缘,实现了图像的锐化。其处理效果相当于对原图像的频谱做了修改,滤掉了低频成分而突出了高频成分。图 3-34 为一幅图像边缘锐化的前后效果示例。

3）彩色变换

亮度值的变化可以改善图像的质量,但就人眼对图像的观察能力而言,正常人眼只能分辨 20 级左右的亮度级,而却能分辨多达 100 万种的色彩。人眼对色彩的分辨力远远大于对黑白亮度值的分辨力。因此,对图像进行不同的色彩变换可大大增强图像的可读性,色彩变换中用得最多的方法是多波段色彩合成或色彩融合。

根据加色法色彩合成原理,选择遥感图像的某 3 个波段,分别赋予红、绿、蓝三种原

色,就可以合成彩色影像。当原色的选择与该遥感波段所代表的真实颜色不同,生成的合成色不是地物的真实颜色,这种合成叫作假色彩合成。

图 3 - 34　图像边缘锐化效果示例

多波段图像合成时,方案的选择十分重要,它决定了彩色影像能否显示较丰富的地物信息或突出某一方面的信息。以陆地卫星 LandSat 的 TM 图像为例,TM 的 7 个波段中,第 2 波段是绿光波段(0.52~0.60μm),第 3 波段是红光波段(0.63~0.69μm),第 4 波段是近红外波段(0.76~0.90μm),当 4,3,2 波段被分别赋予红、绿、蓝色时,即绿波段赋蓝,红波段赋绿,红外波段赋红时,这一合成方案被称为标准假彩色合成,是一种最常用的合成方案。标准假彩色图像上,植被为红色,这是因为植被的红外辐射很强,而红外波段影像在合成时被赋予红色的缘故。显然,这种合成图像非常有利于对植被的判读。实际应用时,应根据不同的应用目的,并经实验、分析,寻找最佳合成方案,以达到最好的目视效果。

4)图像运算

同一地区的两幅或多幅单波段图像,完成空间配准后,就可以对配准像元进行和、差、积、商等运算,以使增强图像达到提取某些信息或去掉某些不必要信息的目的。

差值运算是一种常用的图像运算。两幅同样行、列数的图像,对应像元的亮度值相减就是差值运算。差值运算常用于研究同一地区不同时相的动态变化。如监测森林火灾发生前后的变化和计算过火面积;监测水灾发生前后的水域变化和计算受灾面积及损失;监测城市在不同年份的扩展情况及计算侵占农田的比例等。

5)多光谱变换

遥感多光谱图像,波段多则信息量大,对图像解译具有价值。但太大的数据量,使图像处理和分析变得困难。实际上,一些波段的遥感数据之间都有不同程度的相关性,存在着数据冗余。多光谱变换方法可通过函数变换,达到保留主要信息、降低数据量、增强或提取有用信息的目的。该变换的本质是以多个波段构建一个多光谱空间,在空间中进行某种线性变换后产生多个新波段图像,使其中某些新图像更有利于判读和分类。常用的多光谱变换有主成分变换、缨帽变换等。

遥感图像增强的方法在图像处理中大多可归入图像融合的范畴。

4. 图像分类

遥感图像的分类,就是对地表及其环境在遥感图像上的信息进行属性的识别和类别的区分,从而达到识别图像信息所对应的实际地物,提取所需地物信息的目的。分类有目视判读和计算机分类两种方法。目视判读是直接利用人类的自然识别能力,而计算机分类则是利用计算机技术来模拟人类的识别功能,是模式识别技术在遥感领域中的具体运用。

在模式识别中,我们把要识别的对象称为模式,把从模式中提取的一组反映模式属性的量测值称为特征。模式特征被定义在一个特征空间中,利用统计决策的原理对特征空间进行划分,以区分具有不同特征的模式,达到分类的目的。遥感图像模式的特征主要表现为光谱特征和纹理特征两种。解决模式识别问题的数学方法,亦分为两大类,即统计方法和结构方法,通常称为统计模式识别和结构模式识别。

统计模式识别的出发点,是把模式特征的每一个观测量视为从属于一定分布规律的随机变量。在多维观测的情况下,则把特征的各维观测值的总体视为一个随机矢量,每个随机矢量在一个多维特征空间中都有一个特征点与之对应。所有特征点的全体在特征空间中将形成一系列的分布群体,每个分布群体中的特征点被认为是具有相似特征的,并可以划为同一个类别。最后,设法找到各个分布群体的边界线(面)或确定任意特征点落入每个分布群体中的条件概率,并以它们为判据来实现特征点(或其相应的识别对象)的分类。由多波段图像亮度构成的特征称为光谱特征。基于光谱特征的统计分类法是遥感分类处理在实践中最常用的方法。

纹理(texture)是由紧密集合的单元组成的几何图形结构,具有局部不规则而统计有规律的特性。遥感图像的纹理特征与其光谱特征一样对图像模式识别起着关键的作用。例如,人们所以能从一幅彩色图像上区分出不同的地物,一是通过颜色的区别,即依据了光谱特征,再是通过不同彩斑之间形状、大小、方向等性质的比较,即依据了纹理特征。这两种特征在遥感图像分类中相互关联,互相补充。以目前的技术水平而言,人们对光谱特征的数学描述相对于纹理特征的数学描述而言更接近于人的自然识别能力,因而目前以光谱特征为主是合理的。但是,随着遥感图像几何分辨率的不断提高,纹理特征分类技术也将不断完善和实用。

随着模式识别技术与人工智能结合,近年来出现了以机器学习为代表的遥感图像分类方法。机器学习方法无须像统计方法那样由人工设计数学模型,而是一类能从数据中自动分析获得规律,并利用规律对未知数据进行预测的算法。如深度学习可从原始数据出发,不经过人工设计模型,通过自主学习得到数据的深层表达,也就是对原始数据与分类结果构建映射关系,这更接近以人脑的方式来感知和表达数据。

5. 图像干涉测量

图像干涉测量属于图像处理,但不同于以突出信息为目的的图像增强,也不同于以识别地物为目的的图像分类。图像干涉测量侧重于几何反演,具有第三维信息获取能力,属空间测量技术,亦不同于传统立体像对的光线交会定位方式。

早期被应用的雷达图像都是回波信号的强度(振幅)图像,类似于可见光波段图像。但后来人们发现回波信号的相位数据中,包含着详尽的目标形态信息。20 世纪 60 年代末期,人们开始研究并应用雷达干涉测量技术。1974 年美国人 Graham 首次提出并尝试了地形制图的雷达干涉测量。20 世纪 90 年代,随着多颗 SAR 卫星发射,合成孔径雷达干涉(Interferometric Synthetic Aperture Radar,InSAR)测量技术日趋成熟。InSAR 测量技术以同一地区不同位置获取的两张 SAR 图像为数据,通过求取两幅图像的相位差,获取干涉图像,然后经相位解缠,从干涉条纹中获取地形高程信息。当第三张图像还包含地形微量形变信息时,InSAR 测量技术还可以获得形变的分布和大小。图 3 – 35 为 SAR 的振幅图像、相位图像和干涉图像的示例。

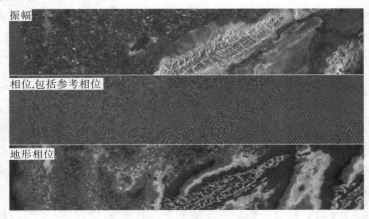

图 3 – 35 SAR 图像干涉测量示例

InSAR 测量技术同时具有遥感监测的宏观性和电磁波相位测距的精确性优点。条件理想时星载 SAR 可以得到 1cm 的干涉测量精度,非常适用于大区域的地表形变监测,如山区滑坡监测、城市地面沉降监测、地震灾害监测等。

6. 计算机辅助遥感制图

遥感制图就是在图像辐射校正、几何纠正、图像增强、图像分类等处理的基础上,将提取的专题信息进行可视化表达。计算机辅助遥感制图是在计算机技术支持下,根据地图制图学原理,应用数字图像处理和数字地图编制技术,实现遥感影像图件制作和成果表现的技术方法。计算机辅助遥感制图是在 20 世纪 70 年代以后发展起来的制图方法,它将数字制图和遥感图像处理等技术结合,实现了遥感信息处理、提取、存储、表达、输出的一体化。

计算机辅助遥感制图的基本方法和过程如图 3 – 36 所示。

需说明的是,遥感影像制图比例尺超过 1∶25000 时,最好使用基于构像方程的严格几何纠正方法,如采用遥感立体测图方法。

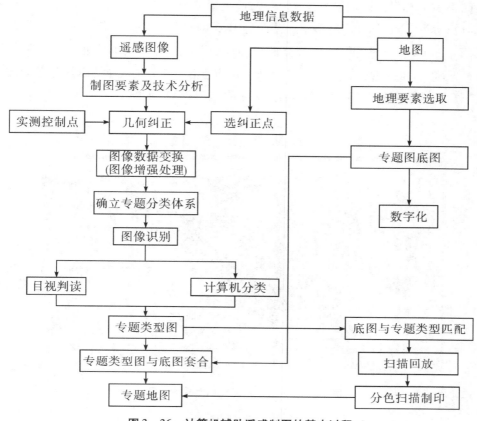

图 3 - 36　计算机辅助遥感制图的基本过程

7. 遥感图像处理系统

大容量、高速度的计算机与功能强大的专业图像处理软件相结合,已成为图像处理与分析的主流,常用的 ERDAS、ENVI、PCI、ER – MAPPER 等商业化软件已为广大用户所熟悉。

ERDAS IMAGINE 是美国 ERDAS 公司开发的专业遥感图像处理与地理信息系统软件,它以先进的图像处理技术,友好、灵活的用户界面和操作方式,面向广阔应用领域的产品模块,服务于不同层次用户的模型开发工具,以及高度的遥感图像处理和地理信息系统集成功能,为遥感及相关应用领域的用户提供了内容丰富且功能强大的图像处理工具,广泛应用于资源调查、区域规划、环境保护、灾害预测与防治、灾后评估以及工程建设等领域。ERDAS IMAGINE 的主要功能模块:视窗操作模块、输入输出模块、数据预处理模块、影像数据库模块、图像解译模块、图像分类模块、专题制图模块、空间建模模块、雷达模块、矢量模块、虚拟 GIS 模块等。图 3 – 37 为 ERDAS IMAGINE 系统的主界面。

应用遥感图像处理系统,可以十分方便地开展遥感图像处理并完成各种专题图的制作和数据建库,直至空间分析。例如:应用数据预处理模块(Data Prep),可完成遥感图像的几何纠正、拼接镶嵌、子区裁剪、投影变换等处理;应用图像解译模块(Interpreter),可完成遥感图像的空间增强、辐射增强、光谱增强、地形分析、GIS 专题分析等功能。图 3－38 是 ERDAS IMAGINE 处理高分辨率遥感图像 IKONOS 的界面示例,图 3－39 是经图像分类模块(Classifier)处理后得到的分类栅格图像(DRG),图 3－40 是进一步经矢量模块(Vector)处理后得到的分类矢量图(DLG)。分类栅格图和分类矢量图都属专题图的具体形式。图 3－41 是基于遥感图像处理结果的 GIS 三维分析示例。

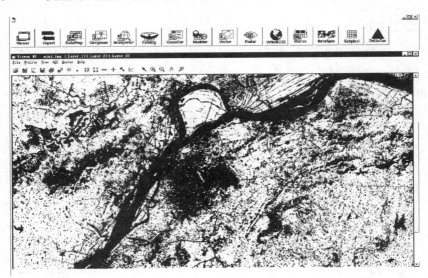

图 3－37   ERDAS IMAGINE 系统主界面

图 3－38   ERDAS 处理遥感图像示例

图 3－39   处理得到的分类栅格图

图 3 - 40　处理得到的分类矢量图

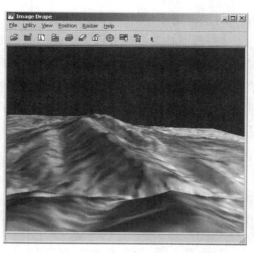

图 3 - 41　基于遥感的 GIS 三维分析

3.6　遥感技术的发展及其应用

3.6.1　遥感技术的发展

遥感技术自 20 世纪 60 年代兴起,它是在航天技术、计算机技术、传感器技术和信息技术等的推动下发展起来的。

1957 年 10 月 4 日,苏联第一颗人造卫星的发射成功,标志着人类从空间观测地球和探索宇宙奥秘进入了新的纪元。真正从航天器上对地球进行长期观测,是从 1960 年美国发射 TIROS - 1 和 NOAA - 1 太阳同步气象卫星开始的。从此,航天遥感不断取得重大进展。近来,遥感的发展主要表现在以下几个方面。

(1)遥感平台方面。航天平台已成系列,有综合目标的大型卫星,也有专题目标的小卫星群。不同轨道、不同高度、不同用途的卫星构成了对地球和宇宙空间的多度角、多尺度、多周期观测,建立起了具有全天时、全天候、全球观测能力的大气、陆地、海洋观测体系。

(2)传感器方面。探测的波段范围不断延伸,波段的分割愈来愈精细。成像光谱技术的发展及普及,把感测波段推向上千个,探测目标的电磁波特性更全面地反映出了目标物的内在性质,推进高光谱遥感深入到众多应用领域;激光测距与遥感成像的结合使得三维实时成像成为可能;各种传感器空间分辨率的提高,使航天遥感与航空遥感的界线变得模糊;数字成像技术的发展,打破了传统摄影与扫描成像的界线;此外,多种探测技术的集成日趋成熟,满足快速、全面、精细遥感的目的。如微波雷达、多光谱成像与激光测高、POS 系统等的集成可以同时取得目标的经纬度坐标和高程,用于实时专题测图。三维激光扫描测量系统 LIDAR(light detection and ranging),也称为激光雷达,更是专门的实时三维测量与制图系统。

（3）遥感信息处理方面。遥感信息的处理，在数字化、可视化、智能化和网络化方面有了很大的发展。大容量、高速度的计算机与功能强大的专业图像处理软件相结合；新的遥感图像处理理论、方法不断涌现，集成 GIS 的遥感信息分析应用技术不断发展；遥感云服务的出现，其基于云计算技术，整合各种遥感信息和技术资源，将遥感数据、信息产品、应用软件、计算及存储资源作为公共服务设施，通过网络为用户提供一站式的空间信息云服务。

（4）遥感应用方面。经过近 50 年的发展，遥感技术已广泛渗透到了国民经济的各个领域，对于推动经济建设、社会进步、环境改善和国防建设起到了重大作用。随着遥感应用向广度和深度发展，遥感技术更趋于实用化、商业化和国际化。

3.6.2 遥感技术的应用及特点示例

空间遥感对地观测得到全球变化信息已被证明具有不可替代性。由遥感观测到的全球气候变化、厄尔尼诺现象及影响、全球沙漠化、海洋冰山漂流等的动态变化现象，已经引起人们广泛的重视；海洋渔业、海上交通、海洋环境等方面的研究中，遥感也已成为重要角色；矿产资源、土地资源、森林草场资源、水资源的调查和农作物的估产等，都缺少不了遥感技术的应用；遥感在解决各种环境变化，如城市化、沙漠化、土地退化、盐渍化、环境污染等问题方面也具有独特的作用；此外，在灾害监测，如水灾、火灾、震灾、多种气象灾害和农作物病虫害的预测、预报与灾情评估等方面，遥感正发挥着巨大的作用；在各种工程建设中，不同尺度、不同类型的遥感也在不同层次上发挥着作用，如水利工程、港口工程、核电站、路网、高铁、城市规划等，都从遥感图像取得重要的信息。以下就遥感应用较为成熟的几个领域略做阐述。

1. 遥感在农业中的应用

1）土地资源调查与监测

土地资源是包括气候、地形、表层岩石、土壤、植被和水文等自然要素的综合体。遥感技术的多光谱和多时相特性，十分有利于以绿色为主体的再生资源（如植物、水体、土地利用等）的研究。遥感技术是调查土地资源数量、质量和分布的重要手段。

利用同一地区不同时相的遥感影像进行叠加、解译及对比分析，就可以准确地看出该地区土地资源的变化。因此，遥感技术对于土地资源的动态监测，特别是对于交通不便或面积广大的地区的监测，具有极大的优越性。

2）农作物估产与监测

农作物产量对于一个国家的经济发展影响较大，每年预测农作物的产量十分重要。

农作物估产分两个方面：一方面是大面积估产，它用卫星影像进行生态分区，在各个生态区内根据历史产量建立各自的产量模拟公式，并根据每年的气候条件进行修正；另一方面是小区估产，它是将大比例尺航片与小比例尺卫星影像结合使用的一种估产方法,这一方法集成统计估产、农学估产、气象估产和遥感光谱估产于一体进行综合遥感估产。

3)农作物生长状况及其生长环境的监测

利用多波段遥感图像可以进行作物生长状况及其生长环境的监测,它包括两个方面:一方面,通过绿色植物的红光吸收波段和近红外反射波段的光谱特征,对影像进行不同绿度值的处理,提取叶面积指数和叶倾角分布信息,从而了解作物的生长状况;另一方面,通过卫星影像背景值和热红外波段的影像特征来了解土壤的含水量及肥力,从而了解作物的生长环境。

2. 遥感在林业中的应用

1)森林资源调查与动态监测

森林资源的遥感调查可以查清资源的数量、质量、分布特征,掌握森林植被的类型、树种、林分类型、生长状况、宜林地数量和质量等各种数据。根据同一林区不同时相的遥感图像,可以获得不同时期森林区划图和蓄积量,进一步对比分析,即可了解森林资源变化的情况。根据其变化规律,可以实现对森林资源的动态监测和经营。

2)森林虫害的监测

森林虫害是影响林业持续发展的主要因素。据统计,我国松林等针叶林约占全部森林面积的 50%,每年松毛虫危害松林面积 5000 万亩以上,年损失木材生长量 1000 万立方米,生态环境受到的影响则更为严重。因松毛虫灾多发生在人烟稀少、交通不便的山区,常规地面监测方法很难迅速、全面、客观地反映虫情发生动态,从而不能及时、有效地采取防治措施。

利用遥感图像监测森林虫害的技术依据:当森林遭到灾害侵袭时,在不同尺度上(细胞、树枝、单株树、林分、生态系统)会产生相应的光谱变化,这就是出现诸如变色、黑斑症、失叶、树死以及森林生态系统发生变化的征兆。遥感影像光谱特征的异常可以准确反映森林遭受病虫害的影响。

3)森林火灾的遥感监测

遥感技术在森林火灾的监测中具有广泛的应用。例如,1987 年 5 月 7 日,我国大兴安岭发生火灾后,中国科学院遥感卫星地面站立即与美国陆地卫星控制中心取得了联系,成功接收并处理了卫星影像,得出东西两个火灾区的火灾形势与火灾位置分布,并在其后卫星每次路经灾区后几小时,地面站即将灾情的有关数据准确送报灭火指挥部,弥补了气象卫星无法准确定位和遥感飞机受火灾影响难以侦察的不足,这对灭火救灾的指挥决策价值极高。此外,利用灾后不同时相的遥感图像可以监测过火区林木恢复的情况。

3. 遥感在地质矿产勘查中的应用

1)区域地质填图中的应用

遥感技术在地质调查中的应用,主要是利用遥感图像的光谱、形状、纹理、阴影等标志,解译出地质类型、地层、岩性、地质构造等信息,为区域地质填图提供必要的数据。

区域地质填图是区域地质调查的主要内容,应用遥感技术开展区域地质填图省时、省力、省经费,对加快填图速度和保证填图质量有明显效果,为遥感技术在这一领域的推广和实施起到了十分重要的作用。

2)矿产资源调查中的应用

遥感技术在矿产资源调查中的应用,主要是根据矿床成因类型,结合地球物理特征,寻找成矿线索或缩小找矿范围,通过成矿条件的分析,提出矿产普查勘探的方向,指出矿区的发展前景。

3)工程地质勘察中的应用

在工程地质勘察中,遥感技术主要用于大型堤坝、厂矿及其他建筑工程选址、道路选线以及由地震和暴雨等造成的灾害性地质过程的预测等方面。在水文地质勘察中,利用各种遥感资料(尤其是红外成像),可查明区域水文地质条件、富水地貌部位,识别含水层及判断充水断层。如美国在夏威夷群岛,曾用红外遥感方法发现 200 多处地下水出露点,解决了该岛所需淡水的水源问题。

4.遥感在水文和水资源研究中的应用

1)水资源调查

利用遥感技术不仅能确定地表的江河、湖泊和冰雪的分布、面积、水量、水质等,而且对勘测地下水资源也十分有效。

对青藏高原地区,20 世纪 70 年代后期,通过遥感图像解译分析,不仅对已有湖泊的面积和形状修正得更加准确,而且还补上了 500 多个遗漏的湖泊。

按照地下水的埋藏分布规律,利用遥感图像的直接和间接解译标志,可以有效地寻找到地下水资源。一般来说,遥感图像所显示的古河床位置、基岩构造的裂隙及其复合部位、洪积扇的顶端及其边缘、自然植被生长状况好的地方均可找到地下水。

地下水露头、泉水的分布在波长 8 ~ 14μm 的热红外图像上显示最为清晰。由于地下水和地表水之间存在温差,因此利用热红外图像能够发现泉眼。

2)水文预报

水文预报的关键在于及时、准确地获得有关水文要素的动态信息。以往主要靠野外调查及有限的水文气象站点的定位观测,这很难获得各种要素的时空变化规律。在人烟稀少、自然环境恶劣的地区,更难获得可靠资料。

卫星遥感技术则能提供长期的动态监测情报。利用遥感技术可进行旱情预报、融雪径流预报和暴雨洪水预报等。遥感技术还可以准确确定产流区及其变化,监测洪水动向,调查洪水泛滥范围及受涝面积和预测灾害损失等。实际上,流域遥感监测已成为日常技术手段。

5.遥感在环境监测中的应用

1)大气环境监测

在遥感图像上,城市雾霾、工厂排放的烟尘、火山喷发产生的烟柱、森林或草场失火形成的浓烟以及大规模的尘暴等都有清晰的成像,可直接圈定污染范围,还可分析出烟雾浓度的分布状况,揭示扩散的规律,为采取防治措施提供依据。有些有害气体虽不能在遥感图像上直接显示出来,但利用间接解译标志——植物对有害气体的敏感性,能推断某地区大气污染的程度和性质。

城市热岛效应是现代城市因人口密集、工业集中而形成的市区温度高于郊区的小气候现象。由于热岛的热动力作用,形成从郊区吹向市区的局地风,把从市区扩散到郊区的污染空气又送回市区,使有害气体和烟尘在市区滞留时间增长,加剧了城市的污染。因此城市热岛并不是单纯的热污染现象,而是影响城市环境的重要因素。红外遥感图像反映了地物辐射温度的差异,能快速、直观、准确地显示出热环境信息,为研究城市热岛提供了依据。

2)水环境监测

在江河湖海各种水体中,污染种类繁多。利用遥感方法可以研究各种水污染,例如,泥沙污染、石油污染、废水污染、热污染、蓝藻污染和水体富营养化等。

3)土地环境监测

土地环境遥感包括两方面的内容:一是对生态环境受到破坏的监测,如沙漠化、盐碱化等;二是对地面污染的监测,如垃圾填埋区土壤受污染等。

除了直接观测土壤,对土壤污染的监测还可以通过植物的指示作用来实现。土壤酸碱度的变化和某些化学元素的富集会使某些植物的波谱和外在的颜色、形态、空间组合特征出现异常,或者使一些植物种属消失,而出现另一些特有种属。据此规律反推,便可知土壤污染的类型和程度。

卫星遥感是世界先进国家和快速发展国家作为国家综合实力标志而争先发展的高新技术。经过数十年努力,卫星遥感在国土资源调查、环境监测、防灾减灾、城乡规划、农林生产、工程勘察、军事侦察与打击等方面得到广泛应用。以上仅是遥感应用的一些举例,事实上,遥感应用远不止这些方面。随着遥感技术的发展,遥感应用的广度和深度还在不断扩大。针对全球资源、环境和气候变化的综合观测及研究,已成为卫星遥感当前的发展重点。

3.7　摄影测量与遥感的关系

3.7.1　摄影测量与遥感的联系与区别

1. 共同之处

摄影测量学作为一个成熟的学科,已有 160 年左右的发展历史。遥感作为现代高新科技,只有 50 年左右的发展历史。但两者的科技内容,即理论基础、技术手段、生产设备、应用目的等已趋于一致。在 1980 年汉堡大会上,国际摄影测量学会(ISP)正式更名为国际摄影测量与遥感学会（International Society for Photogrammetry and Remote Sensing，ISPRS）。

　　国际摄影测量与遥感学会在 1988 年还对摄影测量与遥感下了统一的定义：摄影测量与遥感乃是对非接触传感器系统获得的影像及其数字表达，通过记录、量测和解译的过程来获得自然物体和环境的可靠信息的一门科学和技术。

　　2. 差异之处

　　摄影测量与遥感统一的定义，表明了它们已高度一致。但两者尚未完全融合成为一个名称，说明现阶段它们之间仍存在区别。

　　在成像方面，摄影测量以航空摄影成像为主，以可见光波段的全色或彩色摄影为主，以单中心投影的框幅式摄影机拍摄为主。遥感则以星载传感器成像为主，以多光谱波段探测成像为主，并有中心投影、全景投影、斜距投影等多种投影成像方式。因此，遥感影像具有宏观特性，例如，一景 Landsat 图像，覆盖面积为 185km × 185km ＝34225km^2，在 5 ～ 6min 内即可扫描完成，实现对地表的大面积同步观测；遥感影像具有光谱特性，例如，高光谱分辨率遥感可使用数百个波段成像，探测波区覆盖可见光到热红外间的全部波谱范围，大大提高了由影像光谱特征提取地物信息的能力；遥感影像具有时相特性，遥感重复成像的周期大多在几小时至十几天之间，显然有利于快速监测或动态监测。

　　在信息处理方面，摄影测量以地物的几何信息处理为主，即获取地物的形态、大小、位置、分布等信息。简单地说，是解决"在哪里"的问题；遥感以地物的物理信息处理为主，即获取地物的类别、属性等信息。简单地说，是解决"是什么"的问题。

　　在成果表达方面，摄影测量以测绘大比例尺地形图为主，成图比例尺一般大于 1∶50000；遥感以编制中小比例尺专题图为主，成图比例尺多数小于 1∶50000。

　　在应用方面，摄影测量以提供区域基础地理信息、工程空间信息服务为主；遥感以资源、环境、灾害等行业和部门的专业应用为主。

　　最后需要说明的是，两者差异不是绝对的。近年来，航空摄影测量也使用线阵列相机扫描成像，也获取多光谱波段影像，生产真彩色或假彩色的正射影像。航天和航空两类影像分辨率的接近，使遥感和摄影测量的处理方法和应用也不再泾渭分明。

3.7.2　摄影测量与遥感的结合

　　一方面，遥感技术打破了摄影测量长期以来局限于影像数据的几何处理，尤其是航空摄影测量只偏重于测制地形图的局面。遥感延伸了人类的感知能力，尤其是宏观感知能力和波谱感知能力。遥感与摄影测量两者互相补充，使人类具备了不同尺度上的对地观测能力。

　　另一方面，摄影测量对遥感技术发展也起着推动作用。众所周知，遥感图像的高精度几何定位和几何纠正，就是现代摄影测量理论的重要应用；数字摄影测量中的影像匹配理论可用来实现多时相、多传感器、多分辨率遥感图像的几何配准和融合；自动定位理论和方法可用来快速、及时地提供具有"地学编码"的遥感影像;摄影测量的主要成果,如DEM、地形数据库和专题图数据库,乃是支持和改善遥感图像分类质量的有效信息;至于像片判读和图像分类的自动化和智能化,则是摄影测量和遥感技术共同研究的课题。一个现代的数字摄影测量系统与一个现代的遥感图像处理系统,已看不出什么本质差别了。

事实上,包括像片判读在内的摄影测量学历史,就是遥感发展的历史;而遥感技术则是经典摄影测量的必然扩展。两者有机地结合起来,成为空间信息学科中的数据采集、处理和更新的重要手段。

此外,摄影测量和遥感图像处理技术的发展,也需要有一个数据库或空间信息系统来存储、管理、融合、挖掘相应数据,并与其他非图形的专题信息相结合实现分析、决策,这就使得摄影测量和遥感技术还必然与地理信息系统相结合,完成地理空间信息的加工与服务。事实上,摄影测量与遥感学会也是最早研究 GIS 的国际学术组织。在对地观测方面,摄影测量与遥感正在融入地理信息系统。

3.7.3　影像空间信息学的概念

摄影测量、遥感与地理信息系统技术的结合,或导致了一门新的信息科学分支——影像空间信息学的崛起。

由于摄影测量学与遥感学仍有各自侧重的研究内容和应用领域,所以摄影测量、遥感仍有各自狭义的概念,即摄影测量以航空测绘为主,遥感以星载传感器的空间探测为主。但随着摄影测量、遥感和地理信息系统的进一步结合,这几门在不同尺度上通过影像获取目标和环境信息,并加以有效管理和应用的学科必然融合,在一个新的高度上真正统一。目前看来,顾及测绘学科,使用"影像空间信息学"的名称比较确切。影像空间信息学应是由摄影测量学、遥感学、地理信息系统、计算机图形学、数字图像处理、计算机视觉、专家系统、人工智能、空间科学和传感器技术等多学科、多技术方法相结合的一个边缘学科。严格对其定义现在为时尚早,或许仍称作遥感科学与技术,但可以明确,它是基于影像认识世界和改造世界的一条途径。命名影像空间信息学,淡化了信息获取的过程,突出的则是由影像获取空间信息的广泛服务功能。摄影测量与遥感主要面向地球科学和环境科学的应用, 长期来看,影像空间信息学最终还将融入地球空间信息学科(Geospatial Information,或称 Geomatics)之中。也就是摄影测量与遥感,将同空间科学、电子科学、地球科学、计算机科学等实现大学科交叉融合,逐渐发展形成一门新型的地球空间信息科学。

最后,以几个数据再次强调影像信息科学的重要性和生命力:有研究认为,人们接触的信息 80% 与空间位置有关,即为空间信息,而空间信息中的至少 80% 可由影像获得。由影像完成一个周期的对地信息采集、处理和表达,所需的时间、资金、人力仅为现场调查方法的几十分之一,甚至几百分之一。

第4章 地图制图学与地理信息工程

　　"图形"作为传输地理信息的工具,已经存在了几千年。人类将地图作为认识客观世界、传递时空信息的方式之一,随着人类文明的进步和科学技术的发展,地图的制作精度不断提高,表现形式也更加多样。地图制图学(或称地图学)这门学科逐步地确定了自己的研究对象和任务范围,人们对地图制图学的认识也随着时代的进步日趋成熟。

　　"地图制图学与地理信息工程"学科是研究地球空间信息存储、处理、分析、管理、分发及应用的科学与技术,核心内涵仍是地图制图学和地理信息系统。地理信息系统(Geographical Information System,GIS)是由计算机硬件、软件和不同的方法组成的系统,该系统支持空间数据的采集、管理、处理、分析、建模和显示,以便解决复杂的规划和管理问题。持地图观的学者认为 GIS 是一个地图处理和显示系统,在该系统中每个数据集可看成一张地图或是一个图层,或专题或覆盖,通过地图代数实现数据的操作与运算。因此,地图制图学与地理信息系统有着密不可分的关系,它们都是空间信息处理的科学,只是地图制图学强调图形信息的传输,而地理信息系统则更强调空间数据处理与分析。

4.1　地图制图学与地理信息系统的基本概念

4.1.1　地图制图学基本概念

1.地图制图学定义

　　20 世纪 70 年代,地图制图学的定义大部分都归纳为"研究地图及其制作理论、工艺技术和应用的学科"。

　　我国学者给出的地图制图学定义为"以地图信息传递为中心,探讨地图的理论实质、制作技术和使用方法的综合性科学"。它与目前流行的其他地图学定义相比,更为概括地总结了现代地图制图学的学科特点和研究内容。

2.地图制图学的研究对象和任务

　　地图制图学的研究对象是地图,探讨地图的实质、地图制作的理论和技术、地图应用的理论和技术三方面的问题,并由此构成地图制图学的基本理论。

　　地图制图学的主要任务是将地球或其他星球上的自然和社会经济现象表示成地图，它的研究最终直接服务于社会的成果是地图。例如，图 4-1 所示为同一地区航空像片制作的地形图。随着科学技术的日益发展，地图制图学在社会各个领域中的作用日益增大，例如国民经济建设和国防建设的勘测、设计、施工、竣工以及保养维修，科学研究与区域开发项目，地震预测预报、海底资源勘察、近海油井钻探、地下电缆埋设、环保工程设置、灾情监视与调查、宇宙空间探索，以及其他学科研究方面，地图制图学都发挥着重要的作用。

（a）航空像片

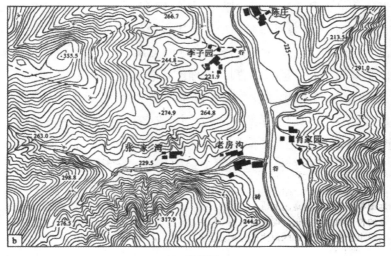

（b）地形图

图 4-1　同一地区航空像片和地形图的对照

3.地图制图学的结构和学科分支

早期的地图制图学由地图概论、地图编制学、地图制印学三个分支学科组成,继而发展成为地图概论、数学制图学、地图编制学、地图整饰学、地图制印学等五个分支学科。

我国地图学者认为地图制图学的结构体系由理论地图学、地图编制学和应用地图学这三个分支学科组成。具体体系结构如图4-2所示。

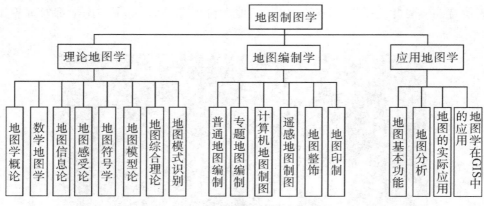

图4-2 现代地图制图学学科体系结构

4.地图制图学与相关学科的关系

地图制图学在长期发展过程中,与测量学、地理学有着十分紧密的联系。测量学一直是地图的信息源。地理学各分支学科都把地图作为自己的第二语言,并视之为成果表达的重要方式。地图既是科学作品,又是艺术作品,它与心理学、美学、色彩学、符号学、感受理论有着密切的关系。一些相关学科,如信息论、系统论、传递论等,也介入到地图制图学领域,为地图制图学各种基础理论及应用理论的形成提供了有力工具。

地图制图学与地理信息系统有着密不可分的关系,它们都是空间信息处理的科学,只是地图制图学强调图形信息的传输,而地理信息系统则强调空间数据处理与分析。

数学是促进地图制图学形成独立学科体系的重要因素,近年来地图生产、研究及应用的计量化,使数学对地图制图学的发展,特别是在各种信息源数据的处理、数学模型的建立、地图应用分析的定量化等方面发挥了更大的作用。

遥感技术与地图的结合,极大地提高了地图信息源的数量及质量,形成了新的成图方法。

计算机技术扩大了可能制图的领域,增加了地图内容的深度,提高了制图生产的效率。

4.1.2 地理信息系统基本概念

地图制图学的发展与人类生产活动中的技术进步有着密切的关系,而信息时代以信息的科学管理与充分利用为特征,必将要求地理学的高度现代化。因此对地理信息的采集、管理和分析提出了更高的要求。地理决策的科学性,取决于对地理信息获取和分析的技术水平,由此产生了地理信息系统。

1. 地理信息系统定义

地理信息系统(GIS)这一术语是 1963 年由 R. F. Tomlinson 提出,20 世纪 80 年代开始走向成熟。美国联邦数字地图协调委员会定义 GIS 的含义是"由计算机硬件、软件和不同的方法组成的系统"。该系统支持空间数据的采集、管理、处理、分析、建模和显示,以便解决复杂的规划和管理问题。虽然还有许多 GIS 定义,但其基本内容可以归纳为三种观点:

(1)地图观点:持地图观的人主要来自景观学派和制图学派。他们强调地理信息系统作为信息载体与传播媒介的地图功能,认为 GIS 是一个地图处理和显示系统,在该系统中每个数据集可看成一张地图或是一个图层,或专题或覆盖,通过地图代数实现数据的操作与运算。

(2)数据库观点:持数据库观点的人主要来自计算机学派。他们强调优化设计对建立数据库和有效存取数据的重要性,认为一个完整的数据库管理系统是任何一个成功 GIS 系统不可缺少的部分。

(3)空间分析观点:持空间分析观点的人主要来自地理学派。他们强调空间分析与模拟的重要性,认为地理信息系统是一种空间信息科学。这种观点普遍被 GIS 界所接受,认为这是区分 GIS 与其他地理数据自动化处理系统的唯一特征和标识。

根据以上定义可以得出 GIS 的基本概念框架和构成,如图 4-3 所示。

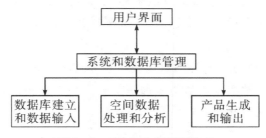

图 4-3　GIS 概念框架和构成

2. 地理信息系统分类

地理信息系统按照内容、功能和作用可以分为两类:工具型地理信息系统和应用型地理信息系统。

1)工具型地理信息系统

工具型地理信息系统又称为地理信息系统开发平台,是具有地理信息系统基本功能,供其他系统调用或用户进行二次开发的操作平台。

在用地理信息系统技术解决实际问题时,有大量软件开发任务,工具型地理信息系统为地理信息系统的使用者提供一种技术支持,使用户能借助地理信息系统工具中的功能直接完成应用任务,或者利用工具型地理信息系统加上专题模型完成应用任务。

2）应用型地理信息系统

应用型地理信息系统是根据用户的需求和应用目的而设计的一种解决一类或多类实际应用问题的地理信息系统，其主要由解决地理空间实体及空间信息的分布规律、分布特性及相互依赖关系的应用模型和方法组成。它可以在比较成熟的工具型地理信息系统基础上进行二次开发完成。按研究对象性质和内容又可分为专题地理信息系统（如水资源管理信息系统、矿产资源信息系统、农作物估产信息系统等）和区域地理信息系统（如加拿大国家地理信息系统、黄河流域地理信息系统、北京水土流失信息系统等）。

3. 地图制图学与地理信息系统的关系

从社会需求和地图制图学的功能来看，人类必须不断地研究自身赖以生存和发展的整个自然环境和社会经济环境，人类认知地理环境和利用地理条件都离不开地图制图学。地图、地图数据库和地理信息系统作为人类空间认知的有效工具，标志着社会需求的不断增长和地图制图学重点的漂移，地图制图学的着重点从信息获取的一端向信息深加工的一端转变，现代地图制图学已经进入信息科学的领域。

传统模拟地图是一种模拟的"地理信息系统"，它把具有时间特征的连续变化的空间地理环境信息描述为存在于某一特定时间相对静止的状况，很难甚至不可能进行动态分析。地图数据库以数据作为载体，以光盘等作为介质，以数字地图和电子地图等方式传输地理环境信息，较之传统的地图是一个进步，但它的数据范围和数据分析功能仍然有限。相比较而言，地理信息系统的数据源多，数据量大，在遥感技术的支持下，能保证信息传输的现势性，数据查询、检索方式灵活多样，信息传输的可选择性极强，通过数据分析和计算，可为用户提供大量派生信息，计算机图形技术也提供了多种多样的地理信息传输方式。

将地图制图学和地理信息系统加以比较可以看出，地理信息系统是地图制图学理论、方法与功能的延伸。地图制图学与地理信息系统是一脉相承的，实际上地理信息系统是地图制图学在信息时代的发展。

4.2　地图制图学的主要研究内容

地图制图学具有技术性学科与区域性学科的双重特性。它的理论既反映技术性学科的发展，又反映区域性学科的特点。经过国内学者长期不断的探索研究认为，地图制图学的研究内容主要包括理论地图学（地图学理论基础）、地图编制学（地图编制方法与技术）以及应用地图学。其主要学科分支如图 4-2 所示。

4.2.1　理论地图学

理论地图学主要包括地图学概论、数学地图学、地图信息论、地图感受论、地图符号学、地图模型论、地图综合理论以及地图模式识别等内容。

1.地图学概论

主要研究地图的定义、性质、功能、分类、地图内容及其表示方法;研究全球性和区域性地图成图情况、重要地图作品;地图资料的整理、分析、评价和利用等。

2.数学地图学

主要研究地图学中的数学方法。主要包括:地图投影理论;地图的各种数学模型方法;地图概括(综合制图)中数理统计原理和方法;表示数量特征的地图(如等值线图、统计地图)、评价地图、合成地图的数学原理与分析方法;计算机制图软件设计的数学方法;地图量算的数学原理和方法等。

3.地图信息论

研究以地图图形显示、传递、存储、处理和利用空间信息的理论。其研究地球信息(或空间信息)的形成机理与传输模式,信息流与物质流、能量流之间的关系,信息流对物质流的调控作用;研究地图信息,特别是潜在信息的挖掘与深层次开发利用的原理与方法。地图信息传递模型如图 4-4 所示。

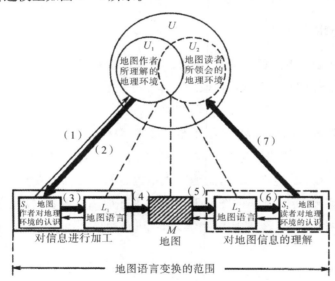

图 4-4　地图信息传递模型

4.地图感受论

研究地图使用者对地图的感受过程与特点,分析用图者对图像的心理特征和视觉效果。地图感受论与地图符号学是地图整饰设计的理论基础。

5.地图符号学

主要研究和建立作为地图语言的地图符号系统的理论与方法及其应用的法则。地图语言学包括三部分:地图句法(地图符号的结构);地图语义(地图符号的意义)以及地图语用(地图符号的效用)。上述三个部分涉及符号与符号之间的关系、符号与制图对象之间的关系、符号与用图者之间的关系。研究地图语言和设计地图符号时必须考虑和处理好这三个关系。

6.地图模型论

研究建立再现客观实际的形象－符号模型,并且经过地图图形模式化进而建立图形数学模型,经过数字化建立数字模型,实现自动处理并在研究与实际中应用的理论。

7.地图综合理论

研究地图编制过程中内容的取舍与概括的原理和方法。地图综合是地图制图的创作过程,主要是地理真实性、地理规律性的体现和数理统计方法的运用与结合。目前,在计算机制图与地理信息系统中,综合问题已成为当今研究热点问题之一。

8.地图模式识别

研究用计算机来对地图进行识别与理解,并通过借助一定的技术手段,研究和分析地图上的各种模式信息,获取地图要素的质量意义。地图模式识别有着十分广泛的应用前景,它是实现扫描地图自动化识别和计算机地图自动综合智能化的关键技术,对地图数据库的建立,以及 GIS 数据的快速采集等,具有非常重要的意义和价值。

4.2.2 地图编制学

地图编制学主要研究地图的制作,主要内容有普通地图编制、专题地图编制、计算机地图制图、遥感地图制图、地图整饰以及地图印制等内容。

1.地图编制

主要研究各种地图的编制方法,包括地图设计、编绘、出版准备以及地图印刷等各个技术环节。主要内容有制图信息源的收集、选择、分析及评价,制图区域地理特征的研究,拟定编辑计划,投影的选择和计算,地图表示内容及表示方法的确定,地图各要素的制图综合原则和实施方法,制作地图的工艺流程等。地图从内容、性质角度可分为普通地图和专题制图两大类,因此,地图编制学又形成"普通地图编制"和"专题地图编制"两个主要分支。

2.计算机地图制图

随着计算机软硬件的不断进步,计算机地图制图主要分为四个阶段:①地图设计,根据地图的用途确定地图的制图资料、地图投影和比例尺、地图的内容和表示方法等。②数据输入,数据获取的阶段,要将资料的图形图像转换为数字,以便由计算机存储、识别和处理。③数据处理,计算机制图的过程先是由图形变成数字,在数据库的支持下,要对数据进行处理,再把数字转换为图形。④图形输出,制图数据经过计算机处理以后,变成了绘图机可识别的信息,以驱动绘图机输出图形,输出图形的方式有矢量和栅格绘图两大类。计算机制图的一般过程如图 4-5 所示。

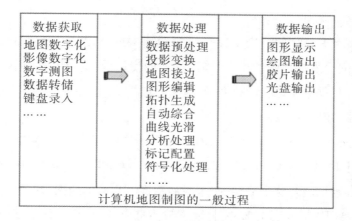

图 4-5　计算机制图的一般过程

3. 遥感地图制图

研究使用各种遥感传感器获取的地面图像,运用遥感图像制图处理的原理和方法编制各种地图的一门学科。研究内容包括遥感的基础理论、各种遥感图像的成像原理及其信息处理的方法与技术、遥感信息的定性和定量分析以及制图的原理和方法。其成图过程包括遥感地面图像或数据的采集,遥感图像或数据的校正、光谱增强等处理,遥感图像目视判读或数字图像计算机识别与分类,遥感数字图像几何处理,制作各种地图。

4. 地图整饰

主要研究地图的表现形式及其技术手段。其中一部分是研究地图符号设计、色彩设计、图名图边的艺术设计和地貌立体显示的原理与方法;另一部分则为满足印制要求,研究地图出版前准备的理论和技术。

5. 地图印制

研究地图复制的理论和技术的一门学科。在现代技术条件下,着重于地图编制与地图印制的一体化技术的研究。

4.2.3　应用地图学

探讨地图的基本功能、地图的分析与评价和地图在各个领域以及在 GIS 中的应用。

1. 地图的基本功能

对地图所具有的基本功能进行研究。包括地图的认识功能、模拟功能、信息的载负和传递功能。

2. 地图分析

将地图作为各种地理现象的模型,用目视、量测、数理统计、数学模式等多种方法对它进行分析、研究,使地图既作为研究的手段,又成为研究的对象,这不仅有助于利用地图所包括的全部信息,而且还可以根据归纳和演绎,获得新的知识。

3. 地图的实际应用

研究地图阅读和使用的理论及技术,主要是有关地形图的阅读和使用各种地图的分析及评价等,以充分发挥地图的作用,提高地图的使用效果。地图应用的研究将促进地图的制作与使用更加紧密地联系起来,使地图信息的传输构成一个完整的系统。

4. 地图学在 GIS 中的应用

研究地图学与 GIS 的区别和联系,如何在 GIS 中使用地图,空间对象的地图表达与 GIS 表达的区别,以及两种数据源间的转换。例如,空间 GIS 首先要有一个空间框架,而国家系列比例尺地图就是这个框架的"半成品",离开现有的地图,这个框架就无法实现;反过来看,GIS 要把成果表现出来,完整地反馈信息内容,只有在显示其空间关系或制成地图之后才能实现。

4.3 现代地图制图学的研究方向及进展

20 世纪 70 年代以来,自动化、电子计算和遥感遥测技术引进地图学,引起地图制图技术上的革命。同时各学科的相互渗透,尤其是信息论、模式论、传输理论、认知论以及数学方法引进地图制图学,使地图制图学的理论有了很大发展。地图的形式和内容不断变化更新,除了用地图、系列地图、地图集来表达各种自然和社会经济现象外,数字地图、电子地图得到了迅速发展,静态地图扩展为动态地图,平面地图成了立体地图,进而利用虚拟现实技术生成可"进入"的地图,因此,现代地图具有了虚拟、动态、交互和网络的特征。

4.3.1 地图认知范畴的研究

地理环境是复杂多样的,要正确认识掌握这种广泛而复杂的信息,需要对地理环境进行科学的认识。

1. 地图认知的含义

认知属于心理学的范畴,根据空间信息分析以及空间信息可视化的需要,认知应该是知觉、注意、表象、记忆、学习、思维、语言、概念形成、问题求解、情绪、个性差异等有机联系的信息处理过程。

地图认知就是通过地图阅读、分析与解释,充分发挥图形思维与联想思维,形成对制图对象空间分布、形态结构与时空变化规律的认识。

2. 地图认知模型

地图认知模型分为地图编制与设计者的认知模型和地图使用者的认知模型。

制图者的认知模型强调对所表达事物、现象,所表达内容的表现形式的认知。地图编制者通过选取最主要的制图内容与最合适的表现形式,实现空间信息的高效传输,将客观现实世界转化为地图上所表达的客观世界。

地图使用者的认知模型是在已有地图的基础上,结合读图者的空间知识与背景,完成对地图对象的认知,间接达到认知客观世界的目的。也就是通过对地图所表达的客观世界的认知,来形成自己所认识的客观世界。

4.3.2　地图可视化

可视化理论和技术用于地图制图学始于 20 世纪 90 年代初期。可视化理论和技术在没有成为信息技术专业术语之前, 仅是形象化的一般性解释, 除了教育、训练、传媒方面较多使用以外, 在科技界并未引起多大的注意。它被赋予新的含义, 并成为信息技术与各学科相结合的前沿性专题, 是在数字化逐渐成为人类生存的重要基础的新形势下出现的。

对地图制图学来说,可视化技术已超出了传统的符号化及视觉变量表示法的水平,而进入了在动态、时空变化、多维的可交互的地图条件下探索视觉效果和提高视觉功能的阶段。

1.地图可视化的原理

地图作为图形语言本身就是可视化产品,随着美国国家科学基金会的图形图像专题组提出了"科学计算可视化"概念后,将大量的抽象数据表现为人的视觉可以直接感受的计算机图形图像,为人们提供了一种可直观的观察数据、分析数据,揭示数据间内在联系的方法,由此通过计算机实现地图的可视化理论得到进一步发展。

地图可视化理论包括信息表达交流模型和地理视觉认知决策模型,并将应用于计算机技术支持的虚拟地图、动态地图、交互交融地图及超地图的制作和应用。

虚拟地图是计算机屏幕上产生的地图,或是利用双眼观看有一定重叠度的两幅相关地图在人脑中构建的三维立体图像。人在进入这一环境后可以和计算机实现以视觉为主的全方位交互,这是空间数据可视化最有发展空间的新领域。

动态地图是由于地学数据存储在计算机中,可以从不同的观察角度,用不同的方法动态地进行显示。动态的可视化,要比静态画面更生动,可供读者反复观察、思考,并有可能发现一些内在的规律。

交互交融地图是指人与地图可进行相互作用和信息交流。目前的交互方式随空间数据的性质而变化,可以改变其点、线、面的尺寸、位置、图案、色彩等,也可以通过改变比例尺、视角、方向使图形发生变化;对于属性数据则可用文字、表格与图形建立联系;也可以通过交互改变数据分析的指标,重新分类、分级,并在相应的地图和图表上产生相应的变化。

超地图是基于万维网的与地学相关的多媒体,它提出了在万维网上如何组织空间数据并与其他超数据相联系的问题,可以让用户通过主题和空间进行多媒体数据的导航,通过地图的广泛传播与使用,对公众生活、行为决策、科学研究等产生巨大作用。

在现代地图制图学的研究中,需要建立和完善关于信息传输交流模型和空间认知模型的理论,从而指导对虚拟地图、动态地图、交互地图、基于万维网地图的制作原理和方法的建立,进一步提高视觉效果和功能,使地图可视化在信息传输、公众决策等方面得到广泛的应用。

2. 三维立体制图

在观看一张普通的图画或照片时,要想靠直觉来分辨出图画中内容的深浅位置或深度是不大可能的,因为实际物体是三维的,而画面是二维的,所缺少的一维正是包含深度方向的实物信息。如果分析对实物深度的感受或立体感的情况,可知依靠分开的双眼在观看实物不同深度时,双眼会出现位置上的差别,立体感就是人脑对左右视网膜上的两幅有差异图像的感受结果。

立体地图,亦称立体模型,是一种源于实际又高于实际,集实用性、观赏性和艺术性为一体的直观型地图。这种地图能形象逼真地展示相应地区和单位的整体布局和实际情况,而借助于现今先进的 AutoCAD 技术的软件环境,我们能够自动地控制图形的绘制和色彩的施加,从各种角度灵活地观看三维立体制图(图 4-6),使我们能更详细地了解图形信息,而这些是二维平面图所无法比拟的,它能够为城镇建设、管理、旅游及政府决策提供更好的帮助。二维平面图的存在及利用已经有很长的时间,作为新生事物的数字化三维立体图将具有更广阔的发展前景和更广泛的应用价值。

图 4-6　三维立体地图

3. 虚拟现实技术

虚拟现实技术是在可视化技术的基础上发展起来的,是指运用计算机技术生成一个逼真的,具有听觉、视觉、触觉等效果的,可交互的、动态的世界,人们可以对虚拟对象进行操纵和考察。虚拟现实技术的科学价值在于扩展了人的空间认知手段和范围,改变了传统仿真与模拟方式。

虚拟现实技术的特点:可利用计算机生成一个具有三维视觉、立体听觉和触觉效果的逼真世界;用户可以通过各种感官与虚拟对象进行交互,在操纵由计算机生成的虚拟对象时,能产生符合物理的、力学的和生物原理的行为和动作;具有观察数据空间的特征,在不同的空间漫游;借助三维传感技术,用户可以产生具有三维视觉、立体听觉和触觉的身临其境的感觉(图4-7)。虚拟现实技术所支持的多维信息空间,为人类认识世界和改造世界提供了一种强大的工具。它作为地图制图学的新的增长点,对于拓宽地图制图学的领域和促进地图制图学的理论与技术的进步必将产生更加深远的影响。

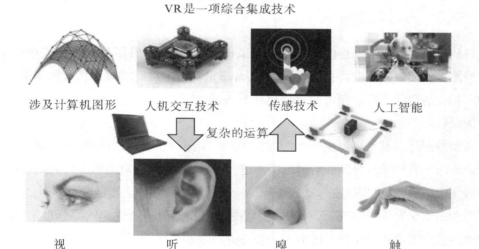

图 4-7　虚拟现实含义

4.全息位置地图技术

周成虎等认为全息位置地图是以位置为基础,全面反映位置本身及其与位置相关的各种特征、事件或事物的数字地图,是地图家族中适应当代位置服务业发展需求而发展起来的一种新型地图产品。全息位置地图实时或准实时地从互联网、传感网、通信网等构成的泛在网中获取泛在信息,这些获取的信息通过语义位置在地图上汇聚关联。全息位置地图的表现形式多样,包含二维矢量、三维场景、全景图、影像地图等多种形式,并且实现室内室外、地上地下一体化。与一般的位置地图相比,全息位置地图具有两个基本特征:①全息位置地图是语义关系一致的四维时空位置信息的集合;②全息位置地图由系列数字位置地图所构成,能够形成多种场景,并以多种方式呈现给用户。全息位置地图的概念示意图如图4-8所示。

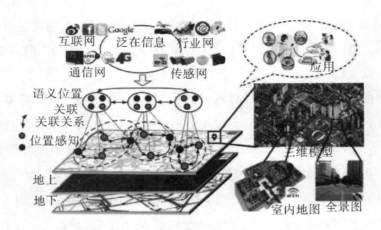

图 4 - 8　全息位置地图的概念示意图

4.3.3　自动制图综合

自从电子计算机引入地图制图领域以来,人们一直期盼着用计算机实现地图综合,取代地图综合的手工作业,由此自动制图综合理论和技术得到发展。从数据库中抽取重要的和相关的空间信息以预定的比例尺将其表示在缩小了的地图空间上的过程称为自动制图综合。

自动制图综合就是要解决一个"何时、何地"实施综合操作的问题,也就是要研究满足综合要求的自动地理分区并对地理实体进行评价,既要拥有对地物在全局结构中的地位进行评价的机制,也要拥有对地物在局部地段的相对重要性进行区分的手段。

自动制图综合的基本理论包括:基于地图信息和地图传输的地图综合理论、基于认知的地图综合理论和基于感受的地图综合理论。

自动制图综合对于地图生产自动化水平和 GIS 的数据服务能力具有不可忽视的作用,因而多年来各国制图学者对自动制图综合问题做了大量的研究,主要方法包括:面向信息的综合方法、面向滤波的综合方法、启发式综合方法、专家系统综合方法、神经元网络综合方法、分形综合方法、数学形态学综合方法、小波分析综合方法等。

4.3.4　遥感制图

随着遥感技术的兴起,传统的地图编制理论和方法发生了重大变革。遥感技术可以多平台、多时相、多波段地获取图像,快速而真实地获取地面的制图信息,为提高成图质量、提高成图速度和扩大制图范围创造了条件。

1.遥感制图概念

遥感,通过非直接接触的方式获取被探测目标的信息,并通过识别和分析,了解该目标的质量、数量及周围地理环境的时空状况。

遥感制图,是指利用航天或航空遥感图像资料制作或更新地图的技术。其具体成果包括遥感影像地图和遥感专题地图。

2.遥感图像制图基本程序

1)选择遥感图像

(1)空间分辨率和制图比例尺的选择:在选择遥感图像空间分辨率时要考虑制图对象的最小尺寸和地图的成图比例尺,空间分辨率越高,图像可放大的倍数越大,地图的成图比例尺也越大。

(2)波谱分辨率与波段选择:地面不同物体在不同光谱波段上有不同的吸收、反射特征,多波段的传感器提供了空间环境不同的信息,在选择波段时应依据不同解译对象选用不同波谱的图像。

(3)时间分辨率和时相的选择:使用遥感制图方式反映制图对象的动态变化时,应了解制图对象本身变化的时间间隔和与之相对应的遥感信息源。

2)加工处理遥感图像

(1)图像预处理:包括粗处理和精处理。粗处理的目的是消除传感器本身及外部因素的影响引起的系统误差,一般利用事先存入计算机的相应条件来纠正地面接收到的原始图像或数据。精处理是为进一步提高卫星遥感图像的几何精度而进行的几何校正和辐射校正,将图像拟合或转换成一种正规的地图投影形式。

(2)图像增强处理:数字图像增强处理是借助计算机来加大图像的反差,主要采用反差增强、边界增强、比值增强、彩色合成等方法。

3)解译遥感图像

(1)目视解译:利用肉眼或借助简单判读仪器,观察遥感图像的各种影像特征和差异,一般经历解译准备、建立解译标志、室内判读和野外验证几个步骤。

(2)计算机解译:利用遥感图像信息由计算机进行自动识别与分类,以解决地物的分类问题,主要方法有概率统计法、图形识别法、聚类分析法、训练场地法等。

4)编制基础底图

(1)制作影像基础底图:从同一地区的多幅影像中选定一幅适合专题内容的作基础影像,进行精密纠正、合成、放大,制成供编制基础底图和野外考察及室内解译用的影像基础底图。

(2)制作线画基础底图:按影像基础底图的地理基础,适当选取水系等地理要素,制成具有水系、居民地、道路、境界和地貌结构线等内容的线画基础底图。

5)转绘专题内容

将专题内容叠置在基础底图上,形成最终的遥感影像地图。图4-9为依据遥感图像进行城镇建成区识别的示例。

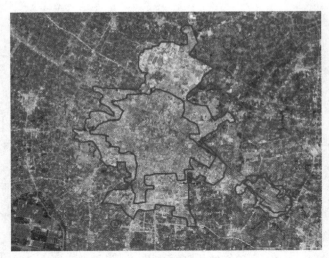

图 4 - 9 城镇建成区遥感识别

4.3.5 地学信息图谱

图是指空间信息图形表现形式的地图；谱是指众多同类事物或现象的系统排列；图谱是指经过综合的地图和图像图表形式，兼有图形与谱系的双重特性，同时反映与揭示了事物和现象空间结构特征与时空动态变化规律。

1. 地学信息图谱的定义

地学信息图谱是由遥感、地图数据库、地理信息系统与数字地球的大量数字信息，经过图形思维与抽象概括，并以计算机多维与动态可视化技术，显示地球系统及各要素和现象空间形态结构与时空变化规律的一种手段与方法。

1）按信息图谱的对象与性质分类

（1）分类系统图谱：反映分类的图形谱系，如动物图谱、植物图谱、土壤图谱等；

（2）空间格局图谱：反映空间结构或区域格局的图形谱系，如地质构造带图谱、水系图谱、交通运输图谱、海岸带图谱等。

（3）时间序列图谱：反映时间序列的图形谱系，如历史时期的气候变化图谱、历史断代图谱等。

（4）发展过程图谱：反映时间和空间变化的图形谱系，如热带气旋图谱、环境污染图谱等。

2）按信息图谱的尺度分类

地学宏观信息图谱（大尺度）、中观信息图谱（中尺度）和微观信息图谱（小尺度）。

3）按信息图谱的应用功能分类

（1）征兆信息图谱：反映事物和现象的状况及异常变化或存在的问题。

（2）诊断信息图谱：针对征兆信息图谱所反映的征兆，借助于各种定量化分析模型与工具，找出问题所在，以图谱的形式实现区域诊断。

（3）实施信息图谱：以诊断信息为依据，通过改变各种边界条件提出不同调控条件下的决策和实施方案。

4.3.6　数字地图

数字地图是按照一定的地理框架组合的，带有确定坐标和属性标志的，描述地理要素和现象的离散数据。通俗讲，它是按地图的框架采集，并能在某一媒体上再现成为可视化地图的数据集合。可分为矢量式数字地图和栅格式数字地图两大类。

地图制图学在强劲的 ICT 技术推动下不断进步，特别是计算机技术、网络技术和数学方法的深入结合，促使地图制图学从传统制图到自动化和数字化、数量化以及现代的网络化和移动化发展。计算机的发展首先促进了地图的自动化和数字化，包括计算机辅助制图、自动地图综合、用户定制和个性化服务等；数字空间的信息自由更是解放了纸质地图的约束，在数字环境下实现了丰富的空间分析和地理空间可视化（如 VR、AR）；移动、互联网络的发展及普及更是衍生了地图的在线共享、众包更新、众智绘图。地图的网络化使大众制图成为现实，地图绘制的门槛降低，应用多元化。

与传统地图相比，数字地图有以下优点：

（1）灵活性。它以地图数据库为后盾，可以按照所发生事件的地区立即生成电子地图，不受地形图分幅的限制，避免地形图拼接、剪贴、复制的烦琐，比例尺也可以在一定范围内调整。

（2）选择性。可提供远远超过传统地形图的内容，供用户选用。根据需要可以分要素、分层和分级地提供空间数据。

（3）现势性。传统地图一旦印刷，所有内容就固化了，而现实场景却可能是时刻变化的。

（4）动态性。数字地图的支撑数据库可以将不同时期的数据存储起来，并在电子地图上按时序再现，这就可以把某一现象或事件变化发展的过程呈现在读者面前，便于深入分析和预测。

4.3.7　电子地图

20 世纪 80 年代中期，随着计算机技术和计算机制图技术的发展，加拿大的计算机制图专家在计算机制图与地图数据库的基础上，结合地理信息系统技术，提出了电子地图的概念。

1. 电子地图的概念

电子地图，也称为数字地图，是地图制作和应用的一个系统，是一种数字化了的地图。它是一种新型的地图信息产品，因此对它的定义及认识尚不统一。一种理解是将电子地图与数字地图视为同义，强调这种地图品种的实质和存在形式是数字式的，另一种理解是将数据库提供的数字地图信息绘制的地图称为电子地图，也称为"屏幕地图"或"瞬时地图"。

电子地图显示出来的内容是动态的、可调整的,能由使用者交互式的操作。一般电子地图都连接着属性数据库,或者连接多媒体信息,可以进行查询、计算、统计和分析。

2. 电子地图的优点

(1)交互性。根据使用者的要求,可以动态地生成相应的地图,具有较强的灵活性和交互性。

(2)无级缩放。在一定限度内可以任意无级缩放和开窗显示,以满足应用的需要。

(3)无缝。可以一次性容纳一个地区的所有地图内容,没有地图分幅的限制,通过放大、地图漫游、地图检索等多种手段,实现地图与影像的无缝拼接。

(4)动态载负量调整。能自动调整地图载负量,使得屏幕上显示的地图保持适当的载负量,保证地图的易读性。

(5)多维与动态可视化。具有多种表现手段,可以直接生成三维立体影像,能逼真地再现或模拟现实地面情况。

(6)信息丰富。除了具备各种地图符号外,还能配合外挂数据库来使用和查询,将信息在额外的窗口显示出来,大大丰富了地图的表现内容。

(7)共享性。可以大量无损地复制,并能通过计算机网络传播。

(8)计算、统计和分析功能。可以在屏幕地图上快速、自动量算坐标、长度和面积,进行多种统计分析与空间分析,包括相关地图的叠置比较等。

(9)资料更新速度快,制作成本较低,存储量大,携带使用方便。

在电子地图的基础上制作的电子地图集则具有更加强大的优势,电子地图集是以软盘或光盘为介质,通过计算机屏幕显示的地图集形式。它具有滚动、窗口放大、闪烁、动态表示、统计分析、叠加比较等多种功能,具有制作周期短、成本低、功能强大等优点,因此得到迅速推广并展示出广阔的前景,图 4 - 10 为南京市部分地区的电子地图实例。

图 4 - 10 南京市部分区域的电子地图

4.3.8　互联网制图

随着 Internet 的迅速发展和普及,万维网已经成为快速传播各种信息的重要渠道。互联网地图在经历了从简单到复杂、从静态到动态、从二维平面到三维立体的发展过程后,传输和浏览速度也得到了迅速地提高。

1. 互联网地图的特点

互联网地图也是一种多媒体电子地图,因而具有一般电子地图的特点,但还有其特殊性:

(1)远程地图信息传播:网络地图是在异地通过 Internet 传输数据,再通过浏览器生成地图,由于有一个数据传输和地图生成的过程,显示与漫游的速度会比一般电子地图慢。

(2)广泛便捷传播:网络地图具有远程快速传递的优越性,具有更广泛的用户群体。

(3)适时动态性:互联网地图的数据可以实时更新,易于再版,成本较低。

(4)更多的人机交互性:用户可以根据自己不同的需要选择不同地图网站的不同内容、不同形式的地图,而且可以选择任意地区放大,通过网络查询检索更多的信息。

(5)充分利用超媒体结构:互联网地图将屏幕分割成若干个功能区,采用超链接方式组织各个部分,通过点击链接,直接进入其他网页浏览。

2. 互联网地图的结构和运行机制

互联网地图要求地图数据必须统一格式,因此数据的标准化、规范化成为信息共享的必备条件,所有数据都必须按照统一的分类标准和编码系统进行数据分类和编码改造,所有的空间数据也都必须同地理基础底图相匹配,同时需要建立统一的数据转换标准,包括各类数据的统一标准格式和相互转换软件。

互联网地图一般由服务器端和浏览器端两部分构成,中间由 Internet 连接。服务器端用于地图数据库的存储、管理和发布,浏览器端用于数据库共享、表达和应用。互联网地图系统的运行机制和过程:浏览器端首先发出信息查询和浏览网络的地图请求,服务器端响应请求,向浏览器端发送所要求的信息,浏览器端收到信息后,进行地图显示、地图制作、地图图例生成、地图投影转换和地图符号选择等操作,完成网络地图传输与信息共享。

4.3.9　智能地图

智能地图制图学是以思维科学作为理论基础,以物联网、云计算和网格计算等作为技术支撑,全面实现地图制图数据获取、处理与服务一体化信息流或流水线的智能优化,以提供基于网格的知识服务为主要服务方式的地图制图学。智能地图主要研究:地图制图学中的思维科学与人工智能,特别是不确定性人工智能理论和方法;基于网格的制图生产信息流或流水线瓶颈问题的整体流程和各个环节的智能化;知识地图(面向程序、面向概念、面向能力、面向社会关系等）的理论、方法、功能和作用，知识地图与一般地图的区别；在线协同式空间数据挖掘与知识发现、知识库与知识中心构建；基于云计算和网格计算的智能化地理信息服务，即插即用、按需服务、柔性重组、服务组合和基础架构即服务（IaaS）、平台即服务（PaaS）、软件即服务（SaaS）、知识即服务（KaaS）的理论与方法。

4.3.10　时空大数据下的地图制图学

在时空大数据下，地图制图学的第一任务是多源（元）异构时空大数据融合。

多源（元）异构时空大数据融合是时空大数据时代给地图制图学带来的新问题。地图制图学再也无须为数据源发愁，但时空大数据的多源异构特征也给地图制图学数据源的处理增加了新的复杂性和困难。这主要表现在来自国内外不同部门、不同行业的时空大数据往往具有多类型、多分辨率（影像）、多时态、多尺度、多参考系、多语义等特点，客观上造成集成应用的时空大数据不一致、不连续的问题十分突出，给地图制图增加了难度，无法快速为国家重大工程和信息化条件下的联合作战提供全球一致、陆海一体、无缝连续的时空大数据服务。因此，如何科学描述、表达和揭示不同类型、不同尺度、不同时间、不同语义和不同参考系统的时空大数据的复杂关系及其相互转换规律，从根本上解决多源异构时空大数据的融合，已成为计算机数字地图制图环境下地图制图学亟待解决的科学技术问题。

近几年来该领域的研究已越来越受到关注和重视，也取得了一些进展，但有待研究解决的问题还很多，发展和提升的空间也还很大。例如：基于不同时空基准的时空大数据的转换一直是各国测绘与地理信息科技界关注的最基本的问题之一，核心是建立不同时空基准之间的转换模型并确定转换参数。不同尺度（比例尺）、不同时间、不同语义时空数据融合的研究刚刚起步，我国"十一五"以来，国家自然科学基金和国家"863"计划已有多个项目支持该领域的研究，主要涉及多尺度空间数据相似性模型及其度量、面状和线状目标的自动匹配等。

时空大数据时代的到来，给地图制图学带来了新的挑战和机遇，地图制图学必将又一次站在新的起点上向更高水平发展。无论是古代地图制图学、近代地图制图学或是现代地图制图学，地图制图学的时空观和方法论都是地图制图学的最根本的问题，只不过是时空大数据时代使我们认识到了这个问题的更加重要性。以哲学视野从整体上研究地图制图学、地图演化论、地图文化及其时空特性等，必将推动地图制图学理论、技术方法和服务模式的变革。

由传统地图制图时代的制图资料整编，到时空计算机数字化地图制图时代的制图数据处理，再到如今时空大数据时代的多源异构时空大数据融合，反映了地图制图学数据（信息）源由单源到多源、由少到多、由简单到复杂的趋势，相应地也驱动了制图数据源处理的理论、方法和技术的不断发展。

时空大数据时代的到来,使地图制图学的科学范式由计算和模拟范式(第三范式)中分离出来进入当前的数据密集型计算范式(第四范式),这是一种以时空大数据计算为特征的地图制图学科学范式。这里的"时空大数据计算",除前述多源异构时空大数据融合外,主要是时空大数据多尺度自动变换、时空大数据分析挖掘与知识发现,以及时空大数据可视化等的理论、方法和技术,最终实现时空大数据价值的最大化。

地图空间认知与地图信息传输是现代地图制图学的基础理论,对地图科技工作的观念转变和更新起了重要作用。然而,当时空大数据时代到来的时候,由于天空地海一体的智能传感器网技术、移动互联网技术、新兴计算技术、人工智能技术等的快速发展,在人类认知自己赖以生存的现实地理世界的科学活动"三要素"(主体要素——科学家、客体要素——科学活动的对象、工具要素——科学活动的手段)中,工具要素处于越来越重要的地位,作用越来越大,开放、动态、多模式、综合的时空感知认知和时空信息传输新模式,必将成为时空大数据时代地图制图学理论的基础研究任务。

4.4　地图制图学机遇与挑战

地图制图学作为一门古老的学科,以表达空间信息的地图作为媒体一员,也必将直面新媒体的机遇和挑战。新媒体地图制图学就是在信息通信技术(ICT)大潮下正在成形的地图制图学新方向。在新媒体时代,地图的多媒体化有了更出色的表现,借助媒体化的计算机网络等通道,实现了地图信息的媒体化、便捷传播和使用。地图制图学的发展迎来了前所未有的历史机遇,包括制图者与终端用户特有的联系,地图与 IT 主流业态的无缝结合、互联网作为数据获取与分发的双向通道、传感器网络与大数据来源的日趋丰富、以地图为中心的工程组织模式、新媒体地图眼球经济对行业的促进等。尽管也面临一些技术发展和集成的难度,但这些变化带来的是无限广阔的前景。如电子墙、电子纸、个人虚拟现实头盔、智能眼镜和其他穿戴式设备等,都为地图制图学的技术发展不断注入新的发展动力。微博地图、微信地图、地图 App 的大量出现就是地图作为一种设计产品在新媒体环境下蓬勃发展的具体体现。

今后大数据的应用,关键是各类大数据的融合、时空大数据挖掘与知识发现,以及建立各种智能化的应用模型与自动生成各种综合评价、预测预报等专题制图软件。这就需要运用地球科学知识,分析与认识自然和人文现象的分布特点、形成机制与时空动态变化规律。所以需要各学科专业人员的参与和配合。正如李德仁院士指出:我们这个行业不缺少地理信息科学家,缺少信息地理科学家,用信息理论和大数据理论来回答人与自然的关系是地理科学的本源。地图制图学将随着时代的脚步而不断向前发展。目前,国内地图学界学术思想比较活跃,对大数据时代的地图学、自适应地图、虚拟地图、智慧地图、隐喻地图、实景地图、全息地图、时空动态地图等地图新概念、新理论进行了不少探讨,这是非常可喜的现象。我们相信经过一个时期的实践和探讨,大数据、互联网和人工智能时代新的地图制图学理论体系一定会建立起来,虚拟地图学、自适应地图学、智慧地图学、全息地图学、互联网地图学等也许将会成为地图制图学的新分支。

4.5 GIS 研究内容及基本构成

4.5.1 研究内容

地理信息系统的研究内容主要体现在三个方面:基本理论研究、技术系统设计和应用方法研究。

具体内容主要包括有关的计算机软、硬件;空间数据的获取及计算机输入;空间数据模型及数字化表达;数据的数据库存储及处理;数据的共享、分析与应用;数据的显示与视觉化;GIS 的项目管理、开发、质量保证与标准化;GIS 机构设置与人员培训;GIS 的网络化等。

GIS 的基本内容可以根据一些相关教程得以了解,以美国地理信息与分析中心 GIS 教学大纲为例,主要包括以下一些部分。

第一部分:GIS 概论。GIS 的定义及历史,作为商品的数据和信息,GIS 的应用潜力实例。

第二部分:GIS 的制图与空间分析概念。空间数据类型,地理参考,地图投影,坐标变换,空间的基本概念,对点、线,面和表面的基本操作。

第三部分:计算机环境下的实现。不同层次信息的数字表达,数据模型(栅格、矢量、面向对象),误差,矢量/栅格辩论,计算机技术的进展。

第四部分:GIS 操作。硬件,数据存储媒介,处理器及处理环境,显示,生产系统举例。

第五部分:GIS 应用。应用领域,全球尺度上的应用,用 GIS 制定决策,项目管理,价格 – 效益分析。

第六部分:机构问题。数据使用权,质量保证与标准,法律意义,GIS 管理,教育和培训。

地理信息系统与测量学、数学、计算机等其他学科的关系十分紧密,深刻地体现了多学科相互结合的特色,如图 4 – 11 所示。

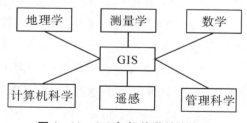

图 4 – 11 GIS 与相关学科的关系

4.5.2　GIS 基本构成

一个实用的 GIS,要支持对空间数据的采集、管理、处理、分析、建模和显示等功能,其基本构成一般包括硬件系统、软件系统、空间数据、应用人员四个方面,如图 4－12 所示。

图 4－12　GIS 构成示意图

1.硬件系统

GIS 的硬件平台用以存储、处理、传输和显示地理信息或空间数据,主要包括 GIS 主机、GIS 外部设备和 GIS 网络设备三个部分,如图 4－13 所示。

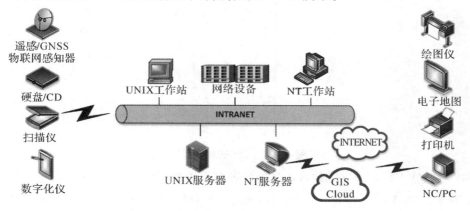

图 4－13　GIS 硬件组成

1）GIS 主机

GIS 主机包括大型、中型、小型机,工作站/服务器和微型计算机,其中各种类型的工作站/服务器成为 GIS 的主流,特别是由 Intel 硬件和 Windows NT 构成的 PC 工作站正成为工作站市场的新宠。NT 工作站成本相对低,具有可管理性,标准图形化平台和 PC 结构以及效率高等特点,广泛应用于 GIS 和某些科学应用领域。服务器作为在网络环境下提供资源共享的主流计算产品,具有高可靠性、高性能、高吞吐能力、大内存容量等特点,具备强大的网络功能和友好的人机界面。

2）GIS 外部设备

GIS 外部设备包括各种输入和输出设备。

输入设备有图形数字化仪、图形扫描仪、数字摄影测量设备等。新一代大幅面图形扫描仪提供高分辨率、真彩色、近乎完美的图像效果，是图形、图像数据录入和采集较为有效的工具。

输出设备有各种绘图仪、图形显示终端和打印机等。

3）GIS 网络设备

基于客户/服务器体系结构，并在局域网、广域网或因特网支持下的分布式系统结构已经成为 GIS 硬件系统的发展趋势，因此网络设备和计算机通信线路的设计成为 GIS 硬件环境的重要组成部分。GIS 网络设备包括布线系统、网桥、路由器和交换机等。

2. 软件系统

GIS 软件是系统的核心，用于执行 GIS 功能的各种操作，主要包括 6 个子系统：数据输入和转换；图形和文本编辑；空间数据操作和分析；数据和图形显示输出；数据库及其管理系统；人机交互界面等。按功能可分为 GIS 专业软件，数据库软件和系统管理软件等，如图 4 － 14 所示。

图 4 － 14　GIS 的软件层次

GIS 专业软件包含了处理地理信息的各种高级功能，可作为其他应用系统的平台，代表产品有美国的 ArcGIS、MapInfo，澳大利亚的 GENAMAP，加拿大的 TITAN/GIS、PCI，国内的有中国地质大学的 MapGIS、北大遥感所的 CITYSTAR、超图的 SuperMap、Skyline 等。一般这些软件都包含有以下的主要核心模块：数据输入和编辑、空间数据管理、数据处理和分析、数据输出、用户界面和系统二次开发能力等。常用的各种大型 GIS 软件所具备的主要性能见表 4 －1 ~ 表 4 －3 所列。

数据库软件除了支持复杂的空间数据管理以外，还包括服务于以非空间属性数据为主的数据库系统，主要有 Oracle、Sybase、Informix、DB2、SQL Server、Ingress 等。

系统管理软件主要是指计算机操作系统，如 MS － DOS、Unix、Windows2000/XP、Windows NT、VMS 等，它们主要关系到 GIS 软件和开发语言使用的有效性。

表 4 - 1　常见 GIS 的项目解决方案对比

项目解决方案	ArcGIS	MapInfo	Skyline	MapGIS	SuperMap
空间数据库技术	ArcSDE/GeoDatabase	MapInfo Spatialware	TerraGate/SFS	MAPGIS - SDE SuperMap SDX	
组件开发平台	MapObjects/ArcObjects	MapX	TerraDeveloper	MAPGIS - SDJ	SuperMap Objicts
桌面数据管理软件	ArcMap	MapInfo	TerraPro	MapGIS（桌面版）	SuperMap Deskpro
数据采集软件	ArcMap	MapInfo	TerraBuilder	MAPSUV 数字测图系统	SuperMap Survey
搭建式开发平台	无	无	无	MAPGIS - BPF	无
数据中心	无	无	无	MAPGIS - DCT	无

表 4 - 2　常见 GIS 的空间数据库引擎对比

项目	ArcGIS	MapInfo	Skyline	MapGIS	SuperMap
技术名称	ArcSDE/GeoDatabase	Spatialware	TerraGate/SFS	MaPGIS SDE	SuperMap SDX
支持的数据库系统	Oracle/DB2/Informix/SQL Server	SQL Server/Oracle/Sybase/DB2/Informix	Oracle/SQL Server	Oracle/SQL Server	Oracle/DB2/SQL Server/Sybase/Kingbase/DM3
是否支持拓扑关系	SDE 不支持 Geodatabase 支持	不支持	支持	支持	支持
是否支持数据压缩	不支持	不支持	支持	支持	支持
跨平台	Windows/Unix/linux	Windows	Windows/linux	Windows	Windows
性能	快速数据访问存储，动态高效空间索引，稳健高效的空间运算能力	较快的数据访问存储能力，较好的空间索引，空间运算能力一般	较快的数据访问存储能力，较好的空间索引，较好的空间运算能力	较快的数据访问存储能力，较好的空间索引，空间运算能力一般	较快的数据访问和存储能力，良好的空间索引但不支持影像动态空间索引，空间运算能力较差

表 4 – 3　常见 GIS 的一些功能对比

产品	ArcGIS	MapInfo	Skyline	MapGIS	SuperMap
二维、三维数据及影像数据的导入、建模	一般	不支持	方便灵活	较好	
可视化显示工具(平移、缩放、旋转)	较好	较好	好	好	好
与其他多种数据格式转换	好	好	好	较好	较好
交互式空间图形编辑(点、线、面、多边形及曲面的添加、编辑、删除、填充等)	好	差	好	好	一般
空间图形的属性管理和编辑	好	好	好	较好	较好

3. 空间数据

空间数据是地理信息系统的重要组成部分,是系统分析加工的对象,也是地理信息系统表达现实世界的经过抽象的实质性内容,一般包括三个方面的内容:空间位置坐标数据,相应于空间位置的属性数据以及时间特征。空间位置坐标数据是指地理实体的空间位置和相互关系;属性数据则表示地理实体的名称、类型和数量等;时间特征指实体随时间发生的相关变化。

根据地理实体的空间图形表示形式,可将空间数据抽象为点、线、面三类元素,数据表达可以采用矢量和栅格两种组织形式,分别称为矢量数据结构和栅格数据结构。

通常,空间数据以一定的逻辑结构存放在空间数据库中,数据库由数据库实体和数据库管理系统组成,数据库实体存储数据文件和大量数据,而数据库管理系统主要对数据进行统一管理,包括查询、检索、增删、修改和维护等。空间数据库是 GIS 的重要组成和应用资源,它的建立和维护是一项很复杂的工作,其技术也在不断地完善中,空间数据库引擎则代表着这一技术的最新进展。

4. 应用人员

GIS 应用人员包括具有地理信息系统知识的高级应用人才;具有计算机知识的软件应用人才;具有较强实际操作能力的软硬件维护人才等,他们的业务素质和专业知识是GIS 工程及其应用成败的关键。

4.6　GIS 的 功 能 与 应 用

GIS 包含了处理地理信息的各种高级功能,但是它的基本功能是数据的采集、管理、处理、分析和输出。GIS 通过空间分析技术、模型分析技术、网络技术、数据库和数据库集成技术、二次开发环境等演绎出各种系统应用功能,满足社会和用户的需求。

4.6.1　GIS 基本功能简介

GIS 软件一般由五部分组成,即空间数据输入管理、数据库管理、数据处理分析、数据输出管理及应用模型等组成,它们之间的关系如图4-15所示。

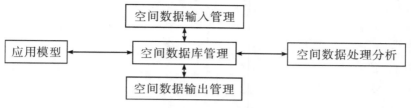

图 4 - 15　GIS 的主要模块

1. 数据采集与编辑

地理信息系统的数据通常抽象为不同的专题或层,数据采集与编辑功能就是保证各层实体的地物要素按顺序转化为平面坐标及对应的代码输入到计算机中,转换成计算机所要求的数字格式进行存储,如图4-16所示。由于空间地理数据具有不同的类型,包括地图数据、影像数据、地形数据、属性数据及元数据等,因此随着数据源种类的不同,输入设备的不同及系统选用数据结构和数据编码的不同,需要采用不同的软件和输入方法。

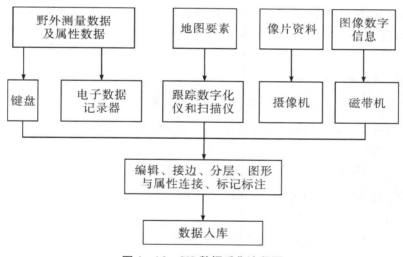

图 4 - 16　GIS 数据采集流程图

2. 数据存储与管理

数据库是数据存储与管理的技术。同一般数据库相比,地理信息系统数据库不仅要管理属性数据,还要管理大量图形数据,以描述空间位置分布及拓扑关系,如图4-17所示。因此,地理信息系统数据库管理功能除了对数据进行采集、管理、处理、分析和输出之外,还需要对空间数据的管理技术,主要包括:空间数据库的定义、数据访问和提取、从空间位置检索空间物体及其属性、从属性条件检索空间物体及位置、开窗和接边操作、数据更新和维护等。

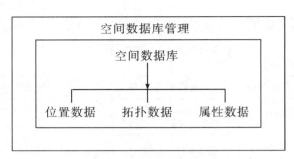

图 4 - 17　空间数据库管理

3. 空间数据处理和变换

GIS 涉及的数据类型多种多样,同种类型数据的质量也可能有很大差异。为了保证数据的规范和统一,建立满足用户需求的数据文件,数据处理便成为 GIS 基础功能之一,其功能的强弱直接影响到地理信息系统应用范围。

空间数据处理涉及的范围很广,一般包括数据变换、数据重构、数据提取等内容。数据变换指数据数学状态变换,包括几何纠正、投影转换和辐射纠正等;数据重构是指数据格式的转换,包括结构转换、格式变换、类型替换等,以实现多源数据和异构数据的联接与融合;数据提取是指对数据进行某种有条件的提取,包括类型提取、窗口提取、空间内插等。

4. 空间数据分析

空间分析是地理信息系统科学内容的重要组成部分,也是评价一个地理信息系统功能的主要指标之一,它可以帮助确定地理要素之间新的空间关系,通过对空间数据的分析提供空间决策信息。

空间分析方法可以分为以下两种类型:① 产生式分析:数字地面模型分析,空间叠合分析,缓冲区分析,空间网络分析,空间统计分析;②咨询式分析:空间集合分析,空间数据查询。

数字地面模型分析包括地形因子的自动提取,地表形态的自动分类,地学剖面的绘制和分析等。

空间叠合分析是在统一空间参照系统条件下,将同一地区两个地理对象的图层进行叠合,以产生空间区域的多重属性特征,或建立地理对象之间的空间对应关系。空间叠合分析包括点与多边形的叠合,线与多边形的叠合,多边形与多边形的叠合三种类型(图 4 - 18)。

缓冲区分析模型是根据分析对象的点、线、面实体,自动建立它们周围一定距离的带状区,用以识别这些实体或主体对邻近对象的辐射范围或影响度,以便为某项分析或决策提供依据。在进行空间缓冲区分析时,通常需将研究的问题抽象为主体、邻近对象和作用条件三类因素来进行分析。

网络是由一个点、线的二元关系构成的系统,用于描述某种资源或物质在空间上的运动,任何一个能用二元关系描述的系统,都可以用图提供数学模型。构成网络的基本元素:结点、链或弧段、障碍、拐角、中心和站点。网络分析方法主要包括路径分析和定位－配置分析(图4－19)。

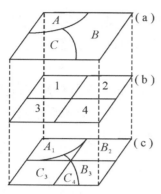

图4－18　空间叠合分析

图4－19　缓冲区分析

空间统计分析主要用于数据分类,很多情况下都需要先将大量未经分类的数据输入信息系统的数据库,然后要求用户建立具体的分类算法,以获得所需信息。因此,数据分类方法成为地理信息系统重要的组成部分。空间统计分析包括变量筛选分析和变量聚类分析两种方法。

空间数据集合分析和查询是指按照给定的条件,从空间数据库中检索出满足条件的数据,以回答用户提出的问题。空间集合分析是按照两个逻辑子集给定的条件进行逻辑运算,结果是"真"或"假";空间数据查询则定义为从数据库中找出所有满足属性约束条件和空间约束条件的地理对象。

5.地理信息系统应用模型

地理信息系统应用模型的作用就是通过一定程度的简化和抽象,通过逻辑的演绎,分析实际复杂的客观问题及过程,去把握地理系统各要素之间的相互关系、本质特征及可视化显示。

地理信息系统应用模型根据所表达的空间对象的不同可分为三类:基于理论化原理的理论模型;基于变量之间的统计关系或启发式关系的模型;基于原理和经验的混合模型。按照对象的瞬时状态和发展过程,可将模型分为静态、半静态和动态三类。

6.地理信息系统产品的输出

GIS产品是指经由系统处理和分析,产生具有新的概念和内容,可以直接输出供专业规划或决策人员使用的各种地图、图像、表格、数据报表或文字说明,输出内容包括空间数据和属性数据两部分,输出介质可以是纸、光盘、磁盘、显示终端等。

4.6.2　GIS 的应用

1. GIS 应用特点

1）GIS 应用领域不断扩大

目前 GIS 的应用领域已发展到 60 多个，主要涉及地质、地理、测绘、石油、煤炭、冶金、土地、城建、建材、旅游、交通、铁路、水利、农业、林业、环保、教育、文化等领域。

2）GIS 应用研究不断深入

早期的 GIS 应用主要用于制图和空间数据库管理，现今的大多数应用都包括了制图模拟，如地图再分类、叠加和简单缓冲区的建立等。新的应用集中体现在空间模拟上，即利用空间统计和先进的分析算子进行应用模型的分析和模拟。

3）GIS 应用社会化

GIS 人才的不断培养，使得 GIS 的用户数量快速增长，呈现社会化应用趋向，成为人们研究、生产、生活、学习和工作中不可缺少的工具和手段。

4）GIS 应用全球化

地理信息系统的应用正席卷全球，在美国、西欧和日本等发达国家，已建立了国家级、洲际之间以及各种专题性的 GIS，GIS 应用的国际化、全球化已成为一种趋势。

5）GIS 应用环境网络化、集成化

在地理信息系统中，有很多基础数据，它们是社会共享资源，如基础地形库，人口、资源库，经济数据库。因此，有必要建立国家及省、市地区级基础数据库。此外，由于各行各业中信息数量的增长，信息种类及其表达的多样化，各种集成环境对地理信息系统的推广应用十分重要，如 3S 集成系统等。

6）GIS 应用模型多样化

GIS 在专业领域中的应用，需开发专业模型，随着专业领域的不断发展，GIS 应用模型也越来越多，既有定量模型，也有定性模型，既有结构化模型，又有非结构化模型。

2. GIS 应用领域概述

地理信息系统又称空间信息系统，因此，与空间位置有关的领域都是地理信息系统的重要研究领域。

1）国土资源管理

国土资源是国家的重要资源，是国民经济和人类生存的基础。国土资源包括土地资源、矿产资源等。由于国土资源一般都与地理空间分布有关，所以国土资源的管理与监测最需要使用地理信息系统技术。

国土资源的种类很多，对国土资源管理与监测的内涵也不尽相同，所以国土资源管理部门需要开发许多不同功能和特点的 GIS 应用系统，包括土地利用监测系统、土地规划系统、地籍管理信息系统、土地交易信息系统、矿产管理信息系统、矿产采矿权交易信息系统等。

2）水利资源与设施管理信息系统

水利资源及其设施的管理也是地理信息系统的重要应用领域。水利资源的管理包括河流、湖泊、水库等水源、水量、水质的管理,水利设施的管理包括大坝、抽排水设施、水渠等的管理,水资源的管理又涉及洪水和干旱监测。

3）基于 GIS 的电子政务系统

电子政务通俗地说就是政务办公信息系统。由于各级政府的许多工作都与地理信息、位置信息有关,所以 GIS 在电子政务系统中具有极其重要的地位,可以说是电子政务信息系统的基础。我国电子政务启动的四大基础数据库中就包含有基础地理空间数据库。在基于 GIS 的电子政务系统中可以进行宏观规划和宏观决策,也可以用于日常办公管理。如国土资源管理、规划信息系统、水利资源与设施管理信息系统均属于 GIS 在电子政务方面的应用范畴。

4）交通旅游信息系统

地理信息系统为大众服务主要体现在交通旅游方面,人们的出行旅游以及空间位置需要位置服务。这种服务可以由网络或移动设备提供,人们可以在网上或移动终端上查找旅行路线,包括公交车换乘的路线和站点等。

地理信息系统目前最广泛的用途是电子地图导航。在汽车上装有电子地图和 GPS 等导航设备,实时在电子地图上指出汽车当前的位置,并根据终点查找出汽车行驶的最佳路径。

5）地理空间信息在数字化战场中的应用

地理信息系统、遥感及卫星导航定位技术在现代化战争中的地位越来越重要。战场的地形环境、气象环境、军事目标等都可以在地理信息系统中表现出来,以建立虚拟数字化战场环境。指挥人员在虚拟数字化战场环境中及时了解战场的地形状况、气象环境状况、敌我双方兵力的部署,迅速作出决策。

4.7　GIS 发展过程、趋势与展望

4.7.1　GIS 的发展过程

地理信息领域的演化和发展是由相关技术、领域范畴、应用需求、服务方式共同推动的。其中第一代地理信息系统在 20 世纪 60 年代到 90 年代称为地理信息系统技术,第二代地理信息系统在 20 世纪 90 年代到 2010 年称为地理信息科学,第三代地理信息系统在 2000 年到 2010 年称为地理信息服务,第四代地理信息系统在 2010 年到 2020 年称为地理信息世界。GIS 的发展过程与演化如图 4 - 20 所示。

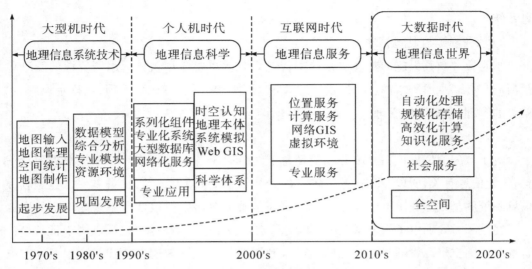

图 4 – 20　GIS 的发展过程与演化

在地理信息系统技术时期,20 世纪 60 年代是地理信息系统的摇篮时期。1963 年,加拿大首次建立了第一个地理信息系统,用于自然资源的管理和规划。这时的地理信息系统特征是和计算机技术的发展水平联系在一起的,同时,许多与地理信息系统有关的组织和机构纷纷建立,成为地理信息系统发展的另一个显著标志,对于传播地理信息系统的知识和发展地理信息系统的技术起到了重要的指导作用。70 年代是地理信息系统蓬勃发展的时期。不同专题、不同规模、不同类型的各具特色的地理信息系统在世界各地纷纷研制,这也给地理信息系统的发展提供了一个机遇。80 年代是地理信息系统普及和推广的应用阶段。随着计算机的迅速发展和普及,地理信息系统的数据处理能力、空间分析能力、人机交互、地图输入、编辑和输出技术也都得到了较大发展,并在全世界范围内全面地推向应用。

在地理信息科学时期,20 世纪 90 年代是地理信息系统应用的大发展时期。随着微机的发展和数字化信息产品在全世界普及,地理信息系统应用已深入到各行各业,成为一种通用的地理信息技术工具。一方面,许多机构逐渐了解了 GIS 的功能,利用 GIS 大大地提高了工作效率和质量;另一方面,社会对 GIS 认识普遍增强,用户需求迅速增加,使得 GIS 应用范围得到扩大。

在地理信息服务时期,2000 年到 2010 年移动互联网、物联网和云计算的不断发展,地理信息系统也正以飞一般的速度快速发展着,逐步由信息产业化向信息服务化过渡,在数字地球已经建立起来的数字框架上,通过互联网将现实世界与数字世界进行有效融合,感知现实世界中人和物的各种状态和变化,由云计算中心进行海量数据的计算与控制,初步能为社会发展和大众生活提供一些智能化的服务。

在地理信息世界时期,地理信息系统的基本框架由数据(动态异构、时空密集、非结构化的"大数据"为主体)、计算(高性能环境支持下的空间处理与分析工具计算)和服务

（个性化服务模式及庞大的地理信息服务网络）三大要素组成。从 2010 年以来,中国 GIS 基础软件的重要技术方向可以总结为 CCTB,即云 GIS 技术(Cloud Computing GIS)、跨平台 GIS 技术(Cross Platform GIS)、新一代三维 GIS 技术(Three Dimension GIS)和大数据 GIS 技术(Big Data GIS)。其中大数据 GIS 技术是对空间大数据进行包括存储、索引、管理、分析和可视化在内的一系列技术的总称,而不是单纯解决某个环节的问题,并能同时具备挖掘和处理传统空间数据和空间大数据的 GIS 基础软件。在一切都可以数据化的世界,在一切数据都可以业务化的时代,以数据为核心驱动力的 GIS 才会更有生命力。

4.7.2　当代 GIS 的进展

当代地理信息系统的技术方面的进展主要表现在组件 GIS、互联网 GIS、三维 GIS、移动 GIS 和地理信息共享与互操作等方面,下面分别予以介绍。

1. 组件 GIS

组件式 GIS 的基本思想是把 GIS 的各大功能模块划分为几个控件,每个控件完成不同的功能。各个 GIS 控件之间,以及 GIS 控件与其他非 GIS 控件之间,可以方便地通过可视化的软件开发工具集成起来,形成最终的 GIS 应用。控件如同一堆各式各样的积木,他们分别实现不同的功能(包括 GIS 和非 GIS 功能),根据需要把实现各种功能的"积木"搭建起来,就构成应用系统。

2. 互联网 GIS

互联网地理信息系统是利用 Web 技术来扩展和完善地理信息系统的一项新技术。由于 HTTP 协议采用基于 Client/Sever 的请求/应答机制,具有较强的用户交互能力,可以传输并在浏览器上显示多媒体数据,而 GIS 中的信息主要是以图形、图像方式表现的空间数据,用户通过交互操作,对空间数据进行查询分析并能下载所需数据。目前有许多网站提供了地图查询功能,如谷歌地图(Google Map,网址:http://maps. google. com)、微软地图(Microsoft MapPoint,网址:http://www. mappoint. com)、百度地图(网址:http://map. baidu. com)、搜狗地图(网址:http://map. sogou. com 或 http://www. go2map. com)等,都提供了在网络地图上查询各种与位置相关信息的功能。图 4－21 是基于 Web 服务的市县级空间数据库集成示例。

3. 多维动态 GIS

传统的 GIS 都是二维的,仅能处理和管理二维图形和属性数据,有些软件也具有 2.5维数字高程模型(DEM)地形分析功能。随着技术的发展,三维建模和三维 GIS 迅速发展,而且具有很大的市场潜力。当前的三维 GIS 主要有以下几种:

(1)DEM 地形数据和地面正射影像纹理叠加在一起,形成三维的虚拟地形景观模型。有些系统可能还能够将矢量图形数据叠加进去,这种系统除了具有较强的可视化功能以外,通常还具有 DEM 的分析功能,如坡度分析、坡向分析、可视域分析等。

图 4 - 21　基于 Web 服务的市县级空间数据库集成示例

（2）真三维 GIS。它不仅表达三维物体（地面和地面建筑物的表面），也表达物体的内部，如矿山、地下水等物体。地质矿体和矿山等三维实体的表面呈不规则状，且内部物质也不一样，难以表现矿体的表面形状并反映内部结构。当前真三维 GIS 还是一个瓶颈问题，虽然推出了一些实用系统，但一般都作了简化。

（3）时态 GIS。传统的 GIS 不能考虑时态。随着 GIS 的普及应用，GIS 的时态问题日益突出。土地利用动态变更调查需要用到时态 GIS。空间数据的更新也要考虑空间数据的多版本和多时态问题。所以时态 GIS 是当前 GIS 研究与发展的一个重要方向。一般在二维 GIS 加上时间维，称为时态 GIS。如果三维 GIS 之上再考虑时态问题，称为四维 GIS 或三维动态 GIS。

4. 移动 GIS

随着计算机软、硬件技术的高速发展，特别是 Internet 和移动通信技术的发展，GIS 由信息存储与管理的系统发展到社会化的、面向大众的信息服务系统。移动 GIS 是一种应用服务系统，其定义有狭义与广义之分。狭义的移动 GIS 是指运行于移动终端（如掌上电脑），并具有桌面 GIS 功能的 GIS 系统，它不存在与服务器的交互，是一种离线运行模式。广义的移动 GIS 是一种集成系统，是 GIS、GPS、移动通信、互联网服务、多媒体技术等的集成，如基于手机的移动定位服务。移动 GIS 通常提供移动位置服务和空间信息的移动查询，移动终端有手机、掌上电脑、便携机、车载终端等。图 4 - 22 是移动 GIS 的应用实例。

图 4 - 22　移动 GIS 的应用实例

5. 地理空间信息服务技术

随着计算机网络技术的发展和普遍应用,越来越多的地理空间信息被送到网络上为大众提供服务,除了传统的二维电子地图数据能够在网上浏览查询以外,影像数据、数字高程模型数据和城市三维数据等都可以通过网络进行浏览查询。如"天地图"运行于互联网、移动通信等网络环境,以门户网站和服务接口两种形式向公众、企业、专业部门、政府部门提供 24h 不间断"一站式"地理信息服务。各类用户通过"天地图"的门户网站或者下载"手机地图"引擎到手机上可以进行基于地理位置的信息浏览、查询、搜索、量算,以及线路规划等各类应用;也可以利用服务接口调用"天地图"的地理信息服务,并利用编程接口(API)将"天地图"的服务资源嵌入到已有的各类应用系统(网站)中,以"天地图"的服务为支撑开展各类增值服务与应用。图 4 - 23 所示为基于互联网的天地图—南京地图,图 4 - 24 为手机上的天地图——南京地图,它们的信息来源都是来自天地图网站的地理信息公共服务平台。

图 4 - 23　基于互联网的天地图—南京地图　　图 4 - 24　手机上的天地图——南京地图

4.7.3 GIS 发展展望

随着计算机和信息技术的发展,GIS 迅速变化着。在未来 10 年内的 GIS 发展用下面几个方面来概括。

1. GIS 标准化

今后 5～10 年是 GIS 界的主要标准制定时期。GIS 发展到能够在各种领域得到广泛的使用,人们不断意识到软件、硬件、数据等要素进行必要的标准化才能实现更有效、广泛地对 GIS 的使用。GIS 的标准化将在国际、国家、省、市、县和机构范围内多层次地进行,其内容可能涉及 GIS 的各个组成部分、各个操作过程、各种数据类型、软件硬件系统等。标准化的真正实现将使人们能在一个共同理解基础上共享信息和资源。GIS 的标准化对于它在国际范围内的推广和使用将起到促进作用,国际标准组织已经专门就地理空间技术从各个方面进行标准化制定和实施。

2. GIS 全球化

网络技术的发展使得世界空间缩小,使人们之间的关系更加紧密;世界经济的发展也在要求人们建立一个更稳定、和谐的环境。在这个环境中,GIS 越来越成为一种有效的工具来帮助人们了解他们所生存和依赖的自然条件状况和社会变化状况。目前,世界各国都在积极地发展和使用 GIS,制定有关地理信息的政策,开展国家的 GIS 项目,例如世界银行和其他的国际信贷组织都要求在它们资助的项目中使用 GIS 来辅助决策。

3. GIS 网络化

目前,对于 GIS 数据的网络传输仍然有一些局限,由于 GIS 的数据通常容量较大,现在网络宽带的能力在中远距离的大量数据传输过程中,速度不够令人满意,这将会是网络技术在 GIS 发展过程中的一个瓶颈问题。网络技术给 GIS 技术的发展带来了更多潜力,但是到目前为止,GIS 软件工业界还没有充分地将这些潜力发挥出来,许多技术在 GIS 领域仍然处于研究和试验阶段,达到商业化、实用化还有一定的距离。技术的发展只有在给人们带来利益时才有真正的价值。网络技术潜力大,但是如何在 GIS 领域得到有效的使用,充分、恰当地发挥出它的潜能仍然是需要人们探索的问题。

4. GIS 大众化

GIS 不仅在国际舞台上已经越来越受到人们重视,甚至在日常生活中也潜移默化地改变着人们的生活。以往人们需要使用地图来定向、定位和导航,而现在地图已经存储在数据库中;从一个地点到另一个地点的最佳路线轻而易举地就可以使用 GIS 系统得到;到一个新地方,不需要再费力寻找餐馆、旅店、娱乐中心、购物中心、银行、旅游景点等,GIS 就是最好的向导。

在未来的几十年内,GIS 也将向着数据标准化(Interoperable GIS)、数据多维化(3D&4D GIS)、系统集成化(Component GIS)、系统智能化(Cyber GIS)、平台网络化(Web GIS)和应用社会化(数字地球 DE)的方向发展。

第 5 章　工程测量学

5.1　概述

5.1.1　工程测量学的发展概况

工程测量学是研究工程建设在设计、施工和管理各阶段中进行测量工作的理论、技术和方法的学科,又称实用测量学或应用测量学。它是测绘学在国民经济和国防建设中的直接应用。

结合现代科技发展及更广意义上的含义,工程测量学可理解为是研究地球空间(地面、地下、水下、空中)具体几何实体的测量描绘和抽象几何实体的测设实现的理论方法与技术的一门应用性学科。

各种学科在不同的发展阶段都有着不同的含义。工程测量学的上述两种定义较深刻地反映了学科在研究内容、理论、技术及服务对象等诸多方面在现阶段的进展。上述两种定义的差别在于:

(1)空间概念不同。前者所描述的目标主要是具体建设的工程,而后者将具体"工程"的概念淡化,使之适用的范围更广。

(2)服务范围不同。测量人员容易受前者中行业条块分割的束缚,不利于测绘市场的开拓,而后者则着重于抽象的工程,对开拓市场、适应经济建设的发展要求有一定的促进作用。

(3)技术要求不同。由于后者的服务范围广,从而对测绘技术的要求有一定的提高。

1. 发展历史

工程测量学是一门历史悠久的学科,是从人类生产实践中逐渐发展起来的。在古代,它与测量学并没有严格的界限。到近代,随着工程建设的大规模发展,才逐渐形成了工程测量学(Engineering Surveying 或 Engineering Geodesy)。

在我国的古代,为了战胜洪水、兴修水利,就曾进行过工程测量工作。例如,中国汉代司马迁的《史记》就有关于夏禹治水(公元前 21 世纪)时的勘测情况的记载。北宋时沈括(1031—1095 年)为了治理汴渠,进行了由京师至泗州八百四十里的高差测量,求得"京师之地比泗州凡高十九丈四尺八寸六分"。1973 年,从长沙马王堆汉墓出土的地图包括了地形图、驻军图和城邑图三种,不仅所表示的内容相当丰富,绘制技术也非常熟练,在颜色使用、符号设计、内容分类和简化等方面都达到了很高水平,是目前世界上发现的最早的地图,这与当时测绘术的发达分不开。在国外,公元前 27 世纪建设的埃及大金字塔,其形状与方向都很准确,这说明当时就已有了放样的工具和方法。公元前 14 世纪,在幼发拉底河与尼罗河流域曾进行过土地边界的划分测量。

工程测量学的发展在很长的一段时间内是相当缓慢的,及至近代,初期所进行的工程测量工作,也大量的是为工程规划设计提供地形资料。直到 20 世纪初,由于西方的第一、二次技术革命和工程建设规模的不断扩大,工程测量学才受到人们的重视,并发展成为测绘学的一个重要分支。以核子、电子和空间技术为标志的第三次技术革命,使工程测量学获得了迅速的发展。20 世纪 50 年代,世界各国在建设大型水工建筑物、长隧道、城市地铁中,对工程测量提出了一系列要求。其总体布置和工程结构都很复杂,施工场地较大,为了确保竣工后的工程质量,对于各个主轴线和细部结构的放样都提出了严格的要求。为此,人们致力于定线放样的方法及其精度分析的研究,形成了施工测量的内容。20 世纪 60 年代,空间技术的发展和导弹发射场建设促使工程测量进一步发展。20 世纪 70 年代以来,高能物理、天体物理、人造卫星、宇宙飞行、远程武器发射等,需要建设各种巨型实验室,从测量精度和仪器自动化方面都对工程测量提出了更高的要求,必须采用特制的仪器设备和拟订专门的测量方法,这就是高精度工程测量。20 世纪末,人类科学技术不断向着宏观宇宙和微观粒子世界延伸,测量对象不仅限于地面而且深入地下、水域、空间和宇宙,如核电站、摩天大楼、海底隧道、跨海大桥、大型正负电子对撞机等。由于仪器的进步和测量精度的提高,工程测量的领域日益扩大,除了传统的工程建设三阶段的测量工作外,在地震观测、海底探测、巨型机器、车床、设备的荷载试验、高大建筑物(电视发射塔、冷却塔)变形观测、文物保护,甚至在医学上和罪证调查中,都应用了最新的精密工程测量仪器和方法。在施工测量发展的同时,由于设计、施工和管理的需要,监视工程建筑物空间位置随时间变化的测量工作(即变形观测)也发展起来,这样就形成了当代工程测量学的全部内容。1964 年,国际测量师联合会(FIG)为了促进和繁荣工程测量,成立了工程测量委员会(第六委员会),从此,工程测量学在国际上作为一门独立的学科开展活动。

从工程测量学的发展历史可以看出,它的发展经历了一条从简单到复杂、从手工操作到测量自动化、从常规测量到精密测量的发展道路,它的发展始终与当时的生产力水平相同步,并且能够满足大型特种精密工程中对测量所提出的愈来愈高的需求。

2. 发展趋势

工程测量学的发展,主要表现在从一维、二维到三维乃至四维,从点信息到面信息获取,从静态到动态,从后处理到实时处理,从人眼观测操作到机器人自动寻标观测,从大型特种工程到人体测量工程,从高空到地面、地下以及水下,从人工量测到无接触遥测,从周期观测到持续测量,测量精度从毫米级到微米级。一方面,随着人类文明的进展,对工程测量学的要求愈来愈高,服务范围不断扩大;另一方面,现代科技新成就,为工程测量学提供了新的工具和手段,从而推动了工程测量学的不断发展。而工程测量学的发展又将直接对改善人们的生活环境,提高人们的生活质量起重要作用。

工程测量的发展趋势和特点可概括为"六化"和"十六字"。"六化":测量内外业作业的一体化;数据获取及处理的自动化;测量过程控制和系统行为的智能化;测量成果和产品的数字化;测量信息管理的可视化;信息共享和传播的网络化。"十六字":精确、可靠、快速、简便、实时、持续、动态、遥测。

展望未来,工程测量学在以下方面将得到显著发展:

(1)工程测量将突破传统土木工程测量的界限,以测绘工程为行业背景,在专业理论、应用技术、服务领域等方面进一步得到拓展,卫星对地观测技术、摄影测量技术、GIS技术等将成为工程测量研究与应用的重要内容。

(2)以三维激光扫描、数码相机、激光雷达等组合设备快速获取研究对象各类信息,从而为工程设计、建设、管理,以及灾害防治等提供快速测绘保障,将得到深入的研究和应用。

(3)GNSS、测量机器人、电子水准仪等数据采集设备在工程测量中得到普遍应用,另外,应用这些设备解决工程问题的集成解决方案将得到进一步的研究和发展。

(4)自动化、智能化的数据处理、管理系统将进一步完善,并进一步与大地测量、地球物理、工程与水文地质以及土木建筑等学科相结合,解决工程建设中以及运行期间的安全监测、灾害防治和环境保护等问题。

5.1.2　工程测量的主要内容

1.按工程建设阶段划分

工程测量按工程建设的规划设计、施工建设和运营管理三个阶段分为"工程勘测""施工测量"和"安全监测",这三个阶段对测绘工作有不同的要求,现简述如下。

1)工程建设规划设计阶段的测量工作

每项工程建设都必须按照自然条件和预期目的进行规划设计。在这个阶段中的测量工作,主要是提供各种比例尺的地形图,另外还要为工程地质勘探、水文地质勘探以及水文测验等进行测量。对于重要的工程(如某些大型特种工程)或在地质条件不良的地区(如膨胀土地区)进行建设,则还要对地层的稳定性进行观测。取得地形资料的方法是在所建立的控制测量的基础上进行地面测图或航空摄影测量。

2)工程建设施工阶段的测量工作

施工建设阶段测量的主要任务是按照设计要求在实地准确地标定建筑物各部分的

平面位置和高程,作为施工与安装的依据。一般也要预先建立施工控制网,然后根据工程的要求进行各种测量工作。这时,首先要将所设计的工程建筑物,按照施工的要求在现场标定出来,即所谓定线放样,作为实地修建的依据。为此,要根据工地的地形、工程的性质以及施工的组织与计划等,建立不同形式的施工控制网,作为定线放样的基础。再按照施工的需要,采用各种不同的放样方法,将图纸上所设计的内容转移到实地。要进行施工质量控制,这里主要是指几何尺寸,例如高大建筑物、构筑物的竖直度,地下工程的断面等。此外,为监测工程进度,测绘人员还要做土方工程量测量,有时还要进行一些竣工测量、变形观测以及设备的安装测量等工作。

3)工程建设运营管理阶段的测量工作

在工程建筑物运营期间,为了监视其安全和稳定情况,了解设计是否合理,验证设计理论是否正确,需要定期对其位移、沉陷、倾斜以及摆动等进行观测。这些工作,就是通常所说的变形观测。对于大型的工业设备,还要进行经常性的检测和调校,以保证设备的安全运行。此外,为了工程的有效管理、维护和日后扩展的需要,还要做竣工测量,建立工程信息系统。

2. 按服务对象划分

工程测量学按所服务的对象分为建筑工程测量、水利工程测量、军事工程测量、海洋工程测量、地下工程测量、工业工程测量、铁路工程测量、公路工程测量、管线工程测量、桥梁工程测量、隧道工程测量、港口工程测量以及城市建设测量等。为各项建设服务的测量工作,各有其特点与要求(个性),但从其基本原理与基本方法来看,又有很多共同之处(共性)。

3. 按工作内容划分

工程测量的主要内容包括:提供模拟或数字的地形资料;进行测量及其有关信息的采集和处理;建筑物的施工放样;大型精密设备的安装和调试测量;工业生产过程的质量检测和控制;各类工程建设物、矿山和地质病害区域的变形监测、机理解释和预报;工程测量专用仪器的研制与应用;与研究对象有关的信息系统的建立和应用等。

1)地形图测绘

在工程规划设计中所用的地形图一般比例尺较小,根据工程的规模可直接使用1:10000至1:100000的国家地形图系列。对于一些大型工程,往往需要专门测绘区域性或带状性地形图,一般采用航空摄影测量。而对于1:2000～1:5000的局部性或带状地形图,则采用地面测量方法进行测绘。在施工建设和运营管理阶段,往往需要测绘1:1000、1:500乃至更大比例尺的地形图、竣工图或专题图,一是满足施工设计和管理的需要,二是满足运营管理需要。竣工图或专题图应与地籍图测绘相结合。各种大比例尺图是工程信息系统或专题信息系统的基础地理信息。

2)控制网布设

为工程建筑物的施工放样、验收及其他测量工作建立平面控制网和高程控制网。首级平面控制网常用高精度测角网、边角网或电磁波测距导线等形式布设,再以插网、插点或导线加密。随着 GNSS 技术的推广和应用,在许多大型工程中已开始采用 GNSS 建立平面施工控制网,并用动态 GNSS 技术进行施工放样工作,这对提高施工测量的效率是十分有益的。首级高程控制网一般为高精度的水准网,然后以较低等级的附合水准路线或结点水准网加密,地形起伏较大时则用电磁波三角高程测量或解析三角高程测量代替适当等级的水准测量。

工程控制网(包括一维、二维和三维网)按用途划分,可分为测图控制网、施工控制网、变形监测网和安装控制网,它们相互之间既有联系又有区别且各具特点。工程控制网不同于国家基本网和城市等级网。在选点、埋标、观测方案设计、质量控制、平差计算、精度分析以及其他与之相关的数据处理等方面都具有自身的鲜明特色。

3)建筑物施工放样

将设计的抽象几何实体放样(或称测设)到实地上去,成为具体几何实体所采用的测量方法和技术称为施工放样,机器和设备的安装也是一种放样。

放样与测量的原理相同,使用的仪器和方法也相同,只是目的不一样。一般采用方向交会法、距离交会法、方向距离交会法、极坐标法、坐标法、偏角法、偏距法、投点法等。除常规的光学、电子经纬仪、水准仪、全站仪外,还有一些专用仪器,目前 GNSS 技术已广泛应用于工程的施工放样、施工机械导航定位和建筑物构件的安装定位等。

主要工作内容:

(1)施工放样及收方。将设计图上建筑物的轴线、细部轮廓点标定到实地,并进行填挖方量的验收测量。一般由基本控制网测设建筑物的主要轴线点和施工控制点,布设成施工方格控制网或放样网,再以极坐标法、直角坐标法、角度或距离交会法等平面放样方法和水准测量、三角高程测量等高程放样方法,测设、检测建筑物轮廓点与立模点、填筑点、开挖点,并随施工进展测绘挖填断面,计算验收完成工作量。

(2)安装测量。如安装闸门、拦污栅、起重轨道、发电机组等金属或混凝土构件以及机电设备进行的测量。安装点位置一般由施工方格控制网或轴线点以直角坐标法或其他方法测定;高程由高程基点以水准测量方法测定。

(3)隧洞贯通测量。一般作业顺序:进行贯通测量设计;建立洞外(地面)平面和高程控制;进行联系测量,布设洞口控制点或通过竖井、斜井、支洞将坐标、方位角和高程传入洞内;敷设洞内基本导线、施工导线和水准路线,并随施工进展而不断延伸;在开挖掌子面上放样,标出拱顶、边墙和起拱线位置,立模后检测;测绘竣工断面。

(4)附属工程测量。为施工服务的附属工程(如铁路、公路、输电线路、通信线路、压力管道等)所进行的测量工作。

4)建筑物竣工测量

工程建设项目竣工验收时所进行的测量工作称为竣工测量,其主要目的是根据控制网点测定已有建筑物的实际位置以及部分建筑物的几何形体,以检验施工质量,为工程的验收、决算、维护等工作提供依据。竣工测量的成果主要包括：竣工总平面图、分类图、辅助图、断面图以及道路曲线元素、细部点坐标、高程明细表等。它们综合反映工程竣工后主体工程及其附属工程的现状，它是今后工程运营管理和维护所必需的基础技术资料，也是工程改建、扩建设计的依据。

5）建筑物变形监测

工程建筑物及与工程有关的变形的监测、分析和预报是工程测量学的重要研究内容。变形分析和预报都需要对变形观测数据进行处理，同时还涉及工程、地质、水文、应用数学、系统论和控制论等学科，属于多学科的交叉领域。变形监测技术几乎包括了全部的工程测量技术，除常规的仪器和方法外，大量地使用各种传感器和专用仪器。

5.1.3 与其他课程的关系

工程测量学与测绘学的各分支学科关系密切。当为大规模工程建设的规划设计进行勘测时，要建立较大面积的平面控制网和高程控制网，就涉及大地测量学的内容，主要包括：几何大地测量中的椭球体部分；国家控制网的建立和应用；物理大地测量学中大地水准面、重力异常、垂线偏差等内容；卫星大地测量学中 GBSS 定位原理及其应用等。在工程规划设计阶段，常常需要用到国家中、小比例尺的地形图系列，就涉及航空摄影测量和地图制图学。为建立工程或专题信息系统，必须以各种比例尺的数字或电子地图为基础地理信息。为适应定线放样和变形观测的需要，不但要研制一些专用的仪器，有时还涉及近景摄影测量的内容。此外，为了使测量工作更好地符合工程建设的要求，在采用仪器和方法时，还应具备有关的工程知识。所以，工程测量工作者必须具备大地测量学、地图制图学、摄影测量与遥感、地理信息系统以及地籍测量与土地管理方面的有关知识。

由于工程测量的服务对象是各种工程，因此，必须具备有关土建工程、机械工程、工程地质、水文地质和环境地质方面的知识，对变形作物理解释需要材料力学、结构力学的有关知识，变形分析与预报还涉及现代系统论乃至非线性科学方面的有关理论。另外，由于测绘工作包含大量的数据处理，因此，测绘人员必须具备较好的高等数学、计算机应用等专业基础知识。

5.2 现代工程测量技术

5.2.1 GNSS 应用技术

GNSS 定位技术的问世，导致了经典大地测量的一场深刻的技术革命，它将替代许多传统的技术与方法，并使测绘科学进入一个崭新的时代。GNSS 技术广泛地应用于导航、测速、时间比对、大地测量、工程勘测、地壳监测、航空与卫星遥感、地籍测量及施工测量等众多的领域，其优越性与应用价值巨大。由 GNSS、GIS、RS 技术集成的"3S"技术，拓宽了信息采集与处理功能,保持了信息的现势性与可靠性。

目前,GNSS 在工程测量中的应用主要有建立控制网、施工放样、变形监测、地形图测绘等。

5.2.2 全站仪应用技术

全站仪是一种集光电、计算机、微电子通信、精密机械加工等高精尖技术于一体的先进测量仪器。用它可方便、高效、可靠地完成多种工程测量工作,具有常规测量仪器无法比拟的优点。图 5-1 为 TCA2003 高精度全站仪。

图 5-1　Leica TCA2003 全站仪

全站仪具有许多独特功能:①具有普通经纬仪的全部功能;②能在数秒内测定距离和坐标值,测量方式分为精测、粗测、跟踪三种;③角度、距离、坐标的测量结果在液晶屏幕上自动显示,不需人工读数、计算,测量速度快、效率高;④测距时仪器可自动进行气象改正;⑤系统参数可视需要进行设置、更改;⑥菜单式操作,可进行人机对话;⑦内存大,一般可储存几千个点的测量数据,能充分满足野外测量需要;⑧数据可录入电子手簿,并输入计算机进行处理;⑨仪器内置多种测量应用程序,可视实际测量工作需要,随时调用。

全站仪作为一种现代大地测量仪器,主要的特点是同时具备电子经纬仪测角和测距两种功能;由电子计算机控制、采集、处理和储存观测数据,使测图数字化、后处理全自动化。全站仪除了应用于常规的控制测量、地形测量和工程测量外,还广泛地应用于地表与地表构筑物的变形测量,如地面沉降、深基坑开挖引起的环境变形、大坝变形以及工业目标的定位与变形测量等方面。

近几年,随着科技的不断进步,新的技术运用在仪器设计上,又使全站仪具有了更高的性能。免棱镜全站仪是其中典型的代表,利用物体的自然表面就可实现测距,且精度都较高。免棱镜全站仪把免棱镜测距技术与传统的全站仪结合在一起,给测量工作带来了很大方便。

5.2.3　电子水准仪应用技术

电子数字水准仪是集电子光学、图像处理、计算机技术于一体的当代最先进的水准测量仪器,它具有速度快、精度高、使用方便、劳动强度低及便于用电子手簿实现内外业一体化的优点,代表了当代水准仪的发展方向。

目前,世界上仅有少数厂家生产电子数字水准仪。1987 年,瑞士 Leica 公司推出第一代电子数字水准仪 NA2000(精度 ±1.5mm/km),在 NA2000 上首次采用数字图像技术处理标尺影像,并以 CCD 阵列传感器取代测量员的肉眼对标尺读数获得成功。这种传感器可以识别水准标尺上的条码分划,并用相关技术处理信号模型,自动显示与记录标尺读数和视距,从而实现水准观测自动化。随后日本 Topcon 公司推出第二代 DL – 101C 型电子数字水准仪(精度 ±0.4mm/km)。近年来,德国 Zeiss 公司推出更高精度的 Dini12/12T 型电子数字水准仪(精度 ±0.3mm/km)。这些仪器广泛应用于施工放样、精密水准测量、建(构)筑物变形监测等工程领域。图 5 – 2 所示为部分电子水准仪。

徕卡DNA03/10　　　蔡司DINI10　　　拓普康DL101/102　　　索佳SDL2

图 5 – 2　部分电子水准仪

电子水准仪是在自动安平水准仪的基础上发展起来的。各厂家的电子水准仪采用了大体一致的结构,其基本构造由光学机械部分、自动安平补偿装置和电子设备组成。

5.2.4　三维激光扫描测量系统

三维激光扫描测量技术是近几年发展起来的一项高新技术,利用这一先进技术,可快速获取特定目标的立体模型。与传统的激光测距技术即点对点的距离测量不同,无合作目标激光扫描技术的发展,为人们在空间信息的获取方面提供了全新的技术手段,使人们从传统的人工单点数据获取变为连续自动获取数据,提高了观测的精度和速度。

三维激光扫描系统主要由三维激光扫描仪和系统软件组成,其工作目标就是快速、方便、准确地获取近距离静态物体的空间三维模型,以便对模型进行进一步的分析和数据处理。三维激光影像扫描仪是一种集成了多种高新技术的新型测绘仪器,采用非接触式高速激光测量方式,以点云形式获取地形及复杂物体的二维表面的列阵式几何图形数据。

三维激光扫描系统的应用与摄影测量大致相同,但激光扫描系统具有精度高,测量方式更加灵活、方便的特点,因此,三维激光扫描可更精密地用来测量古建筑和珍贵文物的三维模型。根据实际工作的应用需要,由模型可以生成断面图、投影图、等值线图等,并可将模型以 Auto CAD 和 Microstation 的格式输出。

　　与近景摄影测量相比,三维激光扫描具有点位测量精度高,采集空间点的密度大、速度快,不需要建立控制点就可以建立 DSM 模型和建筑模型等特点。通过三维激光扫描技术获得的数据必须进行数据的处理过程,处理过程包括三维的影像点云数据编辑,扫描数据拼接与合并,影像数据点三维空间量测,空间数据的三维建模,纹理分析处理和数据转换等。

　　图 5-3 为 Leica 公司的 Cyrax 三维激光扫描系统,它由 Cyrax 2500 激光扫描仪和 Cyclone3.0 系统软件组成。扫描仪最大测距范围为 200m,单点位置测量精度为 66mm。扫描速率为 1 列/s(采样率为 1000 点/列)或 2 列/s(采样率为 200 点/列)。扫描密度每行、每列最多可达 1000 点。图 5-4 为采用 Cyrax 三维激光扫描系统对清华大学校门扫描测量所建立的模型图。

图 5-3　Cyra 三维激光扫描系统　　　　图 5-4　对清华大学校门扫描所建立的模型图

5.2.5　三维工业测量系统

　　工业测量系统是指以电子经纬仪、全站仪、数码相机等为传感器,在计算机的控制下,完成对部件、产品或构筑物的非接触、实时三维坐标测量,并在现场进行测量数据的处理、分析和管理的应用系统。它具有非接触性、实时性和机动性等特点,是测量技术的一个新应用领域,正日渐受到业界人士的关注。工业测量系统的优点主要包括:其装备组成灵活,定向、测量精度高,所需检校时间很短,可通过交会的方式解算得到高精度点位坐标。测角仪器组成的工业测量系统适用于不利于或无法使用专用传感器或摄影测量方法的场合,即适用于目标庞大、结构复杂但待测点稀疏且精度要求较高的场合。结合相关工业测量系统软件,可快速实现以被测物体为参照系进行坐标转换及任意坐标系间的转换;对直线、圆、平面、球面、圆柱面及抛物面等几何元素进行专门计算和处理;可将实际测量值与设计值或早期测量值进行比较;解算各种元素的交会问题。

　　目前,以电子经纬仪或自动全站仪等多个传感器集成和综合应用的三维工业自动测量系统,已广泛应用于汽车、飞机、发电站、核反应堆等工程组装与建设中,并在天线、钻井工程、发射架及冷凝塔等高耸构筑物的监测与校准,以及大型高精度钢结构安装与位移的形变监测等领域得到应用,如图 5－5 ~图 5－7 所示。

1980 年,美国的 Johnson 首次介绍和应用了经纬仪工业测量系统,他最先采用 K&E 公司生产的 DT－1 型电子经纬仪,进行双站系统的工业测量,引起了工业界的注意。随着现代电子经纬仪、全站仪及非地形摄影测量技术的发展和应用,以接触方式为主的传统工业三维坐标测量方法得到了改变,出现了以空间前方交会原理为基础,以电子经纬仪、全站仪及数字摄影相机为传感器的光学三维坐标无接触工业测量系统。世界上一些传统测量仪器生产厂家纷纷将电子经纬仪、全站仪、数字摄影相机及激光跟踪仪等应用到工业测量领域,推出了一大批商品化工业测量系统,逐步形成了对传统工业测量产生深刻影响和变革的新型"工业测量系统"。我国从 20 世纪 80 年代中期起,引进了多套工业测量系统,并在我国测绘、工业和工程部门得到了应用。

图 5－5 三维坐标测量机

图 5－6 汽车外形检测

图 5－7 载人航天飞船安装检测

5.2.6 精密自动导向技术

随着计算机与激光技术、自动跟踪全站仪的发展与使用,精密自动导向技术在我国交通隧道工程、水利工程、市政工程等领域得到了广泛的应用。目前,该技术在国内主要以解决施工过程的监控问题为主,尤其对现代化的施工设备(如盾构掘进机),采用该技术可以准确、实时动态、自动快速地检测地下盾构机头中心的偏离值,保证工程按设计要求准确贯通,达到自动控制的目的。

当前,美国和德国均有不同的系统设计方案。例如:德国旭普林公司(Zublina. G)自动导向系统(简称 TUMA 系统),可用于地下顶管工程的动态导向测量,该系统于 1998 年成功用于上海市过黄浦江底大型顶管工程的动态定位,取得了很好的效果。德国 VMT 公司 SLS - T 自动导向系统,可用于地下工程(地铁)盾构法施工的静态导向测量。该系统成功地用于南京地铁一号线 TA7 标的导向测量,保证了地铁的准确贯通。

TUMA 自动导向测量系统的硬件设备主要由数台(4~5 台)自动驱动的全站仪(I 或 II 级),工业计算机,遥控觇牌(棱镜 RMT),自动整平基座(AD - 12),接线盒和一些附件(测斜仪、行程显示器及反偏设备)等组成,如图 5 - 8 所示。图 5 - 9 为 TUMA 自动导向系统在顶管工程测控中的布置情况。

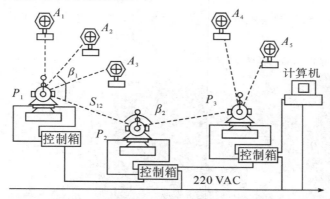

图 5 - 8　TUMA 自动导向系统硬件系统的组成

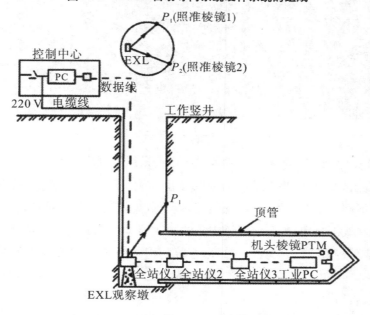

图 5 - 9　TUMA 自动导向系统安装和连接

5.2.7 施工测量信息管理系统

大型工程的施工质量关系到工程本身是否能够正常运行,而施工测量是工程施工的先导性工作,施工测量的效率和质量直接影响到工程的整体进度和质量。因此,建立一套先进的施工测量信息管理系统,对于保证工程的施工质量具有重要意义。系统不仅能对施工测量数据实行高效的管理,而且能为工程管理人员提供高效、科学的数据分析工具,为工程施工管理的科学化、现代化奠定基础。

管理信息系统经过近半个世纪的发展,正朝着自动化、集成化、智能化和开放化等方向发展。针对大型工程的施工测量信息管理系统在20世纪80年代才有所发展,比如煤矿测量信息管理系统、大坝施工测量信息管理系统以及高速公路施工测量信息管理系统等。在国内,目前专门的大型工程施工测量信息管理系统已经有一定的发展,主要集中在大坝、煤矿、高速公路、城市地铁等方面。图5-10为某大型桥梁工程施工控制点可视化信息查询界面。

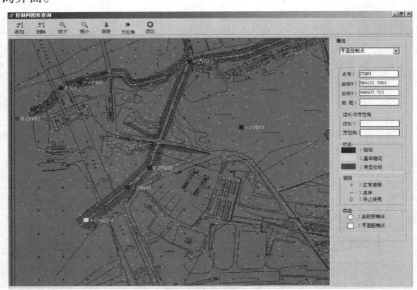

图5-10 控制点信息查询示例

现阶段,城市建设工程测量信息管理系统已经采用了网络技术、数据库计算以及GIS等技术,系统主要管理建筑物施工前的放线测量和竣工后的验收测量、地下管线竣工验收测量,道路、河网工程的放线及竣工验收测量等数据资料。在工程验收时,可以调出需要验收的工程放线测量图,由系统对该工程的验收测量结果和放线测量情况进行叠加对比,自动判断该工程验收的合格性。另外,系统利用网络技术,实现了对测量数据的远程调用及处理。

煤矿测量信息管理系统在国内也得到了较好的发展,此类型的系统一般都是基于C/S结构,运用了数据可视化技术,从而能够配置常用的测量图件。

高速公路施工测量信息管理系统根据工程施工的特点,使用数据可视化技术、数据库技术等,对测量信息进行了有效的管理。

随着计算机技术的不断发展,测量数据处理及管理的新方法、新理论也在不断出现,工程测量信息管理系统将有更为广阔的发展前景。

<h2>5.3　工程测量典型实例</h2>

5.3.1　三峡水利枢纽工程施工测量

三峡水利枢纽工程位于西陵峡中段的湖北省宜昌市境内的三斗坪,距下游葛洲坝水利枢纽工程 38km。三峡大坝工程包括主体建筑物工程及导流工程两部分,工程总投资为 954.6 亿元人民币。工程施工总工期自 1993 年到 2009 年共 17 年,分三期进行,到 2009 年工程全部完工。大坝为混凝土重力坝,坝顶总长 3035m,坝顶高程 185m,正常蓄水位 175m,总库容 $393 \times 10^8 m^3$,其中防洪库容 $221.5 \times 10^8 m^3$,能够抵御百年一遇的特大洪水。配有 26 台发电机的两个电站年均发电量 $849 \times 10^8 kW \cdot h$。三峡水利枢纽工程由于其范围广、规模大、项目多,测量精度要求高,采用现代化的作业方式,因此,在施工过程中采用了许多先进的测绘技术。

1. GPS 技术在三峡工程大江截流中的应用

在三峡工程二期围堰大江截流施工项目中,水下平抛垫底回填工程量大,围堰进展过程中流量大、流速大、落差大、水深等问题都说明二期围堰大江截流施工技术含量高,因此,水下地形测量的任务也特别繁重。在此情况下,运用 GPS 技术实施围堰控制测量及水下地形测量较好地解决了这一问题。

(1)用静态 GPS 测量系统实施施工控制测量。施测 GPS 控制网依然按选点、埋标、观测、平差计算的过程进行。选点主要考虑控制点能方便施工放样,其次是精度问题,尽量构成等边三角形,不必考虑点与点之间的通视问题。

在图 5 - 11 中,中堡岛和镇江塥为已知三等控制点,SX03、SX04、SX05、SX06 为测点。SX07 ~ SX14 分别位于上下游围堰戗堤轴线和石渣堤轴线附近,用于安装激光指向仪,方便夜晚施工时指向。SX07 ~ SX14 各点坐标主要利用 SX03 ~ SX06 各控制点用极坐标法测出。

(2)用实时差分 GPS 测量系统实施水下地形测量。差分 GPS 之所以能获得高精度的定位数据,是因为首先需在已知坐标的地方设一基准(固定)站,用 GPS 接收卫星信号监测 GPS 的系统误差,并按规定的时间间隔,定时地把误差校正量等数据通过无线数据链播发出去,然后,移动台利用收到的信息,对 GPS 观测值进行校正,以消除星历误差、星钟误差、大气延迟误差等公共误差,以获得高精度的位置数据。移动台的计算机采集 GPS 接收机的位置数据和测深仪的水深数据,起到导航和记录数据的作用。计算机记录的数据经后处理,可数字化成图。

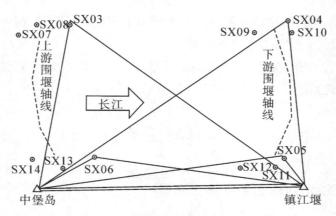

图 5 – 11　二期围堰加密施工控制网略图

三峡工程大江截流世人瞩目,大量真实准确的测绘资料为大江截流的顺利实施提供了必要的保障,而成功地运用 GPS 技术实施控制测量和水下地形测量则是高新技术运用于测绘方面的具体体现,它不仅在三峡工程大江截流中起到了重要的作用,而且将会更广泛地运用于水电工程施工的其他领域。

2. 三峡主体工程施工控制测量

三峡水利枢纽主体工程主要包括泄洪坝段、导墙坝段及导墙、厂房坝段的基础开挖和砼浇筑。其中位于基坑的泄洪坝段是三峡水利枢纽的关键工程之一,对施工控制网点的精度也提出了相当高的要求。测区上下游围堰之间和左右横向间的距离有 1100m,上下游围堰顶部高程分别为 88.5m 和 81.5m,坝顶设计高程为 185m,基坑坝段基岩最低高程为 – 2m,左导墙设计最低高程为 – 8m。

基坑加密控制网是在三峡工区首级控制网下布设加密控制网(点),实行二级控制。自基坑抽水开始后,三峡主体工程进入大规模施工阶段,为保证施工的质量、进度和测量精度,主要采用测边网(在此基础上同时布设光电测距三角高程导线),辅以 GPS 静态测量(基线向量法)、三边交会等方法,在主体工程基坑范围分阶段组织了多次施工加密控制网(点)的施测。为各部位的施工测量提供及时准确地控制成果,为三峡工程的顺利施工提供强有力的测绘保障。

5.3.2　港珠澳大桥施工测量技术

港珠澳大桥海中桥隧工程起自香港大屿山石散石湾,经香港水域,穿(跨)越珠江口,止于珠海/澳门口岸人工岛,总长约 35.6km,其中粤港澳三地共同建设的主体工程长约 29.6km,由东、西人工岛、约 6.7km 长的海底隧道及总长约 22.9km 的桥梁组成。该桥具有跨海距离长(超过 30km)、工程规模大、建设条件复杂、结构多样、技术难度大、施工周期长、地理位置特殊及政治意义重大等突出特点,海底隧道采用沉管法施工,管节沉放及水下对接的难度大、精度要求高。因此,其主体工程建设期间的测量工作更加复杂、技术难度更大。

1. 高精度测量基准的建立与维护

港珠澳大桥主体工程测量基准由首级控制网和在此基础上逐级加密建成的首级加密网及一、二级施工加密网组成。工程建设期间，测控中心将对首级控制网进行一年一次的复测，对测量基准进行持续的维护和管理，以确保其稳定性、可靠性和准确性，满足工程施工的需要。首级控制网集成了 GNSS 卫星定位、精密水准测量、高精度跨江三角高程测量、现代重力场、精化大地水准面及工程坐标系等测绘及相关学科的先进技术和方法，是长距离跨海桥隧工程高精度控制网的典型范例。主要的关键技术成果如下：

（1）首级 GNSS 平面控制网由 14 个首级 GNSS 控制点和 3 个 GNSS 连续运行参考站构成，按国家 B 级 GNSS 网精度施测，采用科学先进的数据处理方法，获得了高精度的坐标成果，统一了港、珠、澳三地的坐标基准。

（2）首级高程控制网由 59 个一等水准点和 52 个二等水准点构成，一等水准路线总长约 260 km，二等水准路线总长约 100km，实施了多处跨江（海）高程传递测量，获得了高精度的高程成果，统一了港、珠、澳三地的高程基准。

（3）设计和建立了满足主体工程建设要求的港珠澳大桥工程坐标系，研究和确立了工程坐标系与 WGS–84 坐标系、1954 北京坐标系、1983 珠海坐标系、香港 1980 方格网及澳门坐标系之间精确的坐标转换模型。

（4）依据最新的地球重力场理论和方法，建立了高精度的港珠澳大桥地区的局部重力似大地水准面，与 GNSS 水准联合求解后，获得了高精度的似大地水准面成果。

2. GNSS 连续运行参考站系统

港珠澳大桥 GNSS 连续运行参考站系统（HZMB–CORS）由 3 个参考站、1 个监测站和 1 个数据中心构成，参考站分布图（图 5–12）。该系统包括参考站网子系统、数据中心子系统、数据通信子系统、用户服务子系统和实时监测子系统共 5 个子系统。参考站的 GNSS 观测数据首先通过专线通信网汇集到数据中心，在中心服务器上使用 GPSNet 软件进行数据统一解算和原始数据存储，并通过 GPRS/CDMA 网络向流动站用户 GNSS 接收机发送差分数据，提供厘米级的实时定位服务。同时，在珠海野狸岛和香港虎山两个参考站上架设无线电台，发送传统的差分信号，作为网络 RTK 的一种辅助方式，为流动站用户提供常规 RTK 定位服务。

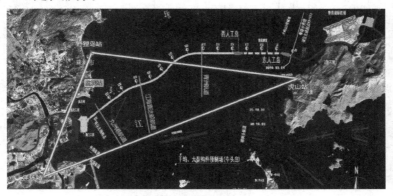

图 5–12　HZMB–CORS 系统参考站分布示意图

港珠澳大桥 GNSS 连续运行参考站系统(HZMB - CORS)是我国首个独立的基于 VRS 的工程 CORS,也是首个用于工程施工的跨境 CORS。相对于国内其他 CORS 系统而言,该系统的技术特点如下:

(1)系统设计合理,使用了先进的仪器设备和参考站网系统软件,其性能稳定、可靠。网络 RTK 定位精度:平面优于 ±2cm,高程优于 ±3cm。系统的总体技术处于国内领先水平。

(2)采用高精度 GNSS 数据处理软件,优化数据处理方法,应用精化大地水准面模型,有效地提高了系统实时定位的高程精度。

(3)建立了系统监测站,研发了专门的系统监测软件,实现了对系统精度和可靠性的实时监控。

(4)系统具有数据自动采集和传输、远程监控和报警等自动化功能,系统的数据安全性能良好。

(5)建立了基于 HZMB - CORS 参考站的工程坐标基准,确定了 WGS - 84 坐标系到 1954 北京坐标系、桥梁工程坐标系和隧道工程坐标系的实时定位坐标转换参数。

3. 测绘信息管理系统

港珠澳大桥主体工程建设期间产生的测绘资料(信息)形式多样、内容丰富、信息量较大,参建单位多,施工测量协调管理难度大。为了提高施工测量管理的效率和质量,测控中心负责建立了一个具备测绘信息管理、测量业务流转、测量计算及统计分析功能的工程测绘信息管理系统——港珠澳大桥测绘信息管理系统(HZMB - SMIS)。

图 5 - 13 所示 HZMB - SMIS 由五大功能模块组成。信息管理模块能够安全、有序、集中地保存施工测量资料,使复杂、庞大的测量数据不丢失、不被闲置,实现测绘资料的

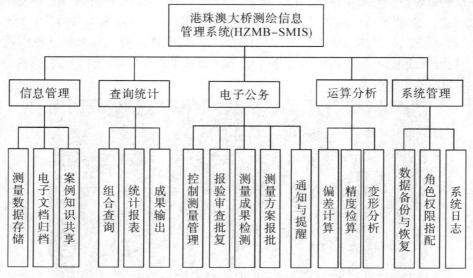

图 5 - 13 HZMB - SMIS 的总体功能结构

信息化管理;查询统计模块用于对测绘数据的及时分析和高效处理,辅以各类统计图形、报表的可视化输出,满足工程使用的需要;电子公务模块是对测量信息的传递、报送、抽查、审批等现实工作流程的信息化模拟,也是实现无纸化办公的重要途径;运算分析模块针对测量放样、竣工检测和变形监测数据,按照一定模型进行分析预测,以辅助管理者决策;系统管理模块是系统角色权限指配、数据备份恢复、日志查询等系统管理工作的工具,保障系统的正常和安全运行。

5.3.3　秦山核电站重水堆工程控制测量

1. 工程概况

秦山核电站重水堆工程是"九五"重点工程。它的首级精密工程控制网是为核电站建设中各项工程服务的,既要满足核电站主体工程建设需要,也要满足核电站前期工程的需要,如土方工程、道路工程和大型贯通工程等。

2. 施工控制网的建立

根据有关规范规定和工程建设要求,布设完全边角网,按二等控制网要求观测。全网长约1.5km,宽约1.0km,设置控制点15个,最长边1070m,最短边85m,平均边长350m;最大角度209°10′,最小角度0°59′。整个控制网的特点:点位多数根据工程需要布设,点位极不均匀,边长、角度相差悬殊,网形很不标准,如图5-14所示。

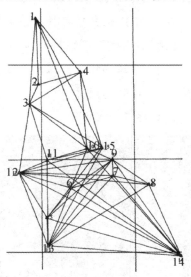

图5-14　秦山核电站重水堆电站二等工程控制网略图

秦山核电站重水堆精密工程控制网的布设,以满足各项工程施工放样的要求和进一步加密需要为原则,为此采用以下的建网方法:

(1)每一个控制点至少能与一个以上的点通视,以便定向和检核。

(2)为了使所设计的平面控制网达到二等点位精度,在顾及地形条件、工程需要、便于保存和充分利用先进仪器设备的前提下,布设完全边角网。

（3）控制点均建立钢筋混凝土观测墩,全部配强制归心装置。点位除了通视和便于使用外,还必须注意地质构造稳定,将观测墩埋设在稳定的岩石上,观测墩下部设水准点,上部做定向目标。

（4）边长测量采用 wild 厂的 DI2002 测距仪,测距精度 $\pm 1mm + 1 \times 10^{-6}D$。

（5）测角采用 wild 厂 T2002 电子经纬仪,测角精度为 $\pm 0.5''$。水平方向采用全圆测回法施测 6 测回,测角中误差为 $\pm 1.27''$。

（6）在平差计算前,对各测距边进行气象、加常数、乘常数、周期误差等项改正和倾斜改正,并将边长投影至 11.5m 施工高程面。

平差后,平面网单位权中误差为 $\pm 4.5mm$,高程网单位权中误差为 $\pm 5.4mm$。边长改正数小于 $\pm 1mm$ 的有 38 条边,大于 $\pm 1mm$ 的仅有 16 条边;观测角改正数均在 $\pm 1''$ 以下;高差改正数绝大多数在 $\pm 3mm$ 以内。

5.3.4　国家体育馆施工测量

国家体育馆位于奥林匹克公园中心区南部,是 2008 年第 29 届奥林匹克运动会三大主场馆之一,奥运会期间主要进行体操比赛、手球决赛和轮椅篮球比赛。国家体育馆在建筑空间上划分为两个大厅,即由比赛场地、看台和休息大厅构成的空间和热身场地空间。建筑总面积为 80890 m^2。体育馆主体结构采用钢筋混凝土框架—剪力墙与型钢混凝土框架—钢支撑相结合的混合型结构体系。结构外围由 78 根型钢柱、437 根型钢梁、278 组钢支撑组成;柱间距 8.5m,柱高 22.940 ～ 37.133m,柱顶南北向呈流线型;在角部的柱自下而上布置柱间钢支撑,支撑长度均超过 10m,最长达 15.17m;柱型钢截面主要为十字和王字型,型钢截面为 H 型,如图 5 - 15 所示。

图 5 - 15　国家体育馆主体结构图

由于型钢柱规格形状和节点复杂,还有多道斜撑梁和横联梁,并与其他部分关系复杂,连接很多,特别是屋顶大跨度钢结构顶棚及大型室外装饰钢架、大型特种幕墙结构均通过埋件与之相连,而埋件是直接焊于型钢柱中的型钢侧面或顶面,因此安装时对钢构件平面位置和标高控制要求很高。

1. 首级控制网的建立

根据先整体后局部、高精度控制低精度的施工测量工作原则,准确地测定并保护好场地平面控制网和高程控制网,是整个工程中各细部定位和确定高程的依据,是保证整个工程施工测量精度与分区、分期施工相互衔接顺利进行工作的基础。结合该工程网结构安装总体精度要求,采用三级平面控制和两级高程控制与安装监测相结合的施工测量方法。为满足钢结构安装施工精度要求,其中首级控制网和轴线控制网的相对精度分别达到 1/15000 和 1/12000,施工细部放线相对精度达到 1/5000;高程控制网精度达到三等水准线路要求。

2. 轴线控制格网的建立

依据逐级控制原则,建立轴线格网。该工程据实际情况共分成了 15 个施工区段,为准确、及时地在各个施工区段进行细部放样,在平面控制网的基础上,进行加密建立轴线控制格网。保证每个施工区段内都有一“井”字形轴线控制格网,做到既有放样条件,又有多余观测,步步有复核。为便于测量放样操作和施工使用,将轴线平移 1m,建立控制格网。

当施工至首层时,将主要轴线投测到顶板面上,特别是主场馆的中轴控制线,根据坐标测设出中心点的位置,并将中轴十字线测在比赛场地底板上,作为体育馆的内控点,向四周看台可以使用极坐标放样。

3. 施工细部放线

在轴线控制格网基础上,使用全站仪和 2″经纬仪引测出建筑物各细部轴线,然后预检各轴线的尺寸相对精度是否达到 1/5000 以上,纵横网轴线是否垂直、平行,若未达到精度要求,则必须调整定位轴线。

螺栓平面位置控制,首先用 2″级经纬仪利用轴线将地脚螺栓纵横十字线投测到柱基混凝土底板面上,然后用检定钢尺实测地脚螺栓间距。螺栓标高控制,首先用 S3 水准仪将标高引测到螺栓所在柱子钢筋侧面上,并用红油漆画出三角来控制螺栓标高,地脚螺栓安装标高于标高控制线差值小于 1 mm。

型钢柱安装位置放样,地下部分依据轴线控制格网中的外控点,采用 2″级经纬仪或全站仪进行加密测量,放出每一型钢柱的位置十字线,相邻型钢柱间距误差小于 2 mm,相对精度达到 1/5000。地上部分依据轴线控制网中的中轴十字线,采用全站仪,使用级坐标方法进行放样,同样可以达到精度要求。

5.4 变形监测技术与应用

5.4.1 基本概念

对建筑物及其地基、滑坡、地面沉降、断层活动等由于荷重、材料老化、结构破损、地质条件变化等外界因素引起的各种变形(空间位移)的测定工作称为变形监测。其目的在于了解建筑物的稳定性,监视它的安全情况,研究变形规律,检验设计理论及其所采用的计算方法和经验数据,是工程测量学的重要内容之一。

工程建筑物的变形监测是随着工程建设的发展而兴起的一门年轻学科。改革开放以后,我国兴建了大量水工建筑物、大型工业厂房和高层建筑物,由于工程地质、外界条件等因素的影响,建筑物及其设备在运营过程中都会产生一定的变形。这种变形常常表现为建筑物整体或局部发生沉陷、倾斜、扭曲、裂缝等。如果这种变形在允许的范围之内,则认为是正常现象。如果超过了一定的限度,就会影响建筑物的正常使用,严重的还可能危及建筑物的安全。

不均匀沉降还会使建筑物的构件断裂或墙面开裂,使地下建筑物的防水措施失效。因此,在工程建筑物的施工和运营期间,都必须对它们进行变形监测,以监视建筑物的安全状态。此外,变形观测的资料还可以验证建筑物设计理论的正确性,修正设计理论上的某些假设和采用的参数。

引起建筑物变形的原因有外部原因和内部原因两个方面。外部原因主要有建筑物的自重、使用中的动荷载、振动或风力等因素引起的附加荷载、地下水位的升降、建筑物附近新工程施工对地基的扰动等等。内部原因主要有地质勘探不充分、设计错误、施工质量差、施工方法不当等。分析引起建筑物变形的原因,对以后变形监测数据的分析解释是非常重要的。

总之,建筑物变形监测的主要目的包括以下几个方面:

(1)分析评估建筑物的安全程度,以便及时采取措施,设法保证建筑物的安全运行。

(2)利用长期的观测资料验证设计参数。

(3)反馈工程的施工质量。

(4)研究建筑物变形的基本规律。

变形监测与常规的测量工作相比较具有以下特点:

(1)重复观测。变形监测的主要任务是周期性地对观测点进行重复观测,以求得其在观测周期内的变化量。为了最大限度地测量出建筑物的变形特征,减小测量仪器、外界条件等引起的系统性误差影响,在做每一次观测时,测量的人员、仪器、作业条件等都应相对固定。

(2)网形较差而精度要求较高。变形监测的各测点是根据建筑物的重要性及其地质条件等布设的,因此,测量人员无法按照常规测量那样考虑测点的网形。另外,变形监测的精度一般较高,这给测量工作带来一定的困难。

（3）各种观测技术的综合应用。在变形监测工作中,需要用到多方面的测量技术,常用的测量技术包括:常规大地测量方法,如三角网、水准测量等;专门的测量方法,如基准线测量、倾斜仪观测、应力/应变计测量等;自动化观测方法,如坐标仪测量、液体静力水准测量、裂缝计观测等;摄影测量方法,主要用于高边坡、滑坡等的监测;其他新技术的应用,如 GNSS、三维激光扫描、光纤、测量机器人、InSAR 等。

（4）监测网着重于研究点位的变化。变形监测工作主要关心的是测点的点位变化情况,而对该点的绝对位置并不过分关注,因此,在变形监测中,常采用独立的坐标系统。

不同用途的建（构）筑物,变形监测的要求有所不同。对于工业与民用建筑物,主要进行沉陷、倾斜和裂缝的观测,即静态变形观测;对于高层建筑物,还要进行震动观测,即动态变形观测;对于大量抽取地下水及进行地下采矿的地区,则应进行地表沉降观测;对于大型水工建筑物,例如:混凝土坝,由于水的侧压力,外界温度变化,坝体自重等因素的影响,坝体将产生沉降、水平位移、倾斜、挠曲等变化,因而需要进行相应内容的变形观测。对于某些重要建筑物,除了进行必要的变形监测外,还需要对其内部的应变、应力、温度、渗压等项目进行观测,以便综合了解建筑物的工作性态。

变形监测的测量点,一般分为基准点、工作点和变形观测点三类。

（1）基准点。基准点为变形观测系统的基本控制点,是测定工作点和变形点的依据。基准点通常埋设在稳固的基岩上或变形区域以外,尽可能长期保存,稳定不动。每个工程一般应建立 3 个基准点,当确认基准点稳定可靠时,也可少于 3 个。沉降观测的基准点通常成组设置,用以检核工作基准点的稳定性。其检核方法一般采用精密水准测量的方法。位移观测的工作基准点的稳定性检核通常采用三角测量法进行。在基准线观测中,常用倒锤装置来建立基准点。

（2）工作点。工作点又称工作基点,它是基准点与变形观测点之间起联系作用的点。工作点埋设在被研究对象附近,要求在观测期间保持点位稳定,其点位由基准点定期检测。

（3）变形观测点。变形观测点是直接埋设在变形体上的能反映建筑物变形特征的测量点,又称观测点,一般埋设在建筑物内部,并根据测定它们的变化来判断这些建筑物的沉陷与位移。对通视条件较好或观测项目较少的工程,可不设立工作点,在基准点上直接测定变形观测点。

5.4.2　变形监测的精度和周期

1. 变形监测的精度

在制定变形观测方案时,首先要确定精度要求。如何确定精度是一个不易回答的问题,国内外学者对此做过多次讨论。在 1971 年国际测量工作者联合会（FIG）第十三届会议上工程测量组提出："如果观测的目的是为了使变形值不超过某一允许的数值而确保建筑物的安全,则其观测的中误差应小于允许变形值的 1/20 ~ 1/10;如果观测的目的是为了研究其变形的过程,则其中误差应比这个数小得多。"

变形监测的目的大致可分为三类。第一类是安全监测,希望通过重复观测及时发现建筑物的不正常变形,以便及时分析和采取措施,防止事故的发生。第二类是积累资料,对大量不同基础形式的建筑物所做沉降观测资料的积累,是检验设计方法的有效措施,也是以后修改设计方法制定设计规范的依据。第三类是为科学试验服务。它实质上也可能是为了收集资料,验证设计方案,也可能是为了安全监测。只是它是在一个较短时期内,在人工条件下让建筑物产生变形。测量工作者要在短时期内,以较高的精度测取一系列变形值。

显然不同的目的所要求的精度不同。为积累资料而进行的变形监测精度可以低一些,另两种目的要求精度高一些。由于大坝安全监测的极其重要性和目前测量手段的进步,加上测量费用所占工程费用的比例较小,所以,变形监测的精度要求一般较严。现将我国《混凝土大坝安全监测技术规范》有关变形监测的精度列于表 5 – 1,表 5 – 2 为建筑物变形监测的等级及精度要求。

表 5 – 1　混凝土大坝变形监测的精度

项　　目				监测精度
变形监测控制网				±1.4mm
水平位移	坝 体	重 力 坝		±1.0mm
		拱 坝	径 向	±2.0mm
			切 向	±1.0mm
	坝 基	重 力 坝		±0.3mm
		拱 坝	径 向	±0.3mm
			切 向	±0.3mm
坝体、坝基垂直位移			坝体	±1.0mm
			坝基	±0.3mm
坝体、坝基挠度				±0.3mm
倾 斜	坝　　体			±5.0″
	坝　　基			±1.0″
坝体表面接缝与裂缝				±0.2mm
坝基、坝肩岩体内部变形				±0.2mm
近坝区岩体和高边坡	水平位移			±2.0mm
	垂直位移			±2.0mm

（续表）

项　目		监测精度
滑坡体	水 平 位 移	±3.0mm（岩质边坡） ±5.0mm（土质边坡）
	垂 直 位 移	±3.0mm（岩质边坡） ±5.0mm（土质边坡）
	裂　　缝	±1.0mm
渗流	渗流量	±10%满量程
	量水堰堰上水头	±1.0mm
	绕坝渗流孔、测压管水位	±50mm
	渗透压力	±0.5%满量程

表 5-2　建筑物变形测量等级及精度

变形测量等级	沉降观测 观测点测站高差中误差/mm	位移观测 观测点坐标中误差/mm	适用范围
特等	≤0.05	≤0.3	特高精度要求的变形测量
一等	≤0.15	≤1.0	地基基础设计为甲级的建筑的变形测量；重要的古建筑、历史建筑的变形测量；重要的城市基础设施的变形测量等
二等	≤0.50	≤3.0	地基基础设计为甲、乙级的建筑的变形测量；重要场地的边坡监测；重要的基坑监测；重要管线的变形测量；地下工程施工及运营中的变形测量；重要的城市基础设施的变形测量等
三等	≤1.50	≤10.0	地基基础设计为乙、丙级的建筑的变形测量；一般场地的边坡监测；一般的基坑监测；地表、道路及一般管线的变形测量；一般的城市基础设施的变形测量；日照变形测量；风振变形测量等
四等	≤3.0	≤20.0	精度要求低的变形测量

注：1. 沉降监测点测站高差中误差：对水准测量为其测站高差中误差；对静力水准测量、三角高程测量为相邻沉降监测点间等价的高差中误差。

　　2. 位移监测点坐标中误差：监测点相对于基准点或工作基点的坐标中误差、监测点相对于基准线的偏差中误差、建筑上某点相对于其底部对应点的水平位移分量中误差等。坐标中误差为其点位中误差的$\sqrt{2}$倍

2. 变形监测的周期

变形测量的时间间隔称为观测周期,即在一定的时间内完成一个周期的测量工作。根据观测工作量和参加人数,一个周期可从几小时到几天。观测速度要尽可能的快,以免在观测期间某些标志产生一定的位移。

观测周期与工程的大小、测点所在位置的重要性、观测目的以及观测一次所需时间的长短有关。一般可按荷载的变化或变形的速度来确定。

如果按荷载阶段来确定周期,建筑物在基坑浇筑第一方混凝土后就立即开始沉陷观测。在软基上兴建大型建筑物时,一般从基坑开挖测定坑底回弹就开始进行沉陷观测。一般来说,从开始施工到满荷载阶段,观测周期约为 10~30 天,从满荷载起至沉陷趋于稳定时,观测周期可适当放长。具体观测周期可根据工程进度或规范规定确定。表 5-3 为大坝变形监测的周期要求。

表 5-3　大坝变形监测周期

变形种类	水库蓄水前	水库蓄水	水库蓄水后 2~3 年	正常运营
混凝土坝:				
沉陷	1 个月	1 个月	3~6 个月	半年
相对水平位移	0.5 个月	1 周	0.5 个月	1 个月
绝对水平位移	0.5~1 个月	1 个季度	1 个季度	6~12 个月
土石坝:				
沉陷、水平位移	1 个季度	1 个月	1 个季度	半年

5.4.3　变形监测技术

1. 传统测量技术

传统测量是用水准仪、经纬仪、测距仪、全站仪等测量仪器采用水准法、交会法测得变形体的垂直和水平位移。经纬仪和水准仪是传统的外部变形观测仪器,这些设备需要利用光波反射,所以常规测量需要仪器与测点之间满足通视要求,也是常规测量法的不足之处。从 20 世纪 50 年代起,测绘仪器开始向电子化和自动化方向发展。电磁波测距仪的出现开创了距离测量的新纪元,电子经纬仪取代光学经纬仪后与电磁测距仪组合就成了智能型全站仪。智能型全站仪集测距、测角、计算记录于一体,并具备自动搜索功能,俗称"测量机器人",利用它可真正做到无人值守。该系统操作简便、自动化程度高,尤其适应在地势狭窄、气候恶劣等不适应人工观测的位置使用。目前,测量机器人观测精度可达 $1mm + 1 \times 10^{-6}/0.5''$。

2. GNSS 监测技术

作为空间数据获取的一种方法,卫星定位是现代测绘学科的代表技术之一。以 GPS 为代表的 GNSS 测量技术出现后,随即在变形监测领域得到了应用。GNSS 在变形监测中的作业方式可分为周期性和连续性两种模式,按照未知参数的处理方式可分为静态模式和动态模式。周期性测量一般采用静态数据处理模型，GNSS 在高精度变形监测领域的最初尝试，就是采用这种模式。随着 GNSS 系统硬件和软件的发展与完善，特别是高采样率接收机的出现，使其在动态变形监测领域表现出独特的优越性。

3. 光纤监测技术

光纤技术是一种集光学、电子学为一体的新兴技术，其核心技术是光纤传感器。1979 年，美国国家航空航天局最早在航空领域开展光纤传感技术研究，此后与加拿大在复合材料固化、结构无损检测、材料损伤监测、识别及评估等方面开展了大规模的光纤应用技术研究。我国于 20 世纪 90 年代后期在新疆石门子水库首次利用分布式光纤监测技术测量碾压混凝土拱坝温度。随着光导纤维及光纤通信技术的迅速发展，光纤技术已逐步在水利水电工程安全监测中得到应用，前景广阔。

目前，光纤技术已从初期的单纯温度监测，发展到渗流监测、应力应变监测、位移监测等多个方面，例如：渗漏定位监测、裂缝监测、混凝土应力应变监测、动应变及结构振动监测、岩石锚固监测（锚杆及锚索预应力监测）、钢筋混凝土薄体结构物受力监测、混凝土固化监测、钢筋锈蚀监测、温度与渗流的耦合监测等。

4. GBSAR 监测技术

合成孔径雷达（Synthetic Aperture Radar,SAR）是利用合成孔径原理和脉冲压缩技术对地面目标进行高分辨率成像的高技术雷达，近年来获得了巨大的发展，它是变形监测的前沿技术和研究热点。SAR 属于微波遥感的范畴，与传统的可见光、红外遥感技术相比，具有诸多的优越性，除了可以全天时、全天候、高精度地进行观测外，还可以穿透云层、一定程度穿透植被，且不依赖太阳作为照射源。随着 SAR 遥感技术的不断发展与完善，已成功用于地质、水文、测绘、军事、环境监测等领域。

由于传统的 SAR 缺乏获取地面目标三维信息及监测目标微小形变的能力。地基合成孔径雷达系统（GBSAR）作为一种新型的对地形变监测设备，通过合成孔径技术和步进频率技术实现雷达影像方位向和距离向的高空间分辨率，克服了星载 SAR 影像受时空失相干严重和时空分辨率低的缺点。通过干涉技术可实现亚毫米级微变形监测，不仅可以对地质滑坡等自然灾害进行有效的静态形变监测，还可以对人造建筑、大坝、边坡等进行亚毫米级实时形变监测，如露天矿开采边帮、排土场边坡、水利水电大坝和桥梁等。系统整体采样时间最短只需 4s，是目前该形变监测类产品中采样速率最快的系统。其优点在于实时监测、速度快、精度高、功耗低、覆盖范围广、便携易操作、全天候、性价比高。

5. 监测自动化技术

自动化采集系统按采集方式分为集中式、分布式和混合式三种结构模式。集中式适用于仪器种类少、测量数量不多、布置相对集中和传输距离不远的中小型工程中。分布式结构测量控制单元可以安装在靠近传感器的地方，传感器的信号不需要传输较远的距离，信号的衰减和外界的干扰可以大大减轻。分布式体系结构既可适合于传感器分布广、数量多、种类多、总线距离长的大中型工程的自动化监测系统，也能适合于传感器数量少的小型工程的自动化监测系统,使用方便灵活。混合式是介于集中式和分布式之间的一种结构模式。目前具有代表性的监测自动化系统产品有意大利的 GPDAS 系统、美国的 2380/3300 和 IDA 等分布式系统、南京南瑞集团公司的 DAMS 系统、南京水文自动化研究所的 DG 系统、北京木联能工程科技有限公司的 LNIO18 – 11 开放型分布式系统。

5.4.4　变形监测数据处理

变形监测数据处理工作的主要内容包括两个方面,即资料整编和资料分析。

对工程及有关的各项观测资料进行综合性定性和定量分析,找出变化规律及发展趋势称为观测资料分析。其目的是对工程建筑物的工作状态做出评估、判断和预测,达到有效地监视建筑物安全运行的目的。观测资料分析成果可指导施工和运行,同时也是进行科学研究、验证和提高建筑物设计理论和施工技术的基本资料。

1. 数据分析方法

变形分析主要包括两方面内容:第一是对建筑物变形进行几何分析,即对建筑物的空间变化给出几何描述;第二是对建筑物变形进行物理解释。几何分析的成果是建筑物运营状态正确性判断的基础,常用的分析方法如下:

(1)作图分析。将观测资料绘制成各种曲线,常用的是将观测资料按时间顺序绘制成过程线。通过观测物理量的过程线,分析其变化规律,并将其与水位、温度等过程线对比,研究相互影响关系。也可以绘制不同观测物理量的相关曲线,研究其相互关系。这种方法简便、直观,特别适用于初步分析阶段。

(2)统计分析。用数理统计方法分析计算各种观测物理量的变化规律和变化特征,分析观测物理量的周期性、相关性和发展趋势。这种方法具有定量的概念,使分析成果更具实用性。

(3)对比分析。将各种观测物理量的实测值与设计计算值或模型试验值进行比较,相互验证,寻找异常原因,探讨改进运行和设计、施工方法的途径。

(4)建模分析。采用系统识别方法处理观测资料,建立数学模型,用以分离影响因素,研究观测物理量变化规律,进行实测值预报和实现安全控制。常用数学模型有三种:①统计模型:主要以逐步回归计算方法处理实测资料建立的模型;②确定性模型:主要以有限元计算和最小二乘法处理实测资料建立的模型;③混合模型:一部分观测物理量(如温度)用统计模型,一部分观测物理量(如变形)用确定性模型,这种方法能够定量分析,是长期观测资料进行系统分析的主要方法。

2. 安全评判方法

对建筑物进行客观准确的评价是充分发挥工程效益、降低工程安全风险和提高除险加固措施针对性的必然要求。安全评价一般可分为四个层次:① 获取当前安全的整体印象;②分析面临的安全风险;③掌握损伤程度、隐患部位及其成因;④分析除险加固效益和预测结构使用寿命。

目前,在安全鉴定的综合评价法中,既有定量的因素,又有定性的因素,而且目前的评估方法在理论上均有一定的局限性,单纯应用某一种方法进行评估,很难保证评估结果的可靠性。因此,为确保评价结果的准确性,在其安全性评价中应选用合适的评估方法,可考虑同时采用多种方法进行综合评估,以便对结果进行相互校对与综合评价。目前,常用的综合评价方法有层次分析法、模糊分析法和专家系统等。

5.5　变形监测典型实例

5.5.1　三峡大坝变形监测

1. 工程概况

举世瞩目的三峡水利枢纽工程,具有防洪、发电和航运等综合效益,以其规模巨大、技术复杂、综合效益显著而为世人关注。安全监测是大坝和其他主要建筑物安全的耳目,将为工程的科学决策和调度提供必要条件。

三峡大坝坝型为混凝土重力坝,从左岸非溢流坝段至右岸非溢流坝段,总长2309.47m,最大坝高181m,大坝总混凝土工程量约1600万 m³。坝区有近270条断层破碎带,大部分破碎带和节理充填完好。近地表的花岗岩已完全风化,且随深度增加风化程度减弱。大坝坝基主要置于微风化岩体上,仅两岸非溢流坝段适当利用了弱风化下部岩体。

2. 安全监测的目的和原则

首先以监测三峡水利枢纽各建筑物在施工期、分期蓄水期和运行期的工作性态和安全状况为主要目的。通过对各类建筑物整体性状全过程持续的监测,及时对建筑物的稳定性、安全度提出评价。及时发现可能危及各类建筑物的不安全因素,为工程调度和决策提供可靠的依据。其次,通过建筑物在各阶段的运行及安全监测提供的有效数据,可以检验设计方案的合理性,检验施工质量是否满足设计要求。施工期的监测还可起到检验施工方法和措施的合理性,反馈和优化完善设计的作用。

根据三峡工程规模巨大,监测范围分布广,监测项目多,仪器设备数量大,自动化程度高,技术复杂,施工期长(17 年)等特点,确定三峡工程的设计原则为"突出重点,兼顾全面,统一规划,分期实施"。其主要含义包括:①目的明确,内容齐全;②突出重点,兼顾全面;③性能可靠,操作简便;④一项为主,互相补充;⑤统一规划,分期实施;⑥同步施工,按时运行,适时采集,及时分析的原则,巡视检查与仪表监测并重的原则等。

3. 变形监测系统的布置

变形监测网是用以监测各部位工作基点稳定性及近坝区岩体绝对位移量的设施。采用大地测量方法建立水平、垂直位移监测网。三峡工程要求监测的范围广(包括茅坪溪土石坝在内东西宽约 5~6km,南北约 4~5km),监测部位多,既需要建立统一而稳定的基准,又要能适应不同部位的监测特点。要求坝区变形监测网分层次实施,各层次所要求的量测精度基本一致。通过适当安排测次,以达到准确、及时、低耗费的目的。

由于施工期各部位场地十分复杂,网点的稳定情况变化十分频繁,水平位移监测网分为最简网、简网和全网 3 个层次。运行期,分为简网、全网两个层次。全网用于定期检测各部位简网基准点的稳定性及网点所处岩体的变形,由 4 个固定点,7 个待定点组成。经优化,其最弱点的位移值中误差为 ±1.0mm,如图 5 – 16 所示。

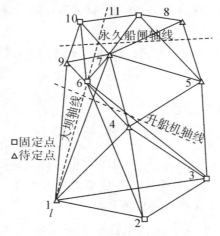

图 5 – 16　水平位移监测网

大坝主体部分水平位移监测网为了检测倒垂点的稳定性,监测坝体的位移,采用直伸边角网或测边网的形式,其最弱点位移量中误差为 ±1.2mm。

三峡工程坝址又为葛洲坝工程水库区,从精度和可靠性考虑,垂直位移监测网由 1 个检核基准点(石板溪)、2 个基准点、17 个监测点(其中沉陷点 9 个,工作基点 8 个)组成。其最弱点位移量中误差为 ±1.2mm。施工期间,垂直位移监测网由简网和全网 2 个层次组成,如图 5 – 17 所示。

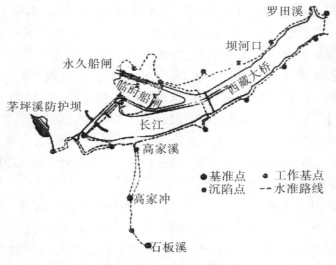

图 5 – 17　垂直位移监测网

大坝的变形监测量测设施包括左、右岸非溢流坝段,左、右岸厂房坝段和溢流坝段的水工建筑物及其基础的水平位移、垂直位移、建筑物挠度及其基础转动量测设施。监测设施主要有引张线、真空管道激光位移测量系统、正垂线、倒垂线、伸缩仪、精密量距、静力水准仪、精密水准点、双金属标、测温钢管标、多点位移计、基岩变形计等。

垂直位移监测主要应用静力水准、精密水准和真空激光位移测量系统进行量测。精密水准点分坝顶、基础两层布设。静力水准点布置在基础廊道内。

4. 大坝安全监测自动化系统

三峡水利枢纽工程自动化监测系统是一个分布式系统,由 1 个总站和若干个建筑物子站组成,具有可靠、通用、先进、开放等特点。其中,大坝和电站厂房共设立 3 个监测站,分别为左岸大坝和厂房监测站、泄洪坝段监测站、右岸大坝和厂房监测站。三峡安全监测自动化系统接入的传感器,以变形和渗流为主,突出关键和重点断面(部位)的监测项目和测点。大坝中布置的正倒垂线、静力水准、双金属标、引张线、伸缩仪、竖直传高、真空激光等的大部分测点,通过测量与控制单元(MCU)接入各监测子站。

自 1993 年三峡工程开工以来,安全监测的量测系统正在逐步形成,并发挥了重要的作用。随着科技进步,信息技术的日臻完善,安全监测也应不断优化,补充新技术。有关真空激光位移测量系统、GPS 监测网、智能全站仪用于高边坡监测,以及整个三峡枢纽安全监测的自动化网络等正在进一步研究和设计中。这些系统的建成,将为三峡工程的安全提供及时、可靠的监测保障。

5.5.2　隔河岩大坝外观变形 GPS 自动化监测系统

1. 工程概况

隔河岩水电站总装机容量为 120 万 kW,年发电 30.4 亿 kW·h,水库正常蓄水位为 200m,总库容量为 34 亿 m^3,是清江三个梯级水电站之一。隔河岩水电站是华中电网重要的调峰调频电站,它的建成对于缓解华中地区的电力紧张状况,保证华中电网的安全稳定运行;对于消除清江中下游的洪涝灾害,避免清江洪峰与长江洪峰相遇以减轻长江荆江段及下游的防洪压力;对于打通清江航道,为鄂西山区提供便捷的交通动脉,促进商品流通和资源开发;对于发展清江流域的旅游事业等都具有十分重要的意义。

隔河岩水电站大坝为三圆心变截面重力拱坝,最大坝高 151m,坝顶弧线全长为 653m,坝顶高程为 206m。高程 150m 以下为拱坝,高程 150m 以上为重力坝。坝址为凹形河谷,地形条件比较复杂。

正是由于隔河岩水电站是一项具有特殊意义和独特特点的大型水电工程,它的安全至关重要。为此,电站决定创建大坝外观变形 GPS 自动化监测系统,以便对坝面上的各监测点进行全天候、连续、同步的三维形变监测,并实现数据采集、传输、处理、分析、显示、存储、报警全过程的自动化。

2. GPS 自动化监测系统的总体结构

大坝变形 GPS 自动化监测系统是由数据采集、数据传输及数据处理、分析和管理三个部分组成的。整个系统的数据采集、传输、处理、分析、管理采用局域网络来完成。

大坝外部变形监测系统的数据采集工作是在 GPS1～GPS7 这 7 个 GPS 站上进行的。其中 GPS1 和 GPS2 为位于两岸的基准点,GPS3～GPS7 为位于大坝上的变形监测点。

及时准确地传输观测资料及有关信息是建立 GPS 自动化监测系统中的一个重要环节。坝面工控机通过 RS－232 多串口远距离通信方式将各监测点的接收机面板信息实时传送到总控室,同时又通过多路开关方式,按总控室所设置的时间间隔定时将上述各台接收机所采集到的数据(观测值、卫星星历等)传回服务器,如图 5－18 所示。

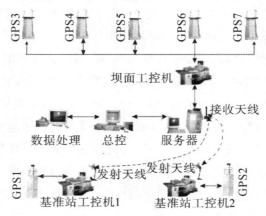

图 5－18　GPS 监测系统总体结构

采用上述技术后可以把监测系统中的各种设备有机地联成一个整体。作业人员可以从总控室中实时监测基准站和监测点上各台 GPS 接收机的工作状况并发布有关指令控制各台接收机。总控室中的工作站和微机则可按预先设置的时间间隔定时进行数据处理和数据分析等工作。

数据处理、分析、管理部分在隔河岩大坝外观变形 GPS 自动化监测系统中具有重要作用,是整个系统能自动运行的关键。主要由总控、数据处理、数据分析和数据库管理等四个模块组成。总控是整个系统中各模块的数据交换中心,也是系统的主要用户接口。数据处理模块的主要功能:时段自动定义与选取;自动进行数据处理;对成果可靠性进行判断;对运行过程中可能出现的错误进行控制和处理,保存结果和清理数据。变形分析模块部分在 PC 上运行,部分在工作站上运行。数据库管理模块具有如下功能:数据安全管理、数据更新、数据查询、数据自动转储、报表打印、数据库恢复等。

利用 GPS 定位技术进行大坝变形监测具有速度快,全自动,全天候,能同时提供三维位移,各点之间无须保持通视等优点,精度可以满足规范要求,从而很好地解决了大坝外部变形自动化监测这一关键性问题。

该系统在 1998 年夏天抗御长江全流域特大洪水期间所提供的快速而准确的资料为隔河岩水库超蓄调度提供了科学决策的依据,为长江防洪发挥了重要作用。

该系统可广泛用于水库大坝、大型建筑物、电视塔、大型桥梁、大型核电站、滑坡、地壳形变、环境等安全监测。有着显著的社会效益和经济效益,具有重要的应用和推广价值。

5.5.3　小浪底大坝安全监控系统

1. 工程概况

小浪底水利枢纽是我国目前最大水利枢纽工程之一,工程位于河南省洛阳市以北约 40km 的黄河干流上,是一座以防洪、防凌、减淤为主,兼顾发电、灌溉、供水等综合利用的水利枢纽工程,枢纽由大坝、泄洪排沙建筑物、水电站等组成。

根据该工程各建筑物的布置及其所担负的作用,将其划分为三部分:大坝及其基础;泄洪、排沙建筑物及北岸山体;发电系统。该工程安装埋设各类传感器和监测点总计 2961 支(点),其中纳入自动化数据采集的测点为 861 支(点),采用人工测读数据的测点为 2100 支(点)。枢纽共设置 60 座地面和地下观测站(房)。对于自动化系统联网的测点,采用美国 Geomation 公司的 2380 测控单元系统进行自动数据采集,并通过电缆与本系统的硬件接口连接。

2. 观测项目

大坝的外部变形观测分为水平变形(沿水流方向及坝轴线方向)和竖直变形(沉陷和固结)两部分。坝体表面的观测标点既可作为水平变形测量的标点又可当作竖直变形测量的标点。大坝外部变形共布设测线 8 条,156 个测点,顺河流方向的水平位移采用视准线法或小角度法观测;沿坝轴线方向的水平位移采用量距法进行观测;坝体的沉陷采用二等精密水准进行施测。

坝体内部变形观测主要有水平位移观测、垂直位移观测及界面相对错动观测,主要采用四种方法进行观测,分别是测斜仪、堤应变计、界面应变计及钢弦式沉降计。

坝基渗流是本工程的重点监测项目,监测的重点部位是沿整个大坝防渗线及斜心墙基础面的渗压力。监测项目包括绕坝渗流、坝体内的孔隙水压力。

土压力监测分为土体中应力和边界土压力两类,前者设置在坝体主观测断面内,后者设置在基础界面上。

坝址区设计的地震基本烈度为 7 度,地震反应监测对象主要是 3 度以上的地震反应。

混凝土防渗墙分为主坝防渗墙和围堰防渗墙。主坝防渗墙墙外设渗压计和边界土压力计,墙内设应变计、钢筋计、无应力计等应力应变监测,另设倾角计和堤应变计进行墙体变形监测。

3. 系统总体设计

小浪底水利枢纽工程安全监控系统是一个以微机网络、分布式数据库、多媒体应用和人工智能技术为基础的,为该工程安全运行服务的工程安全监控决策支持系统。该系统规模大、测点多,监测对象多样和复杂,整个系统是一个集现代计算机技术、网络技术、软件工程技术、水工监测和馈控技术等为一体的高科技的集成网络系统。系统的整体结构采用"四库三功能"的体系,如图5-19所示。整个系统由下列各功能部分组成:数据库(含图形库和图像库);模型库;方法库;知识库;综合信息管理子系统;综合分析推理子系统;输入输出(I/O)子系统。

系统实际运行的任务分为在线处理任务和离线处理任务两类。在线处理包括在线数据自动采集、时间表在线分析和针对建筑物的随机在线分析;离线处理是指离线分析(包括正、反分析)处理。

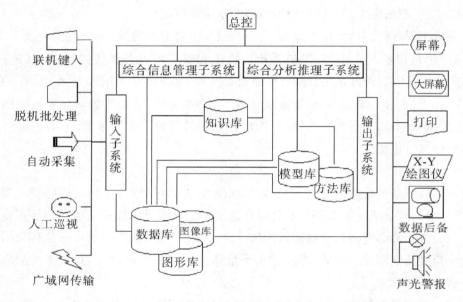

图5-19 小浪底水利枢纽工程安全监控系统总体结构

4. 在线分析子系统

在线分析的基本任务是发现异常值,评价各工程部位测点的性态特征,分析异常测值产生的原因,进而对建筑物的工作性态作出评价。

在线分析子系统主要有以下几部分功能组成:

(1)设置:根据用户需要设置在线分析自动运行时间间隔及随机运行模式。

(2)查询:主要包括所有测点的当前状态(包括点号、观测时间、测值、评判结果、评判说明、异常起始时间、已连续发生的异常值次数、异常值方向等),可用表格和图形界面分别显示;新测数据的评判结果;异常测值的历史过程;监测系统状态;工程部位评判结果等。图5-20所示为坝体BB监测断面综合评判的输出界面。

(3)打印:包括各类评判结果的打印输出。

(4)帮助:用于在线分析过程的在线帮助。

(5)退出:退出在线分析系统。

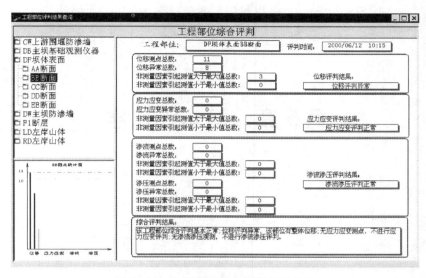

图 5 - 20　工程部位综合评判结果查询

第6章　海洋测绘学

6.1　概述

6.1.1　海洋测绘的发展历史

海洋,人类生命的摇篮,现代社会的交通要道,也是地球上的资源宝库。早在 4000 多年前,腓尼基人便开始了沿非洲海上的谋生活动,以后人类的海上探险和商业活动随着造船业和航海技术的进步而蓬勃发展。1405—1433 年,中国明朝著名航海家郑和下西洋,率领船队 7 次横渡印度洋;1492—1504 年,意大利航海家哥伦布发现新大陆,4 次横渡大西洋并到达美洲;1519—1532 年,葡萄牙航海家麦哲伦环球航行,完成了人类历史上的第一次环球航行;1768—1779 年,英国探险家库克进行了在海洋探险中的科学考察。这些著名的海上活动,使人类在认识、了解和研究海洋的实践中取得了大量的成果。

但是,直到 19 世纪资本主义工业大发展之后,人类才开始对海洋进行大规模考察和研究。1831—1836 年,进化论创始人达尔文随“贝格尔”号进行环球航行考察;1872—1876 年,英国“挑战者”号远程海洋考察,航行 12 万多千米,对海洋生物、海洋气象、海水特性、珊瑚礁等进行了大量的考察和研究,取得了丰硕的成果,相继出版了多种著作,奠定和初步形成了海洋物理学、海洋化学、海洋地质学和海洋生物学等构成的海洋科学基本体系;第二次世界大战(1945 年)以后,全球经济迅猛发展,人口激增,环境恶化,人类面临资源加速枯竭和食品严重短缺的巨大挑战,各海洋大国相继提出了海洋研究和开发计划,投入大量资金,发展海洋产业,海洋事业出现了前所未有的繁荣景象。据统计,目前全世界 1/3 以上的石油产量来自海洋,初步探明的大陆架海底石油储量为陆地石油储量的 3 倍以上。20 世纪末,世界海洋经济总产值达到 1.5 万亿美元,占世界 GDP 的16%。21 世纪,我国海洋经济快速发展,海洋总产值从 2001 年的不到 1 万亿元,增加到2019 年的 8.9 万亿元,占 GDP 的 10% 左右。

为发展我国海洋经济,全面建设小康社会和建立强大的国防保卫海疆、维护国家海洋权益,必须大力开发以 GNSS、RS、GIS、MBS(多波束)、USV(无人船)、LiDAR(激光测深)为一体的动态探测集成技术以及仿生技术。

随着海洋经济地位的提高,海洋研究的国际合作大大加强,1957 年成立了海洋研究科学委员会(SCOR),1960 年成立了政府间海洋学委员会(IOC),1957—1965 年实施了国际印度洋考察计划(IIOC),1965—1977 年实施了黑潮及邻近水域合作计划(CSK),1970—1976 年实施了加勒比海及邻近水域合作调查计划(CICAR),1971—1980 年实施了国际海洋考察十年计划(IDOE),1968—1983 年实施了深海探测计划(DSDP),20 世纪 80 年代中期欧共体提出的尤里卡海洋计划(RUROMAR)以及 80 年代末提出的跨世纪全球海洋观测系统(GOOS)等,1982 年通过了联合国《海洋法公约》,这些国际合作研究计划的目的都是为了有效和迅速地提供全球海洋空间的各种信息,为人类研究海洋、开发海洋资源、减少海洋灾害、改善人类生存环境服务。

当然,海洋的战略和经济地位的重要性也是濒海国家间争夺海洋势力范围斗争日益尖锐的重要原因,毫无疑问,今天的海洋已成为人类生存和发展的重要空间。我国地处亚洲东部大陆,濒临西太平洋,东、南面与渤海、黄海、东海和南海相邻,既是一个大陆国家,又是一个海洋大国。按照联合国《海洋法公约》,应归我国管辖的内水、邻海、大陆架、专属经济区的面积达 300 多万平方千米,大陆海岸线达 1.8 万多千米,岛屿 6500 多个。改革开放以来,我国海洋事业也得到了快速发展。以海洋石油为主的海洋开发体系已经建立,沿海省市的海洋经济开发区和港口建设在开发近海资源和经济建设中发挥了重要作用,已开始开发深海和南大洋资源的活动,海洋经济已成为我国国民经济发展的重要组成部分。

然而,一切海洋活动,无论是经济、军事或科学活动,如海上交通、海洋地质调查和资源开发、海洋工程建设、海洋疆界勘定、海洋环境保护、海底地壳和板块运动研究等,都需要海洋测绘提供不同类型的海洋地理信息要素、数据和基础图件。事实上,海洋测绘是伴随海洋探险和航海事业的兴起而诞生的。

早在 18 世纪,欧洲许多国家相继成立了海道测量机构,专门从事本国沿岸海区海道测量,提供航海图,保证航行安全。1921 年在摩纳哥设立国际海道测量局(IHM),成立国际海道测量组织(IHO),它是协调国际海道测量及有关活动的国际政府间组织。

航海图被广大的航海人员视为航海安全的保护神,是航海最重要的物资保障之一。广袤的海洋中确实处处有宽阔的航路,可是在航海的全过程中一刻也离不开航海图。在航海准备工作阶段,首先要在航海图上画出计划航线,这条航线应是既安全又经济的航线,要避免走不安全的航路、走"冤枉"路。也就是说,计划航线选择恰当,可以保证航行安全,选择捷径航路,还可以节省航行时间和经费。

在航行过程中,要及时利用定位仪器确定船位,并将船位标入航海图,在航海图上画出航迹线,如果船在风、海流影响下偏离计划航线,就要及时修正航向。海洋虽然广阔,但水下礁石等障碍物难以用肉眼通视。如果不按航海图标示的障碍物位置去绕行、避碰,而随意航行,一旦发现前方有障碍物再改变航向,就可能因为船只的巨大惯性来不及避碰而引发触礁事故。1963年,我国自行建造的万吨巨轮"跃进号"在去日本途中,在东海北部广阔的海域中触苏岩礁失事,主要是没有利用航海图及时修正航线引起的。

20世纪50年代以来,随着科学技术的进步,特别是卫星技术、电子技术、计算机技术的应用,使海洋测绘突破了传统的海道测量内容和范围,从以测量航海要素为主,发展到对整个海洋空间,包括海面、水体和海底进行全方位、多要素的综合测量,获取包括大气(气温、风、雨、云、雾等)、水文(海水温度、盐度、密度、潮汐、波浪、海流等)以及海底地形、地貌、底质、重力、磁力、海底扩张等各种信息和数据,并绘制成不同目的和用途的专题图件,为经济、军事和科学研究服务。因此,海洋测绘工作是人类认识、研究和开发海洋的一项基础性工作。

6.1.2 海洋测绘的特点和分类

1. 海洋测绘的对象

海洋测绘是测绘学的一个分支学科,由于海洋是由各种要素组成的综合体,因此海洋测绘的对象可以分解成两大类,即自然现象和人文现象。

自然现象是自然界客观存在的各种现象,如曲曲折折的海岸,起伏不平的海底,动荡不定的海水,风云多变的海洋上空。用科学名词来说,就是海岸和海底地形,海洋水文和海洋气象。它们还可以分解成各种要素,如海岸和海底的地貌起伏形态、物质组成、地质构造、重力异常和地磁要素、礁石等天然地物,海水温度、盐度、密度、透明度、水色、波浪、海流,海空的气温、气压、风、云、降水,以及海洋资源状况等。

人文现象是指经过人工建设、人为设置或改造形成的现象,如岸边的港口设施(码头、船坞、系船浮筒、防波堤等),海中的各种平台(石油、天然气开采平台等),航行标志(灯塔、灯船、浮标等),人为的各种沉物(沉船、水雷、飞机残骸等),捕鱼的网栅,专门设置的港界、军事训练区、禁航区、行政区域界线(国界、省市界、领海线等),还有海洋生物养殖区。这些现象,包含有海洋地理学、海洋地质学、海洋水文学和海洋气象学等学科的内容。

海洋测绘不仅要获取和显示这些要素各自的位置、性质、形态,还包括他们之间的相互关系和发展变化,如航道和礁石、灯塔的关系,海港建设的进展,海流、水温的季节变化等。

2. 海洋测绘的特点

海洋测绘的对象是海洋,而海洋与陆地的最大差别是海底以上覆盖着一层动荡不定的、深浅不同的、所含各类生物和无机物质有很大区别的水体。

由于这一水体的存在,使海洋测绘在内容、仪器、方法上有明显不同于陆地测绘的特点,水体使目前海洋测绘只能在海面航行或在海空飞行中进行工作,而难以在水下活动。海洋水域没有居民地,也没有固定的道路网,除浅海区外,也没有植被。因此海洋测绘的内容主要是进行海洋定位、探测海底地貌和礁石、沉船等地物,而没有陆地那样的水系、居民地、道路网、植被等要素,而且海底地貌也比陆地地貌要简单得多,地貌单元巨大,很少有人类活动的痕迹。但这并不是说海洋测绘比陆地测绘要简单得多,相反,海洋测绘在许多方面比陆地测绘要困难。

首先,水体具有吸收光线和在不同界面上产生光线折射及反射等效应,在陆地测绘中常用的光学仪器,在海洋测绘中使用很困难,航空摄影测量、卫星遥感测量只局限在海水透明度很好的浅海域。海洋测深主要使用声学仪器,但是超声波在海水中的传播速度随海水的物理性质(如海水盐度和温度等)的变化而不同,这就增加了海洋测深的困难。

其次,由于水体的阻隔,肉眼难以通视海底,加上传统的回声测深只能沿测线测深,测线间则是测量的空白区。海底地形详测需要进行加密测量,或采用全覆盖的多波束测深系统和侧扫声呐等。

3. 海洋测绘的任务

从广义角度讲,海洋测绘是一门对海洋表面及海底的形状和性质参数进行准确的测定和描述的科学。根据海洋测绘工作的不同目的,海洋测绘任务分成两大类:

(1)科学性任务。为研究地球形状、海底地质构造运动和海洋环境保护等提供必要资料的测量工作。

(2)实用性任务。对各种不同的海洋工程开发提供所需要的海洋测绘服务的工作。它们的服务对象主要有海洋自然资源的勘探和近海工程、航运救援与航道、近岸工程、渔业捕捞、海底工程、海上划界等。

4. 海洋测绘的分类

以海洋空间为对象的海洋测绘,其原理、技术和方法也已拓展形成了多个学科分支。根据不同工作内容,海洋测绘分为海洋大地测量、海洋定位测量、海洋水深测量、海底地形测量、海洋水文测量、海洋障碍物探测、海洋重力测量、海洋磁力测量以及海洋制图和海洋地理信息系统等。

6.1.3　海洋资源及利用

1. 海洋中可利用的资源

在人类发展的历史长河中,绝大部分是以陆地为主要的活动场所,但在整个地球上,陆地仅占地球表面积的 29%,而海洋却覆盖着整个地球面积的 71%。因此,不管人类对海洋的认识程度如何,海洋对人类的活动总是产生着巨大的影响。经过长期以来的调查和勘测,人们已经知道,海洋是一个巨大的资源宝库。从传统意义上来说,海洋中有四大类资源。

1)生物资源

据统计,海洋中有鱼类、贝类等动物和藻类等植物 20 余万种。在古代,生活在海边的人们靠捕鱼虾为生,以海洋生物作为食物的重要来源。到 20 世纪 80 年代,海洋水产品产量已达到 6000 多万吨,占世界水产品总量的 85% 以上。水产品作为人类的食品,潜力还很大。在不破坏生态平衡的条件下,海洋每年可向人类提供 30 亿吨以上的水产品。例如,据统计仅南大洋的磷虾,常年可维持在几十亿吨,若每年捕几亿吨,即可满足全人类对水产品的需求。许多海洋生物是重要的医药原料和工业原料。贝壳、珊瑚还可加工成很受欢迎的工艺品。

2)矿产资源

人们最熟悉的是海底石油和天然气,海底石油已探明的藏量占世界总藏量的三分之一以上。海底固体矿物如煤、铁等已发现的有 20 多种,其中多金属结核平铺深海底,总量达 1 万亿吨以上,含有锰、铁、铜、钴、镍等多种金属。

3)化学资源

海水中有丰富的化学物质,如氯化钠、镁、溴、碘、钾、金、铀等。其中氯化钠总储量可达 4 亿亿吨;铀的储量约 40 亿吨,是陆地储量的 4000 多倍。

4)动力资源

海洋中的波浪、潮汐、海流等都蕴藏着巨大的能量,利用波浪、潮汐、温差、盐度差可以发电。据估计,仅潮汐一项每年可能的发电量就比人类有史以来已消耗的能量总和还要大 100 倍。

另外,近年来专家们认为,海洋资源还远不止这些,至少在下列两个方面对人类活动来说是不可多得的资源:

(1)水资源。海水本身就是重要的资源,海水可以在工业上用于冷却,在生活上用于清洗等。在陆地淡水资源越来越紧缺的情况下,海水取之不尽,海水淡化的前景越来越好。

(2)空间资源。当今,陆地已全部被人类占有,许多资源已感不足,而人口还在不断地增长。人类将向何处发展? 只有海洋和宇宙空间是两个待开发的领域。比较来说,海洋对人类活动更为现实一些。事实上,人们在海洋空间利用方面已做了不少工作,如围海造地、滩涂利用、浅海养殖、跨海架桥、开凿海底隧道、海洋运输、建人工岛、发展海洋旅游业等。随着科学技术和海洋开发利用的发展,海洋将越来越多的为人类活动提供空间。

2. 海洋资源开发

地球上自有人类以来,就在海洋的影响下生活着,自古以来就把海运作为一种重要的运输手段、捕捞鱼虾的场所和获取食盐的源泉,所谓"兴鱼盐之利,行舟楫之便"。我国早在春秋时代(公元前 770 年—公元前 403 年),就曾大规模的利用海滩晒盐,并发展了沿海的捕鱼事业;在北宋时代(公元 960 年—公元 1127 年),指南针已在航海事业上普遍应用;到明朝我国著名的航海家郑和率领规模巨大的航海船队(公元 1405—公元 1433 年),途经 40 多国,七下西洋等等。这些都表明我国对人类认识海洋、开发和利用海洋起过重要作用。

自 20 世纪 60 年代以来,世界海洋事业逐步发展到一个崭新的阶段,为海洋事业服务的各项技术也得到了飞速发展。超级远洋海轮研制和使用,使远洋航海技术得到迅速发展;潜艇研制成功并投入应用,使深水航海技术得到迅速发展;深水钻探技术开发,使提取海底石油的能力迅速提高;无线电导航技术、海军导航卫星系统和全球定位系统等发展,使海上导航定位更加精确;海底电视和旁侧声呐技术发展,使水下摄影测量、海底电缆铺设等水下工程得以实现。

总之,在广泛吸收各种现代技术的同时,海洋技术也逐步完善起来,形成了完整的体系。海洋技术体系主要包括探测技术、开发技术、通用技术三大部分。探测技术是探测海洋环境的变化规律,探索可供开发的海洋资源,并确定它们的地理位置,包括卫星、浮标、调查船、观测站、潜水器等对海洋进行立体探测的整体网络技术。开发技术是各经济产业部门发展的生产技术。通用技术是各种海上活动所需要的基础技术。

3. 海洋开发工程

海洋开发工程,是对海洋本身及其周围环境的开发利用工程。主要包括:

(1)海洋自然资源和能源的开发。海洋石油、天然气开发,滨海砂矿、深海矿物开发,海洋生物资源捕捞和养殖,潮汐、波浪、温差、盐差等能源利用,海水淡化和海水化学元素提取等。

(2)海洋空间的开发。船舶运输、滩涂利用、跨海架桥、海底管道、海底电缆、海底隧道建设等。

(3)海岸带的开发。海岸港口建设、能源设施建设、围海造田工程等。

我国海域辽阔,在海洋空间利用、矿产资源开发、水产资源开发、海洋能源利用等方面都取得了很大的发展。

6.2 海洋测绘基本原理与技术

6.2.1 海上定位模型

海上定位是海洋测绘中最基本的工作。由于海域辽阔,海上定位可根据离岸距离的远近而采用不同的定位方法。如光学交会定位、电磁波测距定位、地面无线电测距定位、卫星定位、水声定位以及组合定位等。无论采用哪种方法,海上定位都通过水平角、方位角、距离和距离差等测量来实现。

1. 位置线

每个观测值在平面上确定了一条位置线。所谓位置线就是一条直线或曲线,它上面的任意一点到已知点所构成的量都等于观测值。如图 6-1 所示,海洋测绘上有四种不同的位置线:直线、圆曲线、偏心圆曲线和双曲线。

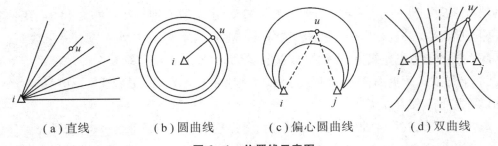

（a）直线　　　　（b）圆曲线　　　　（c）偏心圆曲线　　　　（d）双曲线

图6-1　位置线示意图

2.定位方式

为了确定一个点的水平位置,需要两条位置线进行交会,通过以上四种位置线的相互组合,构成以下几种定位方式:极坐标法、方位角交会法、后方交会法、距离交会法、双曲线交会法。

如图6-2所示,使用传统的光学测量仪器,利用直线和圆曲线的交会构成极坐标法,利用两条直线的交会构成方位角交会法,利用两条偏心圆曲线的交会构成后方交会法;应用于地面无线电测量技术和卫星定位技术,利用两条圆曲线的交会构成距离交会法,利用两条双曲线的交会构成双曲线交会法。

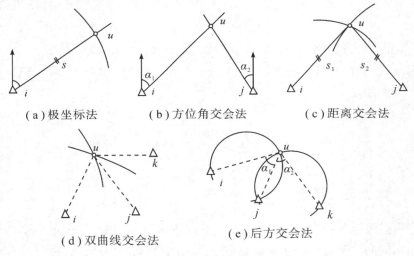

（a）极坐标法　　　　（b）方位角交会法　　　　（c）距离交会法

（d）双曲线交会法　　　　（e）后方交会法

图6-2　定位几何图形

6.2.2　海上定位测量技术

1.海洋中的测量定位

传统的海洋测绘主要是在沿岸海域进行。沿岸海域在天气较好、风浪较小的时候测量,通常使用光学仪器,利用陆地目标定位。这与陆地测绘定位有些相似,只不过天气再好,测量船也是摇摆不定的,因而海洋测绘定位精度要比陆地测绘定位精度低得多。现代微波测距、激光测距等仪器的使用,对海洋测绘定位精度的提高十分有利。随着航海、海洋开发事业逐步向远海发展,海洋测绘也由沿岸逐步向远海发展。使用光学仪器和陆标进行定位已不能满足要求。为此,研制出了多种无线电定位仪器,近程的如无线电指向标、无线电测向仪、高精度近程无线电定位系统等;中远程的如罗兰、台卡、奥米加、阿尔法等双曲线无线电定位系统。这些定位系统定位距离都比较远,但精度一般都比较低。由于中远海海底地形都比较平坦,精度略低不会影响测量成果的使用,因此仍能满足航海等的需要。

但是,现代海洋开发事业已远远超出交通运输,对海洋的资源调查勘测、海洋工程建设、海洋科学研究等,需要更精确的测量成果。为此,现在已研制了水声定位系统和卫星定位系统,尤其是已将全球导航卫星定位技术(GNSS)和多波束测深技术(MBS)等引入海洋测绘中。目前利用 GNSS 进行海洋测绘定位的精度已可达到米级,甚至分米级和厘米级,并且还在进一步研究提高。

2. 电磁波测距定位

如图 6 - 3 所示,电磁波测距(EDM)是用电磁波(光波或微波)作为载波,传输测距信号,以测量两点间距离的一种方法。具有精度高、作业快、工作强度低、几乎不受地形限制等优点。

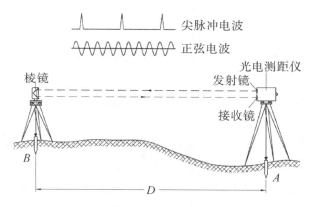

图 6 - 3　电磁波测距示意图

1948 年,瑞典 AGA 公司研制成功了世界上第一台电磁波测距仪,它采用白炽灯发射的光波作载波,应用了大量的电子管元件,仪器相当笨重且功耗大。为避开白天太阳光对测距信号的干扰,只能在夜间作业,测距操作和计算都比较复杂。

1960 年世界上成功研制出了第一台红宝石激光器和第一台氦 - 氖激光器,我国的武汉地震研究所也于 1969 年研制成功了 JCY - 1 型激光测距仪,1974 年又研制并生产了 JCY - 2 型激光测距仪。与白炽灯比较,激光器的优点是发散角小、大气穿透力强、传输距离远、不受白天太阳光干扰、基本上可以全天候作业。

随着半导体技术的发展,从 20 世纪 60 年代末 70 年代初起,采用砷化镓发光二极管作发光元件的红外测距仪逐渐在世界上流行起来。与激光测距仪比较,红外测距仪有体积小、质量轻、功耗小、测距快、自动化程度高等优点。由于红外光的发散角比激光大,所以红外测距仪的测程一般小于15km。现在的红外测距仪已经和电子经纬仪及计算机软硬件集成在一起,形成了全站仪,并实现了自动化、智能化,利用蓝牙技术实现测量数据的无线传输,进一步发展成为测量机器人。

3. 地面无线电定位

地面无线电定位是通过测定无线电波的传播时间来确定两点间距离的一种方法。不同的无线电波,其传播方式是不同的,用于测距的无线电波频谱划分见表6-1所列。

表6-1 无线电波频谱

分 类	符 号	频 率	波 长/m
甚低频	VLF	10~30kHz	30000~10000
低 频	LF	30~300kHz	10000~1000
中 频	MF	300~3000kHz	1000~100
高 频	HF	3~30MHz	100~10
甚高频	VHF	30~300MHz	10~1
超高频	UHF	300~3000MHz	1~0.1
特超高频	SHF	3~30GHz	0.1~0.01
极高频	EHF	30~300GHz	0.01~0.001

1)地面无线电定位系统分类

按工作频率分为微波、超高频、中频、低频、甚低频。随着频率的降低,无线电波传播的距离加大,但精度随之降低。

按发射信号分为连续波和脉冲波。连续波通过相位比较的方法测量电磁波的传播时间,而脉冲波是直接测量信号传播的时间延迟,两种方法各有优缺点。

按测量方式分为单向测距、双向测距和距离差。其中单向测距应用圆曲线定位系统,定位精度相对较低,但可供无限用户使用;双向测距也应用圆曲线定位系统,定位精度较高,但用户数量少;而距离差则应用双曲线定位系统,定位精度相对较低,但接收机价格低廉,可供无限用户使用。

典型无线电定位系统主要有微波系统(2~10GHz)、超高频系统(420~600MHz)、中频系统(1.5~5MHz)、低频系统(80~150kHz)和甚低频系统(10~30kHz)。

2)我国东海无线电定位系统

我国东海测区北起长江口,东临琉球群岛,南至广东汕头,西为大陆沿海,面积约77万平方千米。主要采用远程、中程、短程相结合的综合无线电定位系统。东海无线电定位系统的定位精度如图6-4所示。

4. 卫星导航定位

1957年10月,世界上第一颗人造地球卫星发射成功,利用卫星进行定位和导航的研究工作提上了议事日程。1958年底,美国海军武器实验室着手建立为美国军用舰艇导航服务的卫星系统,即"海军导航卫星系统"(NNSS)。1964年,该系统建成,随即在美国军方启用。1967 年,经美国政府批准,对其广播星历解密并提供民用,为远洋船舶导航和海上定位服务,由此显示出了卫星定位的巨大潜力。

海军导航卫星系统虽为导航和定位技术起了一定的革新作用,但仍然存在着一些明显缺陷:其一,卫星数少,每隔 1～2 小时才有一次卫星通过而进行跟踪观测,不能进行实时连续定位;其二,定位精度仍不高。

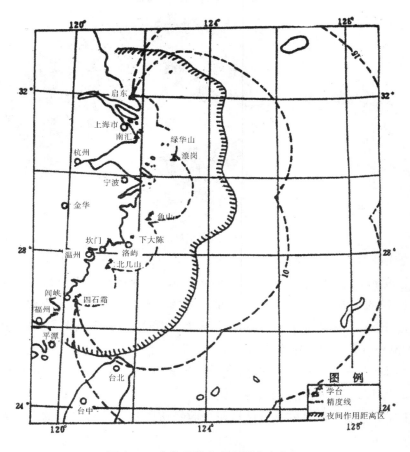

图 6-4　东海无线电定位精度示意图

为了满足军事部门和民用部门对连续实时和三维导航的迫切要求,1973 年美国国防部批准建立新一代卫星导航系统,即全球定位系统(GPS)。它是一种可以定时和测距的空间交会定点的导航系统,可以向全球用户提供连续、实时、高精度的三维位置、三维速度和时间信息,为陆、海、空三军提供精密导航,还可用于情报收集、核爆监测、应急通信和卫星定位等一些军事目的。

至 1994 年,7 颗 GPS 试验卫星和分布在六根轨道上的 24 颗(3 颗备用)工作卫星已全部升空并正常工作。从覆盖范围、信号可靠性、数据内容、准确性以及多用性这五项指标来看,GPS 定位系统远比先前的子午卫星系统优越,它的问世已导致测绘行业一场深刻的技术革命。

如图 6 - 5 所示,GPS 定位系统由三大部分组成:空间卫星部分、地面监控部分和用户设备部分。三者有各自独立的功能和作用,但又是有机地配合而缺一不可的整体系统。

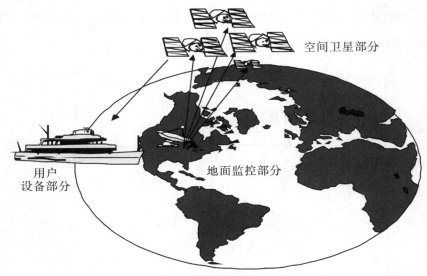

空间卫星部分

用户
设备部分

地面监控部分

图 6 - 5　卫星定位示意图

随着现代科学技术和卫星定位技术的发展,建立起来的新一代卫星无线电导航定位系统——全球导航卫星系统(Global Navigation Satellite System,GNSS),是多个导航定位系统的总称,目的是为用户提供精确可靠的导航和位置服务。目前它主要包括美国的全球定位系统(GPS)、中国的北斗卫星定位系统(BDS)、俄罗斯的格洛纳斯系统(GLO-NASS)以及欧洲联盟的伽俐略系统(Galileo)。这些全球导航卫星定位系统在系统组成和定位原理方面具有许多相似之处,这里将以 GPS 为例进行论述。由于 GPS 建成最早,拥有全球最多的用户,并广泛应用于诸多领域。

GPS 接收机通过测量卫星发射信号与接收机接收到此信号之间的时间差 Δt,来求得卫星接收机间的距离 ρ($\rho = \Delta t \cdot c$,式中:c 为光速),从而确定地面点位置。

在高精度海洋定位中,为了获得较好的海上定位精度,采用 GPS 接收机与船上的导航设备组合起来进行定位。例如,在 GPS 伪距法定位的同时,用船上的计程仪(或多普勒声呐)、陀螺仪的观测值联合推求船位。对于近海海域,还可采用在岸上或岛屿上设立基准站,采用差分技术或动态相对定位技术进行高精度海上定位。如果一个基准站能覆盖150km 范围,那么在我国沿海只需设立 3 ~ 4 个基准站便可在近海海域进行高精度海上定位。

利用差分 GPS 可以进行海洋物探和海洋钻井平台的定位。进行海洋物探定位时,在岸上设置一个基准站,另外在前后两条地震船上都安装差分 GPS 接收机。前面的地震船按预定航线利用差分 GPS 导航和定位,以一定距离或一定时间通过人工控制向海底岩层发出地震波,后续船接收地震反射波,同时记录 GPS 定位结果。通过分析地震波在地层内的传播特性,研究地层的结构,从而寻找石油资源的储油构造。根据地质构造的特点,在构造图上设计钻孔位置。利用差分 GPS 技术按预先设计的孔位建立安装钻井平台。

5. 水下声学定位

在远离海岸的区域或水下进行相对定位时,考虑采用声学定位技术(Acoustics),它能提供局部的、实时的、精密的位置信息。声学定位主要利用声波在海水中的传播速度确定两点之间的距离 S ($S = \frac{1}{2}v \cdot \Delta t$,式中: v 为声波传播速度),如图 6-6 所示。

图 6-6　水下声学定位

声学定位系统包括长基线系统、短基线系统和多普勒声呐系统。长基线声学定位是利用埋设在海底的一组(若干个)应答器或信号标,采用距离空间交会原理进行定位。短基线声学定位是利用安置在船底的一组(若干个)听音器和埋设在海底的一个信号标或应答器进行定位。多普勒声呐系统类似于卫星多普勒测量,船上的声波发生器倾斜地向海底发出一定频率的声波,通过声波多普勒效应测定船的航行速度。三种系统各有优缺点。

6.2.3　海洋水深测量

众所周知,深达 11034m 的太平洋马里亚纳海沟是全球海洋最深点。这个深度是怎样测出来的呢?

古代测深主要使用杆子(俗称测深杆)或系有重物的绳子(俗称水铊)。测深杆最多只能测 5m 左右,用水铊最多也只能测 50m,而且效率低、劳动强度大、精度也不高。随着航海事业的发展,需测深的范围逐步向深海发展。为此,人们开始寻求测深的新方法。早在 19 世纪初,研究的成果表明海水中的平均声速为 1500m/s。20 世纪初,人们发明了用高频声波探测潜艇的方法。这种方法后来引用到海洋测深中,即现代的回声测深方法。

回声测深仪就是根据超声波能在均匀介质中匀速直线传播,遇不同介质面产生反射的原理设计而成的。在船底安装声波发射装置和接收装置,船底到海底的深度就可以根据超声波在水中的传播速度和超声波信号发射出去到接收回来的时间间隔计算出来。

1. 回声测深法

利用船上的一种仪器向海底发射声波,通过测定接收到海底反射声波的时间,计算海水面到海底距离的方法,基本原理:$D = \frac{1}{2}c_m \Delta t$(式中 c_m 为声波的传播速度)。

产生声波和记录声波传播时间的仪器称作回声测深仪,回声测深仪工作原理如图 6 - 7 所示,回声测深仪如图 6 - 8 所示。

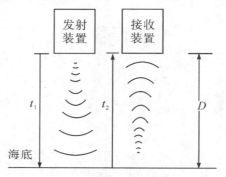

图 6 - 7　回声测深仪工作原理

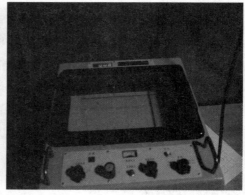

图 6 - 8　回声测深仪

2. 多波束测深系统

为了测定船只航线两侧的海底信息资料,研制的一种能在测船航线左右两侧对称的有效带内采集全部海底地形信息的回声测深系统,称作多波束测深系统,如图 6 - 9 所示。多波束测深仪的基本原理和回声测深仪相同,它们最大的区别在于单波束和多波束,如图 6 - 10 所示。多波束测深系统具有测量范围大、速度快、精度高、记录数字化以及成图自动化等优点,它把测深技术由原先的点线状扩展到面状,并进一步发展到立体测图和自动成图。

多波束测深系统是由声学仪器、GNSS、姿态及航船数字传感器、计算机及功能强大的软件组成的高技术设备。多波束换能器以一个较大的开角(如150°)向水下发射声波,同时接收几十束或上百束声波(如101束),那么每发出一束声波,便可在垂直于航线上得到一组水深数据。当测船连续航行时,便可得到一个宽带的水下地形资料。

图6-9 多波束测深系统

图6-10 单波束与多波束测深正面图景

多波束测深系统以其全覆盖、无遗漏的测量方式,在效率、精度、分辨率与水下地形成图质量上有了大幅度提高,整个系统从外业到内业全过程真正实现了自动化、智能化和数字化,彻底改变了传统的水下测量手段,具有广阔的应用前景,如图6-11所示为多波束水下测量三维立体图。

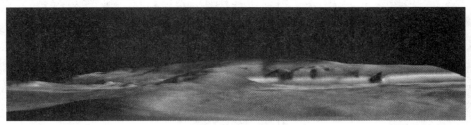

图6-11 多波束海底三维立体图

　　多波束测深系统广泛应用于江河、水库、湖泊、海洋水下地形测量,特别是大比例尺(1:2000 以上)、大范围的测量;江岸堤防及险工险段水下监测;水下工程检测(如抛石护岸等);河道疏浚及港口、码头、桥梁工程测量;水下管线、电缆等监测;沉船、水下物体打捞搜寻。其能很好地为海洋地质研究、海洋资源勘查和海洋管理提供基础图件,为海岸带开发(港口、码头建设、航道、石油钻井、光缆线路等)建设服务。如图 6-12 所示为多波束测量海底地形图。

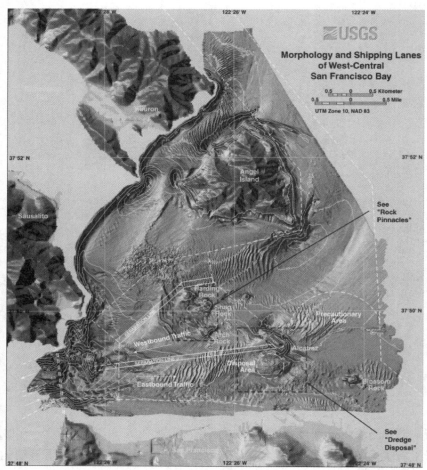

图 6-12　多波束测量海底地形图

　　多波束测深系统在防洪减灾中的应用也具有巨大的经济效益和社会效益。由于多波束系统具有实时监测功能,可以现场监视水下地物地貌的细微变化,因而在堤防安全、溃口、崩岸监测、水下物体摸探及打捞中,具有其他方法不可替代的作用。

　　多波束测深系统既可获得高密度、高精度的测点位置信息,又可获得海底图像信息,但由于分辨率的限制,一般情况下,成像质量较差;而侧扫声呐则以成像为主,可获得高分辨率的海底影像,但仅能给出描述海底地貌、地物的概略位置。因此,多波束数字信息与侧扫声呐图像信息的融合,是测深技术深入发展的方向。

3. 其他海洋测深方法

除了回声测深以外,还有其他一些海洋测深方法。

(1)机载激光测深。激光具有相干性好、高度单频性、脉冲宽度窄、发射功率大、发散角度小等特性,可以用于海洋水深测量。激光发射器产生的光束通过镜面发射以脉冲方式垂直于飞行器向下传输;而接收器捕捉到反射信号,并将它转换成电信号由专门设备记录输出。通过测量光能从水面发射与从海底反射之间的时间间隔,计算海水面到海底的距离。

(2)光度法测深。利用航空像片的光度测量法,以与水体亮度有关的像片光密度和水体光密度之间的解析比较求解。试验结果:当水体透明度为 3～8m 时,测深精度为水深的 5%～10%。光度法测深是基于光波进入水体后其传播能量会不断衰减的原理,后来发展形成了水深遥感。

6.3　海洋测绘主要内容

6.3.1　海道测量

海道测量最主要的目的是为了航海安全制作航海图。航海图被广大的航海人员视为航海安全的保护神,是航海最重要的物资保障之一。广袤的海洋中确实处处有宽阔的航路,可是在航海的全过程中一刻也离不开航海图。

在航海准备工作阶段,首先要在航海图上画出计划航线,计划航线选择恰当,可以保证航行安全,选择捷径航路,还可以节省航行时间和经费。

在航行过程中,要及时利用定位仪器确定船位,并将船位标入航海图,在航海图上画出航迹线,如果船在风、浪、海流影响下偏离计划航线,就要及时修正航向。图 6－13 为郑和下西洋航线图。

1. 航行障碍物的测定

海图上表示的礁石、浅滩、沉船、钻井遗弃的钢管、战时布设的水雷等都是航行障碍物。其中水下深度小于船吃水深度的,是危险的航行障碍物。因为这些障碍物都在水下,航海人员难以用肉眼看到,测深仪和侧扫声呐等仪器也只能探测到船底和两侧近处的海底情况,而航船具有巨大的惯性,一旦发现障碍物已来不及躲避,就很可能会搁浅、触礁沉没。即使是明礁,虽然大潮高潮时也露出水面,但因体积较小,在能见度较低时也难以及时发现。因此,在海图上,上述航行障碍物都用比较明显的符号表示,并且要求位置精度准确、性质标示明确、延伸范围表示正确。深度大于船吃水深度的障碍物则用略为不明显的符号表示,如沉船深于 18m 的周围不加点线,有的国家对深于 20m 或 50m 的上述障碍物干脆不表示。为此,船舶航行前做计划航线时应远离上述障碍物的地方,航行时则要及时定位,不要偏离计划航线太远,一旦偏离就要及时纠正航向。

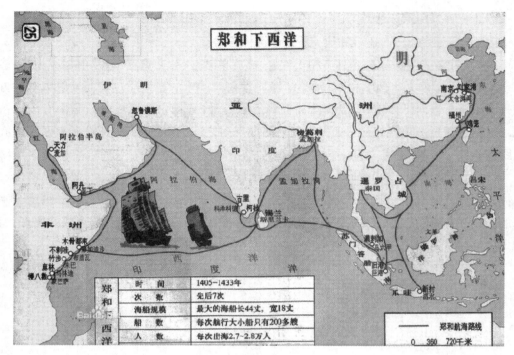

图 6-13　郑和下西洋航线图

　　暗礁是船舶航行中最危险的障碍物。海道测量时必须准确地测定它的位置、深度和延伸范围。有时候由于测线之间是水深测量的空白区,面积不大的暗礁之类的障碍物有可能漏测,但是根据当地渔民的报告,或者根据资料,推测某处可能存在暗礁,需要进一步探明。在使用回声测深仪测深时,测深线经过暗礁的某一部分,或在重要航道上经扫海测量证明某处有暗礁存在,但尚未确定其精确位置、深度和延伸范围;或同时利用侧扫声呐,虽然可以测出暗礁的位置,但最浅深度和准确的延伸范围仍不能确定。这几种情况,都应使用加密测深,或辅以潜水员探摸的方法精确测出暗礁的位置、最浅水深和延伸范围。如果利用多波束测深系统测海底地形时,因为是全覆盖测深,暗礁的位置、深度和延伸范围都可以在测深图上直接显示出来,探测工作相对简单且显示详细。

　　2.扫海测量

　　扫海是海道测量的内容之一。扫海的目的是查明海区航行障碍物的情况,并确定船只安全航行的深度。

　　海底地形一般来说要比陆地地形平坦一些,但是也存在浅滩、礁石等特殊地貌和沉船、沉雷、钻井遗留下来的钢管等地物。这些障碍物在浅海尤其多,而且对船舶航行危险性较大。海道测量是为航海安全制作航海图的,由于目前水深测量只是沿测线测取水深数据,测线间的这些障碍物很容易被遗漏,所以在多障碍物的航道区域,通常需要扫海。

　　扫海的工具有机械式扫海设备、侧扫声呐、多波束测深系统和海洋磁力仪。机械式扫海设备一般由绳、杆、沉锤、浮子等组成,由船拖着走,遇有障碍物会被挂住。这种方法和侧扫声呐一样,可探测出障碍物的概略位置。为测定其准确位置、最浅深度、性质和延伸范围,需进一步用测深仪加密探测或潜水员探摸。使用多波束测深系统可测得准确的资料,使用海洋磁力仪可以对铁质障碍物进行有效定位。

3. 海岸线位置的确定

在航海图上,不以平均海面时的海陆交界线作为海岸线。因为这条线在高潮时淹没在水中,低潮时虽露出水面,但其痕迹被大潮高潮时的海水所冲刷,在实地上很难判别其位置。而海岸线上的某些特征,如岬角、特殊颜色等又是航海时确定船位和方向的重要目标。确定有明显痕迹的位置作为海岸线,对航海是极有用处的。根据分析研究得知,平均大潮高潮时的海陆交界线,常常有明显的痕迹。如在陡岸上,一般都留有海水侵蚀过的痕迹;有植被的海岸地段,有不被海水浸泡的陆地植被的生长界线;平坦海岸上,有海浪活动的最上痕迹和水生植物枝叶的堆积;通常海水浸泡和冲刷过的岩石和沙土的颜色不同于未经海水浸泡过的颜色等。根据上述种种痕迹,首先在实地上确定海岸线的位置,然后用地形测量的方法,就可将其测绘在图上。

4. 航海图及其使用

航海时,自始至终需用航海图。按航海中不同的用途,航海图分为三种:

(1)海区总图。供研究海区特点、制订航行计划、选择航线等用,比例尺一般小于1:1000000。只显示海岸线、海港、岛屿、主要航行标志和航行障碍物,以及海底地貌等要素。

(2)航行图。供海上航行用,比例尺一般为1:50000~1:3000000。较详细显示海底地貌、航行标志、航行障碍物及与航行有关的其他要素。

(3)港湾图。供进出港湾、选择驻舶锚地、研究港湾地形、进行港湾建设等用,比例尺一般大于1:50000。详细表示港湾、水道、锚地、助航标志、航行障碍物及港口设施等要素。

上述航海图可供各种舰船在海上航行用,通常称普通航海图。随着新航海技术和新型船舶的出现,又出现了一些新的航海图。如双曲线无线电导航系统的应用,产生了双曲线无线电导航图,包括罗兰海图、台卡海图、奥米加海图等。这些海图除普通航海图的内容外,增加了定位双曲线。一些发达国家出现大量的游艇,于是游艇用图大量面市。这种图除航行障碍物外,海底地形比较简单,而目视目标非常详细,以适应游艇吃水浅、速度快、主要靠自视定位航行的特点。

航海图是地图的一种,但航海图与普通地图又有许多不同。首先,获取海图资料的方法不同于陆地地形图(简称陆图),这在海洋测绘特点中已做介绍。差别最大的是海图表示的内容和表示方法明显不同于陆图。以海底地形图和陆图相比,陆图以水系、居民地、交通网、地貌、土壤植被和境界线六大要素为其主要内容。而海图主要内容为海岸、海滩和海底地貌,海底基岩和沉积物,水中动植物,水文要素,灯标、水中管线、钻井或采油平台等地物,以及航道、界线等。海图中数量最多的航海图,除内容不同于陆图外,在表示方法上也有许多不同于陆图的地方,如:多采用墨卡托投影;没有固定的比例尺系列;深度起算面不用平均海面而用特定的深度基准面;分幅沿海岸或航线进行;在邻幅间还有重叠部分;有自己特有的编号方法;符号设计原则和制图综合原则也略有不同;为保证航行安全,航海图出版后要不间断地进行修正,始终保持现势性等。随着测绘新技术的发展,目前已广泛使用电子海图进行航海。

航海时,自始至终需用航海图。在航行前,通常用比例尺较小的海区总图作计划航线,然后将此计划航线转标到较大比例尺的航行图上,并检查此计划航线设置是否合适。因为海区总图内容较简单,作计划时难免有不合适的地方,转到航行图上后,就可发现计划航线设置中的不足之处,例如离航行障碍物太近,或者还有更近的航线可以利用等,这时就在航行图上修正计划航线。在航行时,需用航行图标示航迹线,就是航海中说的进行海图作业。海图作业的方法:利用船上的定位仪器确定实时船位,并将此船位标到海图上,然后从此点出发,画出航行方向线,此方向线应尽可能引向计划航线。过一段时间之后,再次进行定位。两次定位的时间间隔视海区航行条件而定,较简单、安全的海域,定位间隔可长一些;较复杂、安全性较差的海域,定位时间间隔要短一些。新的定位点如果离计划航线很近,船的航向可以按计划航向航行;如果离计划航线较远,就要修正航向,使其逼近计划航线。在实际航行中,受风和海流等的影响,船的实际航向常常会偏离计划航线,因而经常进行定位是十分必要的。也就是说,及时进行海图作业是保证航行安全的重要措施。在航行结束后,绘有计划航线和航迹线的航海图是进行航行总结的主要资料,一旦出现航行事故,这种海图则是检查事故的重要依据。

随着数字化成图技术的应用,现代电子航海图已批量投入使用,使用起来非常方便。海图图形和计划航线同时在屏幕上显示,实时航线也根据定位仪器的信息输入计算机之后在屏幕上显示出来,而且偏离计划航线之后就自动报警。航行状况都自动记录在介质中,可省去海图作业的繁重劳动。

6.3.2 海洋大地测量

海洋大地测量是在海洋区域进行平面和高程控制的测量,是陆地大地测量在海洋区域的扩展。主要内容包括在海洋范围内大地控制网(点)布设、海上定位、平均海面测定、海洋地形和海洋大地水准面测定等。

海洋大地测量控制网主要由海底控制点(如水下声标)、海面控制点(如固定浮标)、岸上或岛上的大地控制点组成,是各种海洋测绘和海上定位工作的基础。图 6-14 为片区海底大地测量控制网示意图。

海上定位包括海面定位和水下定位。海面定位,近岸水域用陆地大地测量方法和电磁波测距等方法,较远海区用地面无线电定位、水下声学定位和卫星定位。海上定位为海洋测绘、航海、海洋工程建设、海洋划界、军事活动和海洋科研等提供数据。

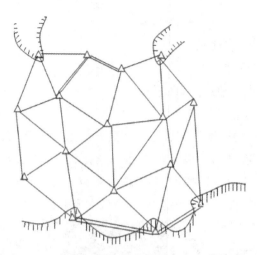

图 6 – 14　海底大地测量控制网示意图(局部)

平均海面和大地水准面的测定是为海洋和陆地测绘高度(深度和高程)提供基准。大地水准面和海洋地形的测定,为研究地球形状和构造提供资料。

6.3.3　海底地形测量

海底地形测量是测量海底地物和起伏形态的工作,是陆地地形测量在海域的延伸。海底地形测量的特点是测量内容多,精度要求高,显示海底地物、地貌详细。测量内容包括海底地貌、各种水下工程建筑、底质、沉层厚度、沉船等人为障碍物、海洋生物分布区界和水文要素等。通常对海域进行全覆盖探测,确保测图比例尺所能显示的各种地物和地貌,是为从事各种海上活动提供重要资料的海洋基本测量。

1.海底地形测量

海底地形测量和海道测量测得的海底地貌及其表示是有区别的,这是因为海底地形测量测得的数据用于编制海底地形图,而海道测量测得的数据用于编制航海图。海底地形图和航海图是两种性质完全不同的海图。

海底地形图表示海洋区域详细的各种要素,尤其是地形起伏要表示得真实、细致,使其可用于海洋研究、海洋工程建设和海洋开发利用的各个方面。航海图是一种用于保证航海安全的专用海图,对航海安全影响较大的浅海区、地形复杂区、正地貌等的测量比较详细、准确;而对航行比较安全的深海域、地形平坦海区、负地貌等的测量和表示较忽略。海底地形图上应表示任何海区的微地貌形态;而航海图上对微地貌的表示不太重视。在制图综合时,航海图对浅水区略做扩大表示,而对深水区,尤其是孤立的小凹坑常常舍去不表示。因而在研究海底地形、进行海洋工程建设的海洋活动时,应使用海底地形图,而不应用航海图。

海底地形测量是利用声呐技术、激光技术和摄影技术,获得海底的地形特征。现有的主要手段包括:

（1）船载声呐设备水下地形测量（船载）。

（2）机载激光水深测量（机载）。

（3）水下机器人测量（潜载）。

（4）激光雷达三维水下地形测量（岸载）。

（5）遥感反演海底地形（星载）。

无论采用何种手段，海底地形测量通常需要几个过程来实现：首先，进行海岸或海底平面、高程控制测量；其次，野外探测/扫测海底地物、地貌及获取相关信息，并采集潮位等辅助测量信息；最后，进行数据处理，即对瞬时测量信息进行质量控制，获取测量深度，从而获得海底地形地貌。图6-15为多波束测量生成的潜坝水下地形图。

图6-15　潜坝多波束测量水下地形图

2. 沿海陆地地形测量

在进行大比例尺沿岸海道测量时，除了测取海域和海滩上的海底地形以外，同时还要测量沿海陆地的地形。沿海陆地通常都已有陆地地形图，为什么不予利用，而把沿岸地形测量作为海道测量的内容之一呢？这是由于海图制图工作的需要和航海上的要求而制定。

（1）海图制图工作的需要。海道测量外业测量任务完成后，通常就要安排航海图的制作。这时，海域资料当然是最新的，也就是说现势性是最强的。而此时陆地部分的地形图，不一定具有现势性。海岸地带的地形常常又是变化很快，如由于河口地区泥沙沉积使陆地向海延伸、海蚀地段陆地的后退、港口工程建设出现新地物、围海造地出现新陆地等，这就使海图制图时海道测量资料与陆地地形图难以拼接。因而在海道测量时都要在沿海陆地进行地形测量，直至海陆资料能拼接起来为止。当然，如果同时又有新的地形图，则只需用地形图修测即可。

（2）航海上的要求。海岸及沿海地形可作为近岸航行时判定船位和航行方向的目标。因此，航海图上以平均大潮高潮时的痕迹线作为海岸线，并要详细表示海岸的地形。

大比例尺航海图上,不仅要求有准确的海岸线位置,而且要表示出海岸的高度、坡度、物质组成、特殊的颜色和岸上的一些可以作为航行目标使用的岬角、山头、独立石和显著的人工建筑物。这其中有些内容在陆地地形图上是没有的,需要在海道测量时根据航海的特点进行调查和测量。

3. 淤泥滩地形测量

在宽阔的淤泥滩上,低潮时露出滩面,但人、车难以通行;高潮时被水淹没,且海水很浅,高潮时间又短,舰船可航时间很有限。因此,宽阔的淤泥滩是海洋测绘最困难的地区之一。

当这种淤泥滩面积不十分大时,使用传统的回声测深方法,在高潮时用吃水很浅、速度很快的船艇测量是可行的。但当面积较大时,用此方法困难较大。因为一天当中高潮时间很短,速度稍慢,测量船就会搁浅。20 世纪 80 年代以来,曾试验使用航空摄影测量方法,在低潮时进行摄影。这种方法的困难在于摄影照片的调绘仍难进行。对局部地段调绘,配合使用少量海测方法测得的资料进行分析、判读,方可获得较满意的成果。

6.3.4　海洋工程测量

1. 港口工程测量

海洋工程与陆地工程类似,在工程建设前和建成后都要进行测量。所谓港口工程是指港口设施(码头、船坞、防波堤)的新建、改建、维护、修复等工程。比如上海、大连、青岛、宁波、福州、厦门、广州等地的港口工程建设。码头工程如图 6-16 所示。

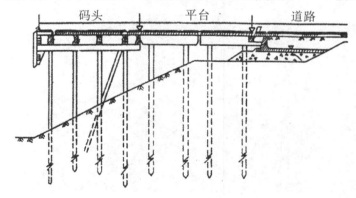

图 6-16　高桩板梁式码头剖面图

港口工程建设前,需要进行选址、总体规划和技术设计等工作。其中码头选址不仅需要陆地地形图,还需要许多海洋测绘资料。因为码头打桩或开挖填筑基础,需要水深、底质、地质构造、地震等资料;为了减轻建成后海浪冲击和泥沙淤积,需要有海流、波浪等水文资料;为确定码头高度,还要潮汐、甚至于历史上的大潮和风暴潮的资料;另外,进出港航道、泊地的选址,船坞、防波堤的建设,助航标志、系船浮筒的设置等都需要有大比例尺的水深测量资料。由于港口大都建在河口、海湾等易变海区,建港所需的资料通常都需建港前实测。

港口工程建成后的测量有两种：一是新港建成，需要有新的港湾图，以备船舶进出港时使用；另一种是对码头等建筑物进行变形观测，即平面位移和沉降观测。港口工程竣工后，由于荷载、海流和波浪冲刷、地震等原因，会引起码头等建筑物的变形，变形观测就是为了掌握变形规律，以便提出防治措施，保证建筑物的安全。

2.水下工程测量

人类活动已由陆地逐步走向海洋，开发海洋、兴建海洋工程都离不开测量工作，比如海底采油和采矿工程（图6-17、图6-18）、海底管线和电缆铺设工程、海底打捞工程等需要在水下进行测量，必须依赖潜水器的配合，采用特殊的仪器设备。

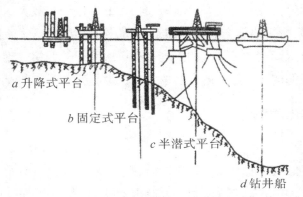

图6-17　各式钻井平台示意图

图6-18　固定式钻井平台实景图

随着海洋开发的海域从大陆架向深海发展，钻井位置也逐渐向深海推移，在海上无法固定的钻井船随着风、浪、流的作用而漂浮运动。表6-2所列为钻井船允许的活动半径。如图6-19所示，当钻井船的活动范围超出钻杆所能承受的折弯强度，钻杆就会被折断，所以必须控制钻井船的活动范围。海上钻井时的定位测量依赖声学动态定位系统，构作稳定的平衡状态，通过船位自动调整系统保证船位定位精度，预防钻杆产生断裂。

表 6 - 2 钻井船允许的活动半径

水深 H/m	< 500	500 ~ 1500	> 1500
允许活动半径	2% H	4% H	6% H

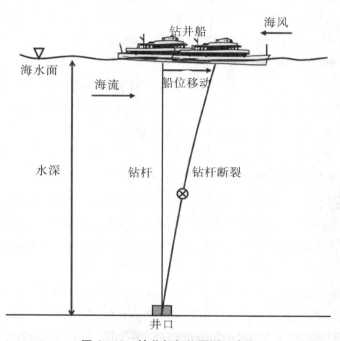

图 6 - 19 钻井船船位漂浮示意图

3. 水下摄影测量

水下摄影测量是利用水下摄影设备对水底目标或局部地形进行测量的工作,目的是确定水下摄影目标的形状、大小、位置和性质,或局部地形的起伏状态。根据摄影设备不同有三种:

(1)运用光源直接拍摄水下目标影像。摄影工作在潜水器上进行,设备有摄影机,用来提供摄影机位置、深度、姿态、曝光时间间隔的传感器和导航设备等。如用两架摄影机并用水声定位系统定位时可获得精确的成果。

(2)利用光源照射下对水下目标进行电视扫描,设备有电视系统和摄影系统。水下部分由 3 个接收孔和信息传递器组成,采用立体摄影方法,拍摄屏幕上的海底地形或目标。

(3)声全息摄影系统,由超声波发射器、水声接收器和电视显示器等组成。在完全不存在光学可视度的情况下,可获得声学图像,经处理可在电视屏幕上显示声全息图。这种方法发展快,主要用于水下大比例尺测图、海底工程测量和沉船打捞等。

6.3.5 海洋物理测量

1. 海洋磁力测量

海洋磁力测量是测定海上地磁要素的工作。通常利用拖曳于工作船后的质子旋进式磁力仪或磁力梯度仪,对海洋区域的地磁场强度数据进行采集,将观测值减去正常磁场值,并作地磁日变校正后得到磁异常。也可采用机载磁力测量和卫星磁力测量方法。海洋磁力测量成果有多方面的用途。

(1)对磁异常的分析,有助于阐明区域地质特征,如断裂带分布、火山岩体的位置等。磁力测量的详细成果,可用于编制海底地质图。世界各大洋地区内的磁异常,都呈条带状分布于大洋中脊两侧,由此可以研究大洋盆地的形成和演化历史。成果也是研究海底扩张和板块构造的资料。

(2)磁力测量是寻找铁磁性矿物的重要手段。

(3)在海道测量中,可用于扫测沉船等铁质航行障碍物,探测海底管道和电缆等。

(4)在军事上,海洋地磁资料可用于布设磁性水雷,对潜艇惯性导航系统进行校正。

(5)用各地的磁差值和年变值编成磁差图或标入航海图,是船舶航行时,用磁罗经导航不可缺少的资料。

因此,现在越来越多的国家都把海洋磁力测量作为海洋测绘的重要内容,把海洋地磁图作为海洋区域的基本海图之一。图6－20为海底沉船磁力测量图。

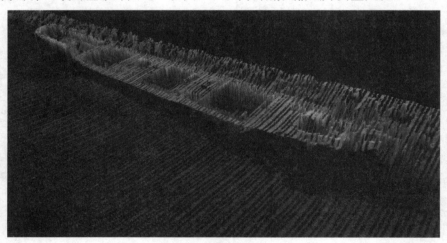

图6－20 海底沉船磁力测量图

2. 海洋重力测量

海洋重力测量是测量海区重力加速度的工作。海洋重力测量方法有在船上用海洋重力仪测量,在海底布设海底重力仪用遥测装置在海面上观测,或用机载重力测量和卫星重力测量,或用卫星测高仪测得海面地形推算重力异常。

海洋重力测量技术的进步,以及重力成果的广泛使用,越来越证明海洋重力数据在大地测量学、地球科学、海洋科学、航天技术的研究和军事上的重要意义。海洋重力测量为研究地球形状和内部构造,勘测海洋矿产资源和保障航天、远程导弹发射提供重力资料。充分的重力测量数据,可以求定大地水准面的形状。目前陆地重力数据比较充分,海洋重力数据不足,而且海洋面积大,一旦有了充分的海洋重力数据,就可得出较精确的全球大地水准面的形状,这对海洋测绘本身,以及研究地球形状都是非常必要的。

海底具有不同密度的地层分界面,这种界面的起伏会导致重力的变化。因此,通过对各种重力异常的解释,包括对某些重力异常的分析和延拓,可以取得地球形状、地壳构造和沉积岩层中某些界面的资料,进而解决大地构造、区域地质方面的任务,为寻找矿产提供依据。重力加速度会影响航天器的飞行,因此重力异常数据对保证航天和远程武器的发射是不可缺少的资料。

3. 海底物质调查

海底表层物质组成在海洋测量中称底质。在航海中,选择锚地、停泊场,军事上布设水雷、潜艇坐底、舰船登陆,海洋工程建设中的选址,科学研究中分析海底地貌等都需要底质资料。

底质肉眼看不见,手摸不着,如何测定呢? 在用水铊、测深杆测水深时,水铊和测深杆底部凹孔内涂上牛油,当水铊和测深杆着底时就会使底质黏附在牛油上,直接获得底质资料。

利用特制的形如抓斗的采泥器,直接沉入海底,可抓取 5 ~ 10cm 厚的泥沙底质。我国目前主要使用重力式取样管。用它可采集到 0.4 ~ 3m 厚的泥沙底质样品。还有一种专制的底质采集器,拖于船后,除泥沙外,还可采集到巨砾、贝壳、岩石碎屑等底质。

根据测深仪回波信号的宽、窄,强、弱,可以判定底质的类型,如泥沙底回波信号平缓,岩石底信号参差不齐。也可用浅地层剖面仪探测海底一定厚度的物质结构和分布。

随着海洋物探技术的发展,海底静力触探仪的应用可以有效获得海底底质的土工力学资料,为海洋工程建设提供科学依据。

6.4 海洋测绘新技术的应用

近年来,随着测绘科学与测绘新技术的发展,海洋测绘技术水平也得到迅速提高。新的海洋测绘体系中融合和吸收了大量其他边缘学科的理论和技术,如航空航天技术、通信技术、计算机技术、航海技术、数据库技术、天文学、海洋学、气象学和水文学等。这些技术间的相互渗透和相互作用,共同反映了丰富的海洋信息。但由于单一技术侧重点不同,反映海洋要素方面还存在着不足,这就有必要将相关信息进行综合,提高海洋要素的准确度和全面性。当前测绘高新技术在海洋测绘发展中的应用主要有以下几个方面。

1. 卫星定位技术

以 GPS 为代表的全球卫星导航定位系统(GNSS),其全球覆盖、全天候、实时、高精度提供定位服务的特性,极大地提高了海洋测绘中各种测量载体和遥测设备的定位精度和工作效率,特别是适用于不同范围的单基准站常规差分 GPS(DGPS)站、多基准站的无线电差分 GPS(RNB/DGPS)网以及广域差分 GPS(WADGPS)网的建立,使我国在江河湖海中航行或进行水域测量的任何船只都能实时获得米级甚至亚米级的定位精度。RTK 技术的应用为滨海断面测量、滩涂测量和水下地形测量提供极为有效的定位方法。

同时,利用 GNSS 技术进行海上和水下大地控制网的建立、精确海洋大地水准面的建立,以及无缝垂直参考基准的建立,江河、湖泊、所辖海域无缝垂直参考基准模型的建立,可真正实现 GNSS 在海洋精密测量的应用。

2. 水深测量技术

长期以来,水深测量主要应用声学探测技术,即单波束回声测深技术。但随着多波束测深、机载激光测深以及卫星遥感测深技术的出现和应用,使测深技术有了新的发展,水深测量效率大为提高。特别是多波束测深技术,其水深测量覆盖面、精度、分辨率、声学图像质量等有了大幅度提高,不仅满足了大面积高精度进行海底地形测量工作的要求,而且由于获取的信息量丰富,还能进行海底沉积物分析、海底地质研究、矿产调查等。因此,多波束测深技术以及测深侧扫声呐技术是水深测量技术的重点发展和应用方向。机载激光测深能提供沿海浅水区大面积快速水深测量资料,卫星遥感测深对探测岛礁地形和附近水深是十分经济有效的。

海上定位与导航技术已有了长足的发展,现有技术已基本可以满足海上作业的需要。为了详细探测海底,水下机器人(载人潜水器、有缆遥控水下机器人 ROV、无缆水下机器人 AUV)在深海测绘中扮演了非常重要的角色。

3. 海洋遥感和卫星测高技术

相对传统的海洋测量技术,海洋遥感具有经济、快速等特点,非常适合于海洋普查。海洋遥感是利用 SAR、多光谱及高度计等技术对遥感影像资料进行加工处理,目前已在岛礁定位、岸滩监测、岸线确定、浅海测深、航行危险区和他国非法占领海区海图修测等方面发挥着重要作用。海洋遥感测绘技术主要包含星载(SAR、多光谱及高度计)、机载(激光雷达和航空摄影)和船载(多波束和侧扫声呐)等遥感测绘技术。

卫星测高技术是近年来随着卫星遥感技术的发展而发展起来的一个边缘学科,利用卫星上装载的微波雷达测高仪、辐射计和合成孔径雷达等仪器,实时测量卫星到海面的距离、有效波高和后向散射系数等,处理和分析这些数据能研究全球海洋大地水准面和重力异常以及海面地形、海底构造等多方面的问题。由于它可以从空间大范围、高精度、快速、周期性地探测海洋上的各种现象及其变化,因而使人类研究和认识海洋的深度和广度有了极大提高,这是传统的船载海测技术所难以做到的。卫星测高技术同 GNSS 技术一样,已成为空间大地测量学和海洋大地测量学的重要组成部分。

4. 数字海图和海洋测绘数据库技术

数字海图和海洋测绘数据库是指存储在计算机可识别的某种介质上(光盘、磁盘、闪存等)的不可视的数字和图形数据,它也可根据需要处理成可视化的图像。自动化成图和数字海图生产离不开数字化的制图技术,当前主要指用一些比较成熟的制图软件如AutoCAD、ArcGIS、superMAP、MapInfo 等,在工作站上生产数字海图。海洋测绘数据库技术主要包括海图数据库、水深数据库、海洋重力数据库、潮汐数据库、海洋数字地面模型(DTM)数据库及其他与海洋测绘有关的数据库。海洋信息主要通过星载/机载/数字测量技术、全球定位系统等技术获取,这些技术提供了海量数据,提高了信息质量,呈现了多样化的数字产品,为构建数字海洋奠定了基础。

我国在构造"数字海洋"方面已取得了一些进展。建成覆盖我国近海海域的大、中比例尺海洋数据仓库,形成统一标准与接口的"数字海洋"基础信息平台;建立四级海洋综合管理信息系统,形成面向海洋管理的辅助决策分析能力和面向公众的信息发布服务能力。发展3S、虚拟现实、仿真、互操作等技术手段,以数字化、可视化、动态显示等方式,真实呈现和预测海洋变化。

5. 海洋地理信息系统

海洋测绘科技发展的另一个重要领域就是地理信息系统(GIS)技术的应用。海洋地理信息系统以海洋空间数据及其属性为基础,存储海洋信息,记录物体之间的关系和演变过程,具有强大的显示和分析功能,为海洋环境规划、海洋资源的开发与使用、海战场环境建设提供决策支持、动态模拟、统计分析和预测等。在国家和地方政府、科学研究机构和经济实体等进行海洋工程建设、资源开发、抗灾防灾以及军事活动等的决策或管理时,需要迅速、准确、及时地获取海洋地理信息。目前,快速数据采集技术(如卫星定位、多波束声呐等)和数字海图生产技术已为各种海洋测绘 GIS 的建立奠定了基础。不少发达国家的航海部门、海道测量管理部门和海岸管理部门投入大量人力和财力,研究和生产各种 GIS 产品,为有关部门进行决策和管理提供十分有效的工具。

我国海域自然灾害频繁,灾情严重,灾害的监测和预报显得尤为重要,目前已初步形成由中央到地方、从近海到远海、多部门交叉的海洋环境观测、预报、警报网络,也已初步形成了海洋气象、水文监测系统和预警网络,其在防灾、减灾工作中起着重要作用。

上述新型的海洋测绘技术,拓展了海洋测绘信息获取手段,扩大了信息源,提供了海量数据,提高了信息质量,呈现了多样化的数字产品,为构建数字海洋和数字地球,以至于智慧海洋和智慧地球奠定了雄厚的基础。

第 7 章　测量误差处理理论与方法

测量误差基本理论和测量误差处理方法,是测绘数据处理的重要基础理论知识。测绘数据处理又是测绘专业的重要理论基础课,通常称为"测量平差"。测量平差研究的就是测量观测数据处理理论和方法,其主要内容:测量误差理论,参数估计方法,间接平差方法,条件平差方法,自由网平差,统计假设检验,线性回归,最小二乘内插,最小二乘滤波,最小二乘配置等。

测量平差的理论基础是高等数学、矩阵论、概率论和数理统计等。因此,掌握好这些数学基础知识,对灵活应用和深入理解测量平差有十分重要的作用。

测量平差是测绘专业的重要理论基础,在测绘专业的主要课程中,如工程测量学、控制测量学、大地测量学、摄影测量学、GPS 测量等都有重要的应用。

测绘数据是使用测量仪器观测得到的,而观测数据不可避免地含有误差,因此,测绘数据处理就是研究处理带有观测误差的测量数据的理论和方法,以便获得最佳观测结果或未知参数的最佳估值,以及评定观测值和观测结果的精度。求解未知参数的最佳估值和评定观测结果的精度,是测绘数据处理的主要任务。

7.1　测量误差及其特性

测量误差的基本理论是测绘数据处理的重要理论基础。

7.1.1　测量误差的来源与分类

由于测量(观测)工作受多种因素影响,因此观测成果不可避免地含有误差,这只需要对某量进行多次重复观测,从其一系列不同的观测结果中,就能得到证实。随着科学技术的不断发展,人们将能够把测量误差控制得越来越小,但却不能完全消除它们,因此有必要对测量误差进行研究,以便设法消除或减弱其影响,从而提高观测成果的质量。

测量误差产生的原因是多方面的,但是概括起来不外乎有测量仪器不够完善、观测者感觉器官的限制以及外界条件的影响等三个方面。

(1)测量仪器。测量工作通常是利用测量仪器进行的。由于每一种仪器的精密度具有局限性,因而使观测值的精度受到一定的限制,例如,在用只刻有厘米分划的普通水准尺进行水准测量时,就难以保证在估读厘米以下的尾数时完全正确无误;同时,仪器本身制造上也有一定的误差,例如,水准仪的视准轴不平行于水准管轴,水准尺有分划误差等。因此,使用这样的水准仪和水准尺进行观测,就会使得水准测量结果产生误差。

(2)观测者。由于观测者感觉器官的鉴别能力有一定的局限性,所以在仪器的安置、照准、读数等方面都会产生误差。同时,观测者的工作态度和技术水平,也是对观测成果质量有直接影响的重要因素。

(3)外界条件。观测时所处的外界条件,如温度、湿度、风力、大气折光等各种因素都会对观测结果直接产生影响;同时,随着温度的高低,湿度的大小,风力的强弱以及大气折光的不同,它们对观测结果的影响也随之不同,因而在客观环境下进行观测,就必然使观测的结果产生误差。

上述仪器、观测者、外界条件等三方面的因素是引起误差的主要来源。因此,我们把这三方面的因素综合起来称为观测条件。不难想象,观测条件的好坏与观测成果的质量有着密切的联系。当观测条件好一些,观测中所产生的误差通常而言就可能相应小一些,观测成果的质量就会高一些。反之,观测条件差一些,观测成果的质量就会低一些。如果观测条件相同,观测成果的质量也就可以认为是相同的。所以说,观测成果的质量高低也就客观地反映了观测条件的优劣。

但是,不管观测条件如何,在整个观测过程中,由于受到上述种种因素的影响,观测的结果就会产生这样或那样的误差。从这一意义上来说,在测量中产生误差是不可避免的。当然,在客观条件允许的限度内,测量工作者可以而且必须确保观测成果具有较高的质量。

根据测量误差对观测结果的影响性质,可将观测误差分为系统误差、偶然误差和粗差三种:

(1)系统误差。在相同的观测条件下作一系列的观测,如果误差在大小、符号上表现出系统性,或者在观测过程中按一定的规律变化,或者为某一常数,那么,这种误差就称为系统误差。

例如,用具有某一尺长误差的钢尺量距时,由尺长误差所引起的距离误差与所测距离的长度成正比地增加,距离愈长,所积累的误差也愈大。

(2)偶然误差。在相同的观测条件下作一系列的观测,如果误差在大小和符号上都表现出偶然性,即从单个误差看,该列误差的大小和符号没有规律性,但就大量误差的总体而言,具有一定的统计规律,这种误差称为偶然误差。

例如在用经纬仪测角时,测角误差是由照准误差、读数误差、外界条件变化所引起的误差、仪器本身不完善而引起的误差等综合的结果。而其中每一项误差又是由许多偶然(随机)因素所引起的小误差的代数和。而每项微小误差又随着偶然因素影响的不断变化,其数值忽大忽小,其符号或正或负,这样,由它们所构成的总和,就其个体而言,无论是数值的大小或符号的正负都是不能事先预知的,因此,把这种性质的误差称为偶然误差。

如果各个误差项对其总和的影响都是均匀的小,即其中没有一项比其他项的影响占绝对优势时,那么它们的总和将是服从或近似地服从正态分布的随机变量。因此,偶然误差就其总体而言,都具有一定的统计规律,故有时又把偶然误差称为随机误差。

(3)粗差。在测量工作的整个过程中,除了上述两种性质的误差以外,还可能发生错误,称为粗差。错误的发生,大多是由于工作中的粗心大意造成的。错误的存在不仅大大影响测量成果的可靠性,而且往往造成返工浪费,给工作带来难以估量的损失。因此,必须采取适当的方法和措施,保证观测结果中不存在错误。所以一般来说,错误不算作观测误差。

系统误差与偶然误差在观测过程中总是同时产生的,当观测值中有显著的系统误差时,偶然误差就居于次要地位,观测误差就呈现出系统的性质。反之,即呈现出偶然的性质。

系统误差对于观测结果的影响一般具有累积的作用,它对成果质量的影响也特别显著。在实际工作中,应该采用各种方法来消除系统误差,或者减小其对观测成果的影响,达到实际上可以忽略不计的程度。例如,在进行水准测量时,使前后视距相等,以消除由于视准轴不平行于水准轴对观测高差所引起的系统误差;对量距用的钢尺预先进行检定,求出尺长误差的大小,对所量的距离进行尺长改正,以消除由于尺长误差对量距所引起的系统误差等等,都是消除系统误差的方法。

当观测值中已经排除了系统误差的影响,或者与偶然误差相比已处于次要地位时,则该观测值中主要是存在着偶然误差。

由于观测结果不可避免地存在着偶然误差的影响,因此,在实际工作中,为了提高成果的质量,同时也为了检查和及时发现观测值中有无错误存在,通常要使观测值的个数多于未知量的个数,也就是要进行多余观测。例如,对一条导线边丈量一次就可得出其长度,但实际上总要丈量两次或两次以上;一个平面三角形只需要观测其中的两个内角,即可决定它的形状,但通常是观测三个内角。由于偶然误差的存在,通过多余观测可以发现在观测结果之间的不相一致,或不符合应有关系而产生不符值,因此,必须对这些带有偶然误差的观测值进行处理,消除不符值,同时提高观测结果的精度和可靠性。

7.1.2　偶然误差分布

任何一个观测量,客观上总是存在着一个能代表其真正大小的数值。这一数值就称为该观测量的真值。

设进行了 n 次观测,其观测值为 $L_1, L_2, \cdots, L_n$,假定观测量的真值为 $\tilde{L}_i$,由于各观测值都带有一定的误差,因此,每一观测值与其真值 $\tilde{L}_i$ 或 $E(L_i)$ 之间必存在一差数,设为

$$\Delta_i = L_i - \tilde{L}_i \qquad (7-1)$$

式中：Δ_i 称为真误差，有时简称为误差。

前面已经指出，就单个偶然误差而言，其大小或符号没有规律性，即反映出一种偶然性（或随机性）。但就其总体而言，却呈现出一定的统计规律性，并且显现它是服从正态分布的随机变量。人们从无数的测量实践中发现，在相同的观测条件下，大量偶然误差的分布也确实表现出了一定的统计规律性。下面通过实例来说明这种规律性。

某测区，在相同的条件下，独立地观测了 358 个三角形的全部内角，由于观测值带有误差，故三内角观测值之和不等于其真值 180°，根据式（7 - 1），各个三角形内角和的真误差可由 $\Delta_i = (L_1 + L_2 + L_3)_i - 180°(i = 1,2,\cdots,358)$ 算得，其中 $(L_1 + L_2 + L_3)_i$ 表示各三角形内角和的观测值。现取误差区间的间隔 dΔ 为 0.20″，将这一组误差按其正负号与误差值的大小排列；统计误差出现在各区间内的个数 v_i，以及"误差出现在某个区间内"这一事件的频率 $\dfrac{v_i}{n}$（此处 $n = 358$），其结果列于表 7 - 1 中。

从表 7 - 1 中可以看出，误差的分布情况具有以下性质：

（1）误差的绝对值有一定的限值；

（2）绝对值较小的误差比绝对值较大的误差多；

（3）绝对值相等的正负误差的个数相近。

表 7 - 1　三角形闭合差分布表

误差的区间	Δ 为负值			Δ 为正值			备注
	个数 v_i	频率 $\dfrac{v_i}{n}$	$\dfrac{v_i}{n}/\mathrm{d}\Delta$	个数 v_i	频率 $\dfrac{v_i}{n}$	$\dfrac{v_i}{n}/\mathrm{d}\Delta$	
0.00 ~ 0.20	45	0.126	0.630	46	0.128	0.640	
0.20 ~ 0.40	40	0.112	0.560	41	0.115	0.575	
0.40 ~ 0.60	33	0.092	0.460	33	0.092	0.460	dΔ = 0.20″；
0.60 ~ 0.80	23	0.064	0.320	21	0.059	0.295	等于区间
0.80 ~ 1.00	17	0.047	0.235	16	0.045	0.225	左端值的
1.00 ~ 1.20	13	0.036	0.180	13	0.036	0.180	误差算入
1.20 ~ 1.40	6	0.017	0.085	5	0.014	0.070	该区间内。
1.40 ~ 1.60	4	0.011	0.055	2	0.006	0.030	
1.60 以上	0	0	0	0	0	0	
Σ	181	0.505		177	0.495		

误差分布的情况，除了采用上述误差分布表的形式表达外，还可以利用图形来表达。例如，以横坐标表示误差的大小，纵坐标代表各区间内误差出现的频率除以区间的间隔值，即 $\dfrac{v_i/n}{\mathrm{d}\Delta}$（此处间隔值均取为 d$\Delta$ = 0.20″）。根据表 7 - 1 的数据绘制出图 7 - 1。可见，此时图中每一误差区间上的长方条面积就代表误差出现在该区间内的频率。例如，

图 7-1 中画有斜线的长方条面积,就是代表误差出现在 0.00″ ~ +0.20″ 区间内的频率 0.128。这种图通常称为直方图,它形象地表示了误差的分布情况。

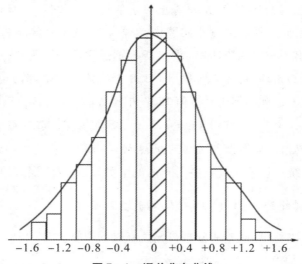

图 7-1 误差分布曲线

在 $n \to \infty$ 的情况下,由于误差出现的频率已趋于完全稳定,如果此时把误差区间间隔无限缩小,则可想象到,图 7-1 中各长方条顶边所形成的折线将分别变成如图 7-2 所示的光滑的曲线。这种曲线也就是误差的概率分布曲线,或称为误差分布曲线。由此可见,偶然误差的频率分布,随着 n 的逐渐增大,都是以正态分布为其极限的。通常也称偶然误差的频率分布为其经验分布,而将正态分布称为它们的理论分布。因此,在以后的理论研究中,都是以正态分布作为描述偶然误差分布的数学模型,这不仅可以带来工作上的便利,而且基本上也是符合实际情况的。

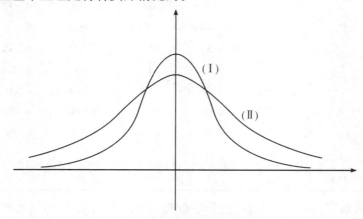

图 7-2 不同方差的误差分布曲线

通过以上讨论,还可以进一步用概率的术语来概括偶然误差的几个特性:

(1)在一定的观测条件下,误差的绝对值有一定的限值,或者说,超出一定限值的误差,出现的概率为零。

（2）绝对值较小的误差比绝对值较大的误差出现的概率大。

（3）绝对值相等的正负误差出现的概率相同。

（4）偶然误差的数学期望（算术平均值）为零，即

$$E(\Delta) = E[L - E(L)] = E[L - \tilde{L}] = E(L) - \tilde{L} = 0 \qquad (7-2)$$

换句话说，偶然误差的理论平均值为零。

对于一系列的观测而言，不论其观测条件是好是差，也不论是对同一个量还是对不同的量进行观测，只要这些观测是在相同的条件下独立进行的，则所产生的一组偶然误差必然都具有上述的四个特性。前面讲过，图 7 - 1 中各长方条的纵坐标为 $\dfrac{v_i/n}{\mathrm{d}\Delta}$，其面积即为误差出现在该区间内的频率。如果将这个问题提到理论上来讨论，则以理论分布取代经验分布（图 7 - 2），此时，图 7 - 1 中各长方条的纵坐标就是 Δ 的密度函数 $f(\Delta)$，而长方条的面积为 $f(\Delta)\mathrm{d}\Delta$，即代表误差出现在该区间内的概率，即

$$P(\Delta) = f(\Delta)\mathrm{d}\Delta \qquad (7-3)$$

其概率密度式为

$$f(\Delta) = \frac{1}{\sqrt{2\pi}\sigma}\exp\left(-\frac{\Delta^2}{2\sigma^2}\right) \qquad (7-4)$$

式中：σ 为中误差。

当式（7 - 4）中的参数 σ 确定后，即可画出它所对应的误差分布曲线。由于 $E(\Delta) = 0$，所以该曲线是以横坐标为 0 处的纵轴为对称轴。例如，在图 7 - 2 中就是表示 σ 不相等时的两条曲线。由上述讨论可知，偶然误差 Δ 是服从 $N(0,\sigma^2)$ 分布的随机变量。

7.2　精度指标及误差传播定律

7.2.1　衡量精度指标

为了衡量观测值的精度高低，当然可以按上节的方法，把在一组相同条件下得到的误差，用组成误差分布表、绘制直方图或画出误差分布曲线的方法来比较。但在实际工作中，这样做比较麻烦，有时甚至很困难。通常人们还需要对精度有一个数字概念。这种具体的数字应该能够反映误差分布的密集或离散的程度，即应能够反映其离散度的大小，因此称它为衡量精度的指标。

衡量精度的指标有很多种，下面介绍几种常用的精度指标。

1. 方差和中误差

由上节知，σ 对应着不同形状的分布曲线，σ 愈小，曲线愈陡峭，σ 愈大，则曲线愈平缓。由此可见，σ 的大小可以反映精度的高低。故常用中误差 σ 作为衡量精度的指标。

如果在相同的条件下得到了一组独立的观测误差，根据定积分的定义可以得出

$$\sigma^2 = D(\Delta) = E(\Delta^2) = \int_{-\infty}^{+\infty} \Delta^2 f(\Delta) \, d\Delta$$

$$= \lim_{n \to \infty} \sum_{k=1}^{n} \Delta_k^2 f(\Delta_k) \, d\Delta = \lim_{n \to \infty} \sum_{k=1}^{n} \frac{v_k \Delta_k^2}{n} = \lim_{n \to \infty} \sum_{k=1}^{n} \frac{\Delta_k^2}{n}$$

即

$$\sigma^2 = D(\Delta) = E(\Delta^2) = \lim_{n \to \infty} \frac{[\Delta\Delta]}{n} \qquad (7-5)$$

$$\sigma = \lim_{n \to \infty} \sqrt{\frac{[\Delta\Delta]}{n}} \qquad (7-6)$$

方差为真误差平方(Δ^2)的数学期望,也就是Δ^2的理论平均值。在分布律为已知的情况下,它是一个确定的常数。方差(σ^2)和标准差(σ),分别是$\dfrac{[\Delta\Delta]}{n}$和$\sqrt{\dfrac{[\Delta\Delta]}{n}}$的极限值,它们都是理论上的数值。但是,实际观测个数 n 总是有限的,由有限个观测值的真误差只能求得方差和中误差的估(计)值。方差(σ^2)和标准差(σ)的估值将用符号$\hat{\sigma}^2$和$\hat{\sigma}$表示。通常还可用符号 m 来表示标准差的估值,因而方差的估值也可写成m^2,即

$$\begin{cases} m^2 = \hat{\sigma}^2 = \dfrac{[\Delta\Delta]}{n} \\[3mm] m = \hat{\sigma} = \pm \sqrt{\dfrac{[\Delta\Delta]}{n}} \end{cases} \qquad (7-7)$$

这就是根据一组等精度真误差计算方差和中误差估值的基本公式。

2. 极限误差

前已指出,中误差不是代表个别误差的大小,而是代表误差分布的离散度的大小。由中误差的定义可知,这是代表一组同精度观测误差平方的平均值的平方根极限值,中误差愈小,即表示在该组观测中,绝对值较小的误差愈多。在大量同精度观测的一组误差中,误差落在$(-\sigma, +\sigma)$,$(-2\sigma, +2\sigma)$和$(-3\sigma, +3\sigma)$的概率分别为

$$\begin{cases} P(-\sigma < \Delta < +\sigma) \approx 68.3\% \\ P(-2\sigma < \Delta < +2\sigma) \approx 95.5\% \\ P(-3\sigma < \Delta < +3\sigma) \approx 99.7\% \end{cases}$$

这就是说,绝对值大于中误差的偶然误差,其出现的概率为 31.7% ;而绝对值大于二倍中误差的偶然误差出现的概率为 4.5% ;特别是绝对值大于三倍中误差的偶然误差出现的概率仅有 0.3% ,这已经是概率接近于零的小概率事件,或者说这是实际上的不可能事件。因此,通常以三倍中误差作为偶然误差的极限值 $\Delta_{限}$,并称为极限误差,即

$$\Delta_{限} = 3\sigma \qquad (7-8)$$

实践中,也有采用2σ作为极限误差的。实用上则以中误差的估值 m 代替 σ ,即以 $3m$ 或 $2m$ 作为极限误差。

在测量工作中,如果某误差超过了极限误差,那就可以认为它是错误的,相应的观测

值应舍去不用。

3. 相对误差

对于某些观测结果,有时单靠中误差还不能完全表达观测结果的好坏。例如,分别丈量了 1000m 及 80m 的两段距离,观测值的中误差均为 ±2cm,虽然两者的中误差相同,但就单位长度而言,两者精度并不相同。显然前者的相对精度比后者要高。此时,须采用另一种办法来衡量精度,通常采用相对中误差,它是中误差与观测值之比。如上述两段距离,前者的相对中误差为 $\frac{1}{50000}$,而后者则为 $\frac{1}{4000}$。

相对中误差是个无名数,在测量中一般将分子化为 $\frac{1}{N}$ 表示。

对于真误差与极限误差,有时也用相对误差来表示。例如,经纬仪导线测量时,规范中所规定的相对闭合差不能超过 $\frac{1}{2000}$,它就是相对极限误差;而在实测中所产生的相对闭合差,则是相对真误差。

与相对误差相对应,真误差、中误差、极限误差等均称为绝对误差。

7.2.2　误差传播定律

在实际工作中,有些量往往不能直接测得,而是由某些直接观测值通过一定的函数关系间接计算而得。例如在控制测量中,我们要求测得各控制点的坐标,而坐标无法直接测得,是通过测量距离、水平角、高差由确定的函数关系求得。

由于直接观测值含有误差,因而它的函数必然要受其影响而存在误差,阐述观测值中误差与函数中误差之间关系的定律,称为误差传播定律。根据函数的形式不同,分为线性与非线性两种函数形式进行分别讨论。

1. 线性函数

线性函数的一般形式为

$$Z = f_1 x_1 \pm f_2 x_2 \pm \cdots \pm f_n x_n \qquad (7-9)$$

式中,$x_1, x_2, \cdots, x_n$ 为独立观测值,其中误差分别为 $m_1, m_2, \cdots, m_n$,$f_1, f_2, \cdots, f_n$ 为常数。

这里略去了推导过程,直接给出了线性函数中误差的关系式为

$$m_z^2 = f_1^2 m_1^2 + f_2^2 m_2^2 + \cdots + f_n^2 m_2^2 \qquad (7-10)$$

2. 非线性函数

对于非线性函数,一般形式表示为

$$Z = f(x_1, x_2, \cdots, x_n) \qquad (7-11)$$

对函数取全微分,得

$$\mathrm{d}Z = \frac{\partial f}{\partial x_1}\mathrm{d}x_1 + \frac{\partial f}{\partial x_2}\mathrm{d}x_2 + \cdots + \frac{\partial f}{\partial x_n}\mathrm{d}x_n \qquad (7-12)$$

因为真误差均很小,用以代替上式的 $\mathrm{d}Z, \mathrm{d}x_1, \mathrm{d}x_2, \cdots, \mathrm{d}x_n$,得真误差关系式为

$$\Delta Z = \frac{\partial f}{\partial x_1}\Delta x_1 + \frac{\partial f}{\partial x_2}\Delta x_2 + \cdots + \frac{\partial f}{\partial x_n}\Delta x_n \qquad (7-13)$$

$\frac{\partial f}{\partial x_i}(i=1,2,\cdots,n)$ 以观测值代入,其值为常数,因此式(7-13)是线性函数的真误差关系式,仿照前面的方法得函数 Z 的中误差为

$$m_z^2 = \left(\frac{\partial f}{\partial x_1}\right)^2 m_1^2 + \left(\frac{\partial f}{\partial x_2}\right)^2 m_2^2 + \cdots + \left(\frac{\partial f}{\partial x_n}\right)^2 m_n^2 \qquad (7-14)$$

应用误差传播定律求观测值函数的中误差时,首先应根据实际问题列出函数关系式,而后使用误差传播定律。如果问题复杂,所列出函数式为非线性的,则可对函数式进行全微分,再求函数的中误差。应用时应注意,观测值必须是独立的观测值,即函数式等号右边的各自变量应互相独立,不包含共同的误差,否则应作并项或移项处理,使其均为独立观测值为止。

例 7.1 在 1∶2000 比例尺地形图上,量得某直线长为 167.85mm,其中误差 m 为 ± 0.1mm。求其实际长度及其中误差 m。

解: 该直线的实际长度 D 与图上量得长度 x 之间是倍数函数关系,即

$$D = kx = 2000 \times 167.85\text{mm} = 335.7\text{m}$$

$$m_D = km = 2000 \times 0.1\text{mm} = 0.2\text{m}$$

最后结果写为 $\qquad D = 335.7 \pm 0.2\text{m}$

例 7.2 有一个圆形的广场,测量得该圆的半径为 R,其测量中误差为 m_R,求圆形广场的面积中误差。

解:圆广场的面积:

$$S = \pi R^2$$

按非线性误差传播定律可知面积的中误差为

$$m_S^2 = \left(\frac{\partial S}{\partial R}\right)^2 m_R^2 = (2\pi R)^2 m_R^2$$

进而得广场面积中误差为

$$m_S = 2\pi R m_R$$

7.2.3 权

不等精度观测时,用权可以衡量观测值的可靠程度,通常以 P 表示。不难理解,观测值精度愈高权就愈大,它是衡量可靠程度的一个相对性数值。可以根据中误差来确定观测值的权。权的计算公式为

$$p_i = \frac{\lambda}{m_i^2} \qquad (i=1,2,\cdots,n) \qquad (7-15)$$

可见权是衡量可靠程度的相对性数值,选择适当的 λ,可使权成为便利计算的数值。

7.3　测绘数据处理的基本方法

在测量工作中,经常需要通过一系列观测值求某些未知量的数值,例如为了确定若干点的坐标,可以通过观测点之间的边长和水平方向来实现。这些点的坐标就是未知量,也称未知参数。从理论上讲,为了获得参数的真值,应选取一切可能的观测值,但在实践中,这是不可能做到的,因为观测值的个数总是有限的,而且观测值又总是带有误差,所以通过测量平差只能求得参数的估计值,可见测量平差实质上就是数理统计中的参数估计问题。

7.3.1　求最或是值

参数估计的方法有很多种,这里首先以一个简单的例子简要地介绍最小二乘法的基本原理。

设对某量进行了 n 次等精度观测,观测值为 L_i ($i = 1,2,\cdots,n$),最或是值为 $\hat{L}$, v_i 为观测值的改正数,则有

$$
\begin{cases}
v_1 = \hat{L} - L_1 \\
v_2 = \hat{L} - L_2 \\
\quad \vdots \\
v_n = \hat{L} - L_n
\end{cases}
\tag{7-16}
$$

式(7-16)等号两边平方求和,得 $[vv] = (\hat{L} - L_1)^2 + (\hat{L} - L_2)^2 + \cdots + (\hat{L} - L_n)^2$。

根据最小二乘原理,必须使 $[vv]$ 为最小,为此,将 $[vv]$ 对 $\hat{L}$ 取一、二阶导数:

$$
\frac{\mathrm{d}}{\mathrm{d}\hat{L}}[vv] = 2(\hat{L} - L_1) + 2(\hat{L} - L_2) + \cdots + 2(\hat{L} - L_n) ; \frac{\mathrm{d}^2}{\mathrm{d}\hat{L}}[vv] = 2n > 0
$$

由于二阶导数大于零,因此,一阶导数等于零时,$[vv]$ 为最小,由此求得最或是值:

$$
n\hat{L} = L_1 + L_2 + \cdots + L_n = [L] \text{ 或 } \hat{L} = \frac{[L]}{n}
\tag{7-17}
$$

由式(7-17)可知,观测值的算术平均值就是最或是值。

7.3.2　观测值的中误差

式(7-7)给出了评定精度的中误差公式:

$$
m = \pm \sqrt{\frac{[\Delta\Delta]}{n}}
\tag{7-18}
$$

式中:$\Delta_i = L_i - X$ ($i = 1,2,\cdots,n$)。

由于真值一般难以知道,可用观测值的改正数 v_i 来推求,为此,将 $\Delta_i = L_i - X$ 与式 $(7-16)$ 中 $v_i = \hat{L} - L_i$ 相加,得

$$\Delta_i = (\hat{L} - X) - v_i \quad (v_i = 1, 2, \cdots, n) \tag{7-19}$$

将式 $(7-19)$ 等号两边自乘取和,得

$$[\Delta\Delta] = n(\hat{L} - X)^2 + [vv] - 2(\hat{L} - X) \cdot [v] \tag{7-20}$$

式 $(7-20)$ 等号两边再除以 n,顾及 $[v] = 0$,得

$$\frac{[\Delta\Delta]}{n} = \frac{[vv]}{n} + (\hat{L} - X)^2 \tag{7-21}$$

式 $(7-21)$ 中 $\hat{L} - X$ 是最或是值(算术平均数)的真误差,也难以求得,通常以算术平均值的中误差 $m_{\hat{L}}$ 代替,求算术平均值的中误差公式为 $m_{\hat{L}} = \dfrac{m}{\sqrt{n}}$,则

$$(\hat{L} - X)^2 = m_{\hat{L}}{}^2 = \frac{m^2}{n} \tag{7-22}$$

将式 $(7-22)$ 代入式 $(7-21)$,并顾及 $m = \pm\sqrt{\dfrac{[\Delta\Delta]}{n}}$,得

$$m^2 = \frac{[vv]}{n} + \frac{m^2}{n} \tag{7-23}$$

经整理,得

$$m = \pm\sqrt{\frac{[vv]}{n-1}} \tag{7-24}$$

7.3.3 算术平均值的中误差

根据误差传播定律,等精度观测由观测值中误差 m 求得算术平均值的中误差 $m_{\hat{L}}$ 为

$$m_{\hat{L}} = \pm\frac{m}{\sqrt{n}} = \pm\sqrt{\frac{[vv]}{n(n-1)}} \tag{7-25}$$

例 7.3　用经纬仪对某一水平角进行了 5 次观测,观测值列于表 $7-2$ 中,求观测值的中误差 m 及算术平均值的中误差 $m_{\hat{L}}$。

计算过程及结果,列在表 $7-2$ 中。

表 7-2　观测值及算术平均值计算表

观测次序	观测值 L_i	v	vv	计算
1	85°42′20″	−14″	196	$m = \pm\sqrt{\dfrac{1520}{5-1}} = \pm 19''.5$
2	85°42′00″	+6″	36	
3	85°42′00″	+6″	36	$m_L = \pm\dfrac{19.5}{\sqrt{5}} = \pm 8''.7$
4	85°41′40″	+26″	676	
5	85°42′30″	−24″	$[vv] = 1520$	观测成果:
平均值 $\hat{L} = 85°42′06″$		校核 $[v]$	$[vv] = 1520$	85°42′06″ ± 8″.7

7.3.4　最小二乘平差方法

通用意义下测量数据处理的最小二乘平差方法的原理如下。

设观测值 $L_{n\times1}$ 的真值和未知参数 $X_{t\times1}$ 之间有以下线性关系(非线性关系通过泰勒级数展开为线性关系)：

$$\tilde{L}_{n\times1} = B_{n\times t}X_{t\times1} \tag{7-26}$$

式中：B 为已知的系数矩阵；$\tilde{L}$ 为观测值 L 的真值。由式(7-1)和 $\tilde{L} = L + \Delta$ ，则有

$$\Delta = BX - L \tag{7-27}$$

以 Δ 和 X 的估值 V 和 x 代入式(7-27)，得

$$V = Bx - L \tag{7-28}$$

所谓最小二乘法，就是在

$$(Bx - L)^{\mathrm{T}}P(Bx - L) = \min \tag{7-29}$$

的条件下，求参数 X 的估值 x 的一种方法。测量数据处理中的一般表达式为

$$V^{\mathrm{T}}PV = (Bx - L)^{\mathrm{T}}P(Bx - L) = \min \tag{7-30}$$

式中：观测值权阵 P 为对称正定常数矩阵。称式(7-30)为最小二乘准则，按此准则求得的 x 称为最小二乘估计。

对于式(7-30)求解极值问题，则有

$$\frac{\mathrm{d}(V^{\mathrm{T}}PV)}{\mathrm{d}x} = 0 \tag{7-31}$$

对上式求导，并考虑式(7-28)，则有

$$2V^{\mathrm{T}}PB = 0 \tag{7-32}$$

将式(7-28)代入式(7-32)，并整理得

$$B^{\mathrm{T}}PBx - B^{\mathrm{T}}PL = 0 \tag{7-33}$$

对式(7-33)求解得

$$x = (B^{\mathrm{T}}PB)^{-1}B^{\mathrm{T}}PL \tag{7-34}$$

以上的数学模型就是测量平差中的间接平差法，是测量数据处理最常用和最基本的方法。

7.4　测量平差进展及在测绘学中的应用

7.4.1　测量平差进展

自 19 世纪初提出最小二乘法进行测量平差后，在很长时间都是基于观测误差服从于偶然误差分布特性为前提的，属于经典测量平差范畴。近几十年来，测量数据的采集

方法有了很大的发展,测量仪器从光学为主发展到电子化、数字化、自动化,观测手段从地面测量扩展至海、陆、空及卫星测量,用户对观测成果的高精度和质量控制以及交叉学科的需求,促进了测量平差学科的飞速发展,形成了所谓的近代测量平差体系。总体上来看,测量平差的进展体现在如下一些方面:

(1)测量平差的理论体系从以代数学为主的体系转化为概率统计学为主并与近代代数学相结合的理论体系,形成了概率统计学、近代代数学和测量数据处理融合为一体的测量平差新体系。

(2)以现代手段采集的数据,除包含所需的信息外,偶然误差、系统误差和粗差几乎同时存在,经典的以偶然误差为主的误差理论已无法满足需要,从而扩展了系统误差和粗差理论及其相应的测量平差方法,可靠性理论和抗差平差理论得到很大的发展。

(3)平差问题的最优化准则,从最小二乘估计扩展至极大似然估计、极大验后估计、最小方差估计以及贝叶斯估计准则。其主要特点是平差问题的观测量不要求一定服从正态分布,而所求未知量(参数)也可以是随机参数。

(4)发展出了许多新的平差方法,其中秩亏自由网平差、滤波、推估和配置以及稳健最小二乘平差和等被认为是这一时期的创新成就。

(5)根据观测数据采集的实时化和自动化,动态系统的测量平差理论和方法的研究工作正在深入,静态平差向动态平差的扩展也是这一时期的发展方向。

(6)许多新兴的数学理论和方法在测量数据处理中得到广泛应用,如模糊数学、灰色理论、神经网络、小波分析等。

7.4.2　测量平差在现代测绘中的应用

测量平差学科在现代测绘学的发展中有十分重要的作用和广泛的应用,主要体现在如下一些方面:

1. 国家、城市、工程控制网的布设与平差

小到一个工程、大到一个城市和整个国家都需建立平面、高程控制网。各种控制网的布设、观测方案的制定、观测成果的精度和可靠性要求等,其中许多内容都要运用误差理论和可靠性理论进行优化设计,以保证其最后成果达到预期精度和可靠性要求。

各种控制网点的坐标、高程及其精度是通过平差计算得到的。1982 年完成的中国天文大地网平差,观测数据 30 多万个,坐标未知量 15 万个,需要解算高达 15 万阶的线性方程组。这种国家控制网的平差不仅计算工作难度大,而且存在许多需要解决的技术问题。

2. 摄影测量中的平差问题

在摄影测量中,解析摄影测量和数字摄影测量都是量测像片的坐标,并以像片坐标作为观测值,通过共线方程建立误差方程式进行平差计算。由于需要量测大量的像片坐标,为了保证摄影测量平差计算结果的可靠性,对观测值的粗差定位就显得非常必要,可

靠性理论在摄影测量中得到了广泛应用。

3. GNSS 观测数据处理

GNSS 观测数据处理中,有许多复杂的计算问题,例如 GNSS 基线解算中的载波相位的整周模糊度解算,特别是在 GNSS 实时动态测量和精密单点定位时整周模糊度的快速实时解算问题;GNSS 长基线解算和 GNSS 卫星定轨也是 GNSS 定位技术中比较复杂的计算问题;多种定位系统的组合定位数据处理问题,都是测绘界研究的热点课题。

4. 变形监测数据处理和分析

变形监测包括工程建筑物的变形、地壳运动等方面,数据处理的任务就是通过监测数据处理和分析,作出物理解释。下面以大坝变形监测为例,说明测量数据处理的作用。

大坝变形监测是通过在坝体和坝体周围布设变形监测网,以及坝体内部各种变形监测仪器设备和相关物理量测量设备,监测大坝运行状态,对监测数据的处理获得监测点的变形信息,通过对长期的观测资料的分析确定变形量的影响因子和变形规律,并以此进行变形的预报,用以发现异常变形。国内外许多学者提出了多种监控模型对大坝安全监测资料进行分析,回归分析、模糊数学、灰色理论、神经网络、滤波法、小波分析、分形学理论、混沌动力学等各种理论和方法相继被引入到大坝安全监控资料的分析。在这个过程中,充分研究各种误差来源,在数据处理中予以削弱或消除,是正确作出物理解释的前提。

随着科学技术的进步,特别是计算机技术的快速发展,我们已进入了大数据、云计算和人工智能时代,测绘技术、测绘方法和相关应用的发展,对测绘数据处理提出更高要求和挑战,也必将促进测量数据处理理论和方法的进一步发展和进步。

第 8 章　全球卫星导航与定位系统及应用

8.1　概述

8.1.1　定位与导航的概念

1. 定位

定位就是测量和表达信息、事件或目标发生在什么时间、什么相关的空间位置的理论方法与技术。从测绘意义讲,定位就是测量和表达某一地表特征、事件或目标发生在什么空间位置的理论和技术。定位分为绝对定位与相对定位两种方式。绝对定位是指直接确定信息、事件和目标相对于参考坐标系统的坐标位置测量。相对定位是确定信息、事件和目标相对于坐标系统内另一已知或相关的信息、事件和目标的坐标位置关系。

2. 导航

导航是指运动目标,通常是指运载工具(如飞船、飞机、船舶、汽车、运载武器等)的实时动态定位,即三维位置、速度和包括航向偏转、纵向摇摆、横向摇摆三个角度姿态的确定。它是一种广义的动态定位。导航是引导运动目标安全、准确地沿着选定的路线,准时到达目的地的一种手段。导航的基本功能是回答:我现在在哪里? 我要去哪里? 如何去?

8.1.2　导航定位技术的分类

依据导航定位技术的方法不同,可分为航位推算导航、无线电导航、惯性导航、地图匹配、卫星导航和组合导航等。

(1)航位推算导航。航位推算导航是一种常用的自主式导航定位方法,它是根据运载体的运动方向和航向距离(或速度、加速度、时间)的测量,从过去已知的位置来推算当前的位置,或预期将来的位置,从而可以得到一条运动轨迹,以此来引导航行。航位推算导航系统的优点是低成本、自主性和隐蔽性好,且短时间内精度较高;其缺点是定位误差会随时间快速积累,不利于长时间工作,另外它得到的是运载体相对于某一起始点的相对位置。

（2）无线电导航。无线电导航的依据是电磁波的恒定传播速率和路径的可测性原理。无线电导航系统是借助于运动体上的电子设备接收无线电信号，通过处理获得的信号来获得导航参量，从而确定运动体位置的一种导航系统。无线电导航是目前广为发展与应用的导航手段，它不受时间、天气的限制，定位精度高、定位时间短，可连续地、实时地定位，并具有自动化程度高、操作简便等优点。但由于是辐射或接收无线电信号的工作方式，使用者易被发现，隐蔽性不好。

（3）惯性导航。惯性导航（Inertial Navigation）是以牛顿力学三定律为基础的，将惯性空间的运载体引导到目标地的过程。惯性导航系统（Inertial Navigation System，INS）是利用惯性仪表（陀螺仪和加速度计）测量运动载体在惯性空间中的角运动和线运动，根据运载体运动微分方程组实时地、精确地解算出运载体的位置、速度和姿态角。目前应用的惯性导航系统主要分为两类：机械平台式与捷联式（Gimbaled and Strapdown Systems）。惯性导航系统的优点是自主性和隐蔽性好，同时具有全天候、多功能、机动灵活等特点，其缺点是定位误差随时间积累，初始对准比较困难，且成本高。

（4）地图匹配。地图匹配（Map Matching）是一种基于软件技术的定位修正方法，将定位轨迹同高精度电子地图道路信息相比较，通过适当的匹配算法确定出车辆最可能的行驶路段及车辆在此路段中最可能的位置。地图匹配过程可分为两个相对独立的过程：一是寻找车辆当前行驶的道路；二是将当前定位点投影到车辆行驶的道路上。常用的地图匹配算法有几何匹配算法、概率统计算法等。地图匹配的优点是定位精度较高，其缺点是覆盖范围有限，自主性差。

（5）卫星导航。卫星导航是接收导航卫星发送的导航定位信号，并以导航卫星作为动态已知点，实时地测定运动载体的在航位置和速度，进而完成导航。全球卫星导航系统是能在地球表面或近地空间的任何地点为用户提供全天候的三维坐标和速度以及时间信息的空基无线电导航定位系统。目前全球卫星导航系统有美国的全球卫星定位系统（GPS）、俄罗斯的格洛纳斯卫星导航系统（GLONASS）、欧洲的伽利略卫星定位系统（Galileo）和中国的北斗卫星导航系统 BDS。

（6）组合导航。组合导航是指把两种或两种以上不同导航系统以适当的方式综合在一起，使其性能互补、取长补短，以获得比单独使用单一导航系统时更高的导航性能。单一导航系统都有各自的独特性和局限性，把几种不同的单一导航系统组合起来，采用先进的信息融合技术，运用先进的智能算法，以达到最佳的组合状态。组合导航系统具有系统精度高、可靠性好、多功能、实时、对子系统要求低等特点。此外，组合导航系统还可大大提高系统的可靠性和容错能力，因此，被广泛采用且成为导航技术的主要发展方向。

8.2 四大全球卫星导航定位系统与特点

全球卫星导航系统是以人造卫星组网为基础的无线电导航定位系统。利用设置在地面或运动载体上的卫星接收机,接收卫星发射的无线电信号,经技术处理,实现导航定位。在卫星定位系统出现之前,远程导航与定位主要用无线导航系统。比较有代表性的有罗兰–C系统、Omega系统(奥米伽)、多普勒系统。罗兰–C工作在100kHz,由三个地面导航台组成,导航工作区域2000km,一般精度200~300m。Omega(奥米伽)工作在十几千赫,由八个地面导航台组成,可覆盖全球,精度达到几英里。多普勒系统利用多普勒频移原理,通过测量其频移得到运载体运动参数(地速和偏流角),推算出位置,属自备式航位推算系统。这些系统的缺点是覆盖的工作区域小,电波传播受大气影响,定位精度不高。

最早的卫星定位系统是美国的子午仪系统(Transit),1958年研制,1964年正式投入使用。由于该系统卫星数目较少(5~6颗),运行高度较低(平均1000km),从地面站观测到卫星的时间间隔较长(平均1.5h),因而它无法提供连续的实时三维导航,而且精度较低。为满足军事部门对连续实时和三维导航的迫切要求,1973年美国国防部决定实施全球卫星导航定位系统(GPS)计划,从而迎来了卫星导航与定位技术及应用的全面发展。

目前卫星导航定位技术已基本取代了无线电导航、天文测量、传统大地测量技术,并推动了全新的导航定位技术的发展,成为人类活动中普遍采用的导航定位技术,而且在精度、实时性、全天候等方面对导航领域产生了革命性的影响。

正是由于卫星导航定位系统存在的巨大潜力,以及在军事上的主导地位,在人们生活中创造的巨大经济效益和社会效益,一些国家和地区都希望发展自己的卫星导航定位系统。按建设的先后顺序分别为美国的全球卫星定位系统(GPS)、俄罗斯的格洛纳斯卫星导航系统(GLONASS)、欧盟的伽利略卫星定位系统(Galileo)、中国北斗卫星导航系统(COMPASS/BDS),这些系统并称为全球四大卫星导航系统,简称GNSS(Global Navigation Satellite System)。目前,联合国已将此四个系统一起确认为全球卫星导航系统核心供应商。另外,印度和日本也开始建设自己的卫星导航系统。

8.2.1 全球卫星定位系统 GPS

全球卫星定位系统(GPS)是Navigation Satellite Timing and Ranging/Global Positioning System(NAVSTAR/GPS)的简称,它是GNSS系统中应用最早、最广泛,也是效益最好的系统。20世纪70年代美国陆海空三军联合研制新一代空间卫星导航定位系统,实施计划共分三个阶段:方案论证和初步设计阶段、全面研制和试验阶段、实用组网阶段。方案论证和初步设计阶段从1973年到1979年,共发射了4颗试验卫星,研制了地面接收机及建立了地面跟踪网。全面研制和试验阶段从1979年到1984年,又陆续发射了7颗

试验卫星,研制了各种用途接收机。实验表明,
GPS 定位精度远远超过设计标准。实用组网阶
段,1989 年 2 月 4 日第一颗 GPS 工作卫星发射成
功,表明 GPS 系统进入工程建设阶段。1993 年底
实用的 GPS 网即(21 + 3) GPS 星座已经建成。
GPS 系统卫星星座由 24 颗工作卫星组成,它位于
距地表 20200km 的上空,均匀分布在 6 个轨道面
上(每个轨道面 4 颗),轨道倾角为 55°,如图 8 - 1
所示。此外,还有 3 颗有源备份卫星在轨运行。
GPS 至今已发展了三代卫星,目前在轨工作卫星

图 8 - 1　GPS 卫星分布图

有 31 颗,包括 12 颗 IIR 型,7 颗 IIR - M 型,12 颗 IIF 型。GPS 已开始了全改进型 GPS - 3
的概念研究,以适应 2030 年未来的系统升级要求。

　　GPS 自全面投入运行以来,在全球都得到了普及与应用,在军事和民用领域均发挥
了极大的作用。在军事领域,从 1991 年的海湾战争到现在,美国的一切军事行动几乎都
离不开卫星定位系统:GPS 接收机装备至每一个参战单位甚至个人;被击落飞机的飞行
员利用 GPS 报告自己的准确位置,从而被迅速营救;地空导弹、巡航导弹采用 GPS 精确制
导后,精确打击能力成倍提高。GPS 被称为继人类登月和航天飞机之后的又一重大航天
科技成就。

8.2.2　格洛纳斯卫星导航系统 GLONASS

　　格洛纳斯卫星导航系统(GLONASS)是 Global Navi-
gation Satellite System 的字头缩写,该系统是苏联从 20
世纪 80 年代初开始建设,后由俄罗斯继续该计划,是与
美国 GPS 系统相类似的卫星定位系统。GLONASS 系统
的卫星星座由 24 颗卫星组成,如图 8 - 2 所示。24 颗卫
星位于 3 个倾角为 64.8°的轨道平面内,每个轨道面 8
颗卫星,轨道高度 19100km,这一高度除避免和 GPS 同
一高程以防止两个星座相互影响外,其周期为 11 小时

图 8 - 2　GLONASS 系统卫星分布

15 分钟,8 天内卫星运行 17 圈回归,3 个轨道面内的所有卫星都在同一条多圈衔接的星
下点轨迹上顺序运行。这有利于消除地球重力异常对星座内各卫星的影响差异,以稳定
星座内部的相对布局关系。GLONASS 卫星由质子号运载火箭一箭三星发射入轨,卫星
采用三轴稳定体制,整星质量 1400kg,设计轨道寿命 5 年。所有 GLONASS 卫星均使用精
密铯钟作为其频率基准。第一颗 GLONASS 卫星于 1982 年 10 月 12 日发射升空。1995
年 12 月 14 日,俄罗斯成功地发射了一箭三星,至此,GLONASS 系统的 24 颗在轨卫星全
部到位。经过调试后,1996 年 1 月,该系统正式建成并投入运行。前一时期由于俄罗斯

经济困难无力补网,原来在轨卫星陆续退役,1998 年 12 月和 2000 年 10 月各发射 3 颗星,当时在轨卫星只有 6 颗可用,不能独立组网,只能与 GPS 联合使用。近些年来经济发展与 GPS 系统所获得的巨大军事和经济利益,使俄罗斯认识到发展全球卫星导航系统的重要性。目前,GLONASS 在轨工作卫星数达 25 颗,包括 23 颗 M 型、1 颗 M + 型、2 颗 K 型。

与美国的 GPS 系统不同的是,GLONASS 系统采用频分多址(FDMA)方式,根据载波频率来区分不同卫星(GPS 是码分多址(CDMA),根据调制码来区分卫星)。每颗 GLONASS 卫星发播的两种载波的频率分别为 $L1 = 1602 + 0.5625k(MHz)$ 和 $L2 = 1246 + 0.4375k(MHz)$,其中 $k = 1 \sim 24$ 为每颗卫星的频率编号。所有 GPS 卫星的载波频率是相同的,均为 $L1 = 1575.42MHz$ 和 $L2 = 1227.6MHz$。GLONASS 卫星的载波上也调制了两种伪随机噪声码:S 码和 P 码。俄罗斯对 GLONASS 系统采用了军民合用、不加密的开放政策。GLONASS 系统单点定位精度水平方向为 16m,垂直方向为 25m。

8.2.3　伽利略卫星定位系统 Galileo

欧盟为避免受制于美国,1999 年正式推出与 GPS、GLONASS 兼容的 Galileo 系统,它是欧盟政府和大企业共建系统,政府出资 1/3,大企业出资 2/3,以民用为主要目标。经过多方论证后,系统于 2002 年 3 月正式启动。系统由两个地面控制中心和 30 颗卫星组成,其中 27 颗为工作卫星,3 颗为备用卫星。卫星轨道高度约 2.4 万千米,位于 3 个倾角为 56°的轨道平面内,如图 8 - 3 所示。系统建成的最初目标是 2008 年,但由于技术等问题,计划推

图 8 - 3　Galileo 系统卫星分布

迟。首批两颗卫星于 2011 年 10 月 21 日从位于法属圭亚那的库鲁航天中心成功发射升空。2012 年 10 月 12 日,随着欧洲伽利略卫星定位系统第二批两颗卫星成功发射升空,该系统建设已取得阶段性重要成果,太空中已有 4 颗正式的伽利略系统卫星,可以组成网络,初步发挥地面精确定位的功能。2013 年 3 月 12 日,伽利略系统的空间和地面基础设施协同工作,实现了该系统首次对地面用户进行定位,成为伽利略系统建设的里程碑。目前,在轨工作卫星数为 22 颗,包括 4 颗 IOV 卫星、18 颗 FOC 卫星。

8.2.4　北斗卫星导航系统 BDS

北斗卫星导航系统(BDS)是"BeiDou Navigation Satellite System"的英文缩写,是我国正在实施的自主发展、独立运行的全球卫星导航系统。系统建设目标是建成独立自主、开放兼容、技术先进、稳定可靠的覆盖全球的北斗卫星导航系统,促进卫星导航产业链形成,形成完善的国家卫星导航应用产业支撑、推广和保障体系,推动卫星导航在国民经济

各行业的广泛应用。北斗卫星导航系统由空间段、地面段和用户段三部分组成。空间段包括 5 颗静止轨道卫星和 30 颗非静止轨道卫星(图 8 - 4),地面段包括主控站、注入站和监测站等若干个地面站,用户段包括北斗用户终端以及与其他卫星导航系统兼容的终端。根据系统建设总体规划,北斗卫星导航系统发展分"三步走",即先后建设完成试验系统、区域系统及全球系统。2012 年 12 月 27 日,我国宣布北斗卫星导航系统从当日起正式提供区域服务。北斗区域导航系统在继续保留北斗卫星导航试验系统有源定位、双向授时和短报文

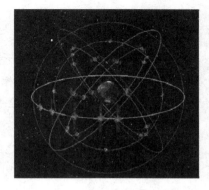

图 8 - 4　北斗系统卫星分布

通信服务基础上,开始正式向中国及周边亚太大部分地区提供连续无源定位、导航、授时等服务。2020 年 7 月 31 日全面建成北斗卫星导航系统,形成全球覆盖能力。

　　2007 年 4 月 14 日,我国在西昌卫星发射中心用"长征三号甲"运载火箭,成功将第一颗北斗导航卫星送入太空。2009 年 4 月 15 日,在西昌卫星发射中心用"长征三号丙"运载火箭,成功将第 2 颗北斗导航卫星送入预定轨道。2010 年,在西昌卫星发射中心分五次成功将第 3 颗、第 4 颗、第 5 颗、第 6 颗、第 7 颗北斗导航卫星送入预定轨道。2011 年又成功将第 9 颗、第 10 颗北斗导航卫星成功送入预定轨道。2012 年先后将第 11 ~ 第 15 颗北斗导航卫星成功送入预定轨道。2012 年 10 月 25 日,在西昌卫星发射中心用"长征三号丙"火箭,成功将第 16 颗北斗导航卫星送入预定轨道。至此,我国北斗导航工程区域组网顺利完成,正式向中国及周边亚太大部分地区提供定位、导航、授时等服务。2014 年 11 月 23 日,国际海事组织海上安全委员会审议通过了对北斗卫星导航系统认可的航行安全通函,这标志着北斗卫星导航系统正式成为全球无线电导航系统的组成部分,取得面向海事应用的国际合法地位。2017 年 11 月 5 日,中国第三代导航卫星——北斗三号的首批组网卫星(2 颗)以"一箭双星"的发射方式顺利升空,它标志着中国正式开始建造北斗卫星导航系统。2018 年 7 月 10 日,我国在西昌卫星发射中心用长征三号甲运载火箭,成功发射了第 32 颗北斗导航卫星。2018 年 7 月 29 日,在西昌卫星发射中心用长征三号乙运载火箭(及远征一号上面级),以"一箭双星"方式成功发射第 33 颗、第 34 颗北斗导航卫星。2020 年 7 月 3 日,北斗三号全球卫星导航系统正式开通。

8.2.5　全球卫星导航定位系统的特点

　　全球卫星导航定位系统以高精度、全天候、高效率、多功能、操作简便、应用广泛等特点著称。

　1. 定位精度高

　　以 GPS 为例,相对定位精度在 50km 以内可达 10^{-6},100 ~ 500km 可达 10^{-7},1000km 可达 10^{-9}。在 300 ~ 1500m 的工程精密定位中,1 小时以上观测的解其平面位置误差小

于1mm。

2.观测时间短

随着卫星导航定位系统的不断完善,软件的不断更新,目前,20km 以内相对静态定位仅需 15～20 分钟;快速静态相对定位测量时,当每个流动站与基准站相距在 15km 以内时,流动站观测时间只需 1～2 分钟,然后可随时定位,每站观测只需几秒钟。

3.测站间无须通视

卫星定位测量不要求测站之间互相通视,只需测站上空开阔即可,因此能节省大量的造标费用。由于无须点间通视,点位位置可根据需要确定,可稀可密,使选点工作甚为灵活,也能省去经典大地网中的传算点、过渡点的测量工作。

4.可提供三维坐标

经典大地测量将平面与高程采用不同方法分别施测,卫星定位则能同时精确测定测站点的三维坐标。

5.操作简便

随着卫星导航定位接收机不断改进,自动化程度越来越高,有的已达"傻瓜化"的程度。

6.全球性连续覆盖、全天候作业

由于系统卫星数目较多,且分布合理,所有地区任何地点,均可连续地同步观测到至少4颗卫星,从而保障了全球、全天候连续实时地三维定位。卫星导航定位可在一天 24 小时内的任何时间进行,不受阴天、黑夜、起雾、刮风、下雨、下雪等气候的影响。

7.功能多、应用广

卫星导航与定位系统不仅可用于定位、导航,还可用于测速、测时。测速的精度可达 0.1m/s,测时的精度可达几十毫微秒。目前卫星导航与定位系统已发展成为多领域、多模式、多用途、多机型的国际性高新技术产业。基于不同用途的需要,其应用领域不断扩大。

8.3　全球卫星导航定位系统原理

卫星导航定位系统是以卫星为空间基准点,用户利用接收设备测定至卫星的距离或多普勒频移等观测量来确定其位置与速度的系统。卫星导航定位系统主要有三大组成部分:空间部分——卫星星座部分;地面控制部分——地面监控系统;用户设备部分——卫星信号接收机部分。尽管不同的卫星导航定位系统卫星星座、地面控制系统、接收模式等不同,但其组成与定位原理基本相同。以下以 GPS 为例介绍全球卫星定位系统的组成与原理。

8.3.1　系统的组成

如图 8-5 所示,卫星定位系统由三个独立的部分组成:空间部分;地面控制部分;用户设备部分。

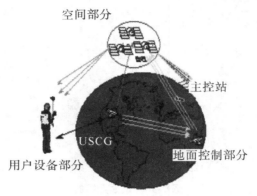

空间部分

主控站

USCG

用户设备部分

地面控制部分

图 8-5　卫星定位系统的三大组成部分

1. 空间部分

GPS 系统空间部分使用 24 颗高度约 20200km 的卫星组成卫星星座。21 + 3 颗卫星(21 颗工作卫星,3 颗备用卫星)均为近圆形轨道,运行周期约为 11 小时 58 分,分布在六个轨道面上(每轨道面 4 颗),轨道倾角为 55°。卫星的分布使得在全球的任何地方、任何时间都可观测到 4 颗以上的卫星,并能保持良好定位解算精度的几何图形(DOP),这就提供了在时间上连续的全球导航能力。GPS 卫星向广大用户发送的导航电文是一种不归零的二进制数据码 $D(t)$,码率 $fd = 50\text{Hz}$。为了节省卫星的电能、增强 GPS 信号的抗干扰性、保密性,实现遥远的卫星通信,GPS 卫星采用伪噪声码对 D 码作二级调制,即先将 D 码调制成伪噪声码(P 码和 C/A 码),再将上述两噪声码调制在 L1、L2 两载波上,形成向用户发射的 GPS 射电信号。因此,GPS 信号包括两种载波(L1、L2)和两种伪噪声码(P 码、C/A 码)。这四种 GPS 信号的频率皆源于 10.23MHz(星载原子钟的基频)的基准频率。基准频率与各信号频率之间存在一定的比例。其中,P 码为精确码,美国为了自身的利益,只供美国军方、政府机关以及得到美国政府批准的民用用户使用;C/A 码为粗码,其定位和时间精度均低于 P 码,目前,全世界的民用客户均可不受限制地免费使用。

2. 地面控制部分

地面控制部分包括五个监控站、三个注入站和一个主控站,分布位置如图 8-6 所示。监控站设有 GPS 用户接收机、原子钟、收集当地气象数据的传感器和进行数据初步处理的计算机。监控站的主要任务是取得卫星观测数据并将这些数据传送至主控站。5个监控站均为无人守值的数据采集中心。

主控站接收各监控站的 GPS 卫星观测数据、卫星工作状态数据、各监测站和注入站自身的工作状态数据。根据上述各类数据,完成以下几项工作:

(1)及时编算每颗卫星导航电文并传送给注入站。

(2)控制和协调监测站间、注入站间的工作,检验注入卫星的导航电文是否正确以及卫星是否将导航电文发给了 GPS 用户系统。

图 8 - 6　地面监控站

（3）诊断卫星工作状态,改变偏离轨道的卫星位置及姿态,调整备用卫星取代失效卫星。

注入站接收主控站送达的各卫星导航电文并将之注入飞越其上空的每颗卫星。

3. 用户设备部分

用户设备部分主要由以无线电传感和计算机技术支撑的 GPS 卫星接收硬件、机内软件以及 GPS 数据处理软件构成。接收机接收 GPS 卫星发射信号,以获得必要的导航和定位信息,经数据处理,完成导航和定位工作。GPS 接收机的结构分为天线单元和接收单元两大部分。对于测地型接收机来说,两个单元一般分成两个独立的部件,观测时将天线单元安置在测站上,接收单元置于测站附近的适当地方,用电缆线将两者连接成一个整机,如图 8 - 7 所示。也有的将天线单元和接收单元制作成一个整体,观测时将其安置在测站点上。GPS 信号接收机的任务:能够捕获到按一定卫星高度截止角所选择的待测卫星的信号,并跟踪这些卫星的运行,对所接收到的 GPS 信号进行变换、放大和处理,以便测量出 GPS 信号从卫星到接收机天线的传播时间,解译出 GPS 卫星所发送的导航电文,实时地计算出测站的三维位置,甚至三维速度和时间。

图 8 - 7　用户设备部分

GPS 数据处理软件是 GPS 用户系统的重要部分,其主要功能是对 GPS 接收机获取的卫星测量记录数据进行"粗加工""预处理",并对处理结果进行平差计算、坐标转换及分析、综合处理等,解得测站的三维坐标,测体的坐标、运动速度、方向及精确时刻。

对于 GNSS 接收机,根据接收机的用途不同分为导航型接收机、测地型接收机、授时型接收机。导航型接收机主要用于运动载体的导航,它可以实时给出载体的位置和速度。这类接收机一般采用 C/A 码伪距测量,单点实时定位精度较低,一般为 ±25m。这类接收机价格便宜,应用广泛。测地型接收机主要用于精密大地测量和精密工程测量,定位精度高,仪器结构复杂,价格较贵。授时型接收机主要利用 GNSS 卫星提供的高精度时间标准进行授时,常用于天文台及无线电通信中时间同步。按照 GNSS 信号应用场合不同,可分为背负式、车载式、船用式、机载式、弹载式等五种。按照 GNSS 载波频率分为单频机和双频机。例如对于 GPS,单频接收机只能接收 L1 载波信号,测定载波相位观测值进行定位。由于不能有效消除电离层延迟影响,单频接收机只适用于短基线(小于 15km)的精密定位。双频接收机可以同时接收 L1,L2 载波信号。利用双频对电离层延迟的不一样,可以消除电离层对电磁波信号的延迟影响,因此双频接收机可用于长达几千千米的精密定位。接收机根据通道数可分为多通道接收机、序贯通道接收机、多路多用通道接收机。

随着多系统 GNSS 的建成,GNSS 接收机向多星座、多频接收机方向发展。20 世纪 90 年代末出现了 GPS/GLONASS 兼容双频接收机,目前已研制 GPS/GLONASS/Galileo、BDS/GPS/GLONASS 三系统兼容三频接收机,多系统兼容接收机的研制成功,大大提高了定位速度、定位精度、定位可靠性及定位可用性。

8.3.2　GPS 定位的基本原理

GPS 的定位原理,简单地说是根据几何与物理的基本原理,利用空间分布的卫星以及卫星与地面点间距离交会出地面点位置的方法。设卫星位置已知,我们又通过一定方法准确测定出地面点至卫星间的距离,那么该地面点一定位于以卫星为中心、以所测距离为半径的圆球上。若能同时测得该点至另两颗卫星的距离,则该点一定位于在三圆球相交的两个点上。根据地理知识,很容易确定其中一个点是所需要的点。从测量的角度看,该原理相似于距离后方交会,如图 8 – 8 所示。可见单纯从几何角度而言,只要已知卫星位置又同时测定到 3 颗卫星的距离,即可进行定位。但如何同时测定地面点与卫星的距离呢? 显然可以通过测量无线电波在空间传输的时间乘以传播速度求得。由于 GPS 卫星是分布在 20000 多千米高空的运动载体,要实现时间测定必须具有统一的时间基准,从解析几何角度,GPS 定位包括确定一个点的三维坐标与实现同步(接收机时钟相对于卫星时钟的偏差)4 个未知参数,因此必须通过测定到至少 4 颗卫星的距离才能定位。

如图 8 – 8 所示,假设 t 时刻在待测点 P 上安置 GPS 接收机,测定 GPS 信号到达接收

机的时间 Δt ,根据卫星星历可以计算出所接收卫星在 WGS -84 空间直角坐标系的空间位置 (X_i, Y_i, Z_i) , $i = A, B, C, D$,同时考虑到接收机时钟与卫星时钟的偏差 δt ,可以列出以下 4 个方程式:

$$\begin{cases} (X_A - X)^2 + (Y_A - Y)^2 + (Z_A - Z)^2 + c\delta t = \tilde{\rho}_A^2 \\ (X_B - X)^2 + (Y_B - Y)^2 + (Z_B - Z)^2 + c\delta t = \tilde{\rho}_B^2 \\ (X_C - X)^2 + (Y_C - Y)^2 + (Z_C - Z)^2 + c\delta t = \tilde{\rho}_C^2 \\ (X_D - X)^2 + (Y_D - Y)^2 + (Z_D - Z)^2 + c\delta t = \tilde{\rho}_D^2 \end{cases} \qquad (8-1)$$

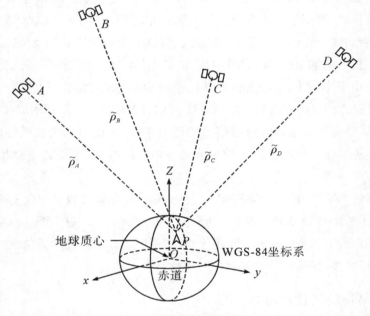

图 8 - 8 GPS 定位原理图

上述 4 个方程式中待测点 P 坐标 (X, Y, Z) 和 δt 为未知参数, $\tilde{\rho}_i^2 (i = A, B, C, D)$ 分别为卫星 A 、卫星 B 、卫星 C 、卫星 D 到接收机之间的几何距离。可见由以上 4 个方程即可唯一解算出待测点的坐标 (X, Y, Z) 和接收机的钟差 δt 。这时由于没有考虑测量过程中的误差存在,定位精度较低。若接收到 4 颗以上的卫星信号时,可采用最小二乘法求解唯一解。可见,接收机只要同时接收到 4 颗以上的卫星信号完成接收机到卫星的距离测量,即可定出接收机的位置,因此可实时定位。由于卫星的位置为 WGS - 84 坐标系下的坐标,因此求得的接收机位置坐标也是 WGS - 84 坐标系下的坐标,根据大地坐标的正反算公式可将其转化为大地经纬度坐标。

由此可见,要实现精确定位,必须解决以下两个问题:在某一时刻确定卫星的准确位置;准确测定卫星至定位点的距离。前者通过卫星不间断地发送自身的星历参数和时间信息,用户接收到这些信息后,经过计算可以求出卫星瞬时三维坐标。距离测量主要采用两种方法:一种方法是测量 GPS 卫星发射的测距码信号到达用户接收机的传播时间,称为伪距测量;另一种方法是测量具有载波多普勒频移的 GPS 卫星载波信号与接收机产生的参考载波信号之间的相位差,即载波相位测量。它们分别对应两种不同的定位模式,即伪距定位与载波相位定位。采用伪距定位速度最快,而采用载波相位观测量定位精度高。

伪距测量是通过测量 GPS 卫星发射的测距码信号到达用户接收机的传播时间,从而求算出接收机到卫星的距离的方法:

$$\rho' = \Delta t \cdot c \tag{8-2}$$

式中: Δt 为传播时间; c 为光速。

由于卫星钟与接收机钟的误差以及信号在传播过程中经过电离层和对流层的延迟,由以上公式求出的距离并不代表卫星与接收机的几何距离 $\tilde{\rho}$,因此称以上距离 ρ' 为伪距,它是伪距定位法的观测量。它与 $\tilde{\rho}$ 的关系可用式(8-3)表示:

$$\tilde{\rho} = \rho' - \delta\rho_1 - \delta\rho_2 - c\delta t_k + c\delta t^j \tag{8-3}$$

式中: $\delta\rho_1$, $\delta\rho_2$ 分别为电离层与对流层的改正项; δt_k 为接收机时钟相对于标准时间的偏差, δt^j 为卫星时钟相对于标准时间的偏差。

伪距测量的精度一般达到测距码码元宽度的 1/100,对于 P 码约为 29cm,C/A 码为 2.9m,正是由于其测距精度低,定位精度也较低,伪距单点定位的精度约为 10 ~ 30m。特别由于美国政府对 P 码保密,民用伪距定位只能采用 C/A 码,定位精度不能满足测量的需要。而包含在 GPS 卫星信息中的载波频率为 L1:1575.42MHz,L2:1227.6MHz。波长为 $\lambda_1 = 19.05$ cm, $\lambda_2 = 24.45$ cm。相位测量的精度相对要比伪距测量的精度高得多。因此,目前 GPS 接收机普遍利用载波相位测量,相位测量的精度可达 1 ~ 2mm,其相对定位精度可达 10^{-8} 。载波相位测量是测量 GPS 载波信号从 GPS 卫星发射天线到 GPS 接收机接收天线的传播路程上的相位变化,从而确定传播距离的方法。由于载波信号是一种周期性的正弦波,而相位测量只能测量出不足一周的小数部分,因此在相位测量中存在初始整周数的确定问题,也就是整周模糊度的精确求解问题。

8.4　GNSS 系统的误差源

如图 8-9 所示,在 GNSS 定位中出现的各种误差按其来源大致可分为四种类型:

(1)与卫星有关的误差。主要包括卫星轨道误差、卫星钟的误差等。

(2)与传播路径有关的误差。因为卫星是在距地面上万千米的高空中运行,卫星定位信号向地面传播要经过大气层,因此,信号传播误差主要源于信号通过电离层和对流层的影响。此外,还有信号传播的多路径效应的影响。

(3)与测站有关的误差。主要包括接收机钟差、天线相位中心偏差、设备安置误差等。

(4)其他误差。主要包括相对论效应、潮汐效应以及测量噪声等。

在这些误差中,除了测量噪声、设备安置误差为偶然误差外,其他均为系统误差。通常可采用适当的方法减弱或消除这些系统误差的影响。如电离层、对流层误差可以通过建立误差改正模型对观测值进行改正;还可以对观测量进行差分处理等。

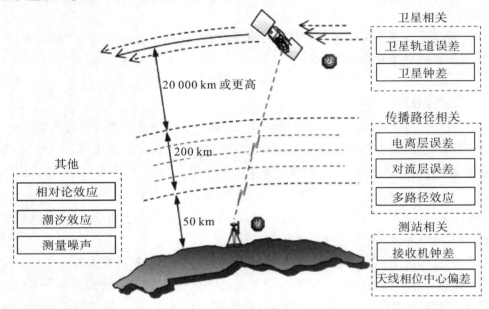

图 8 - 9 GNSS 定位的误差来源

8.5 GNSS 技术的定位模式

8.5.1 定位方法分类

按定位模式分为单点定位(绝对定位)和相对定位。单点定位就是根据卫星星历与单台接收机的观测数据来确定待定点在地固坐标系中绝对位置的方法,其优点是一台接收机单独定位,观测、计算简单,而且可实时定位。一般采用卫星广播星历与伪距观测量,由于受各种系统误差的影响,定位精度较低,只可用于低精度的导航、资源普查等。为了充分发挥单台接收机定位方便快捷的优势,从削弱单点定位中的误差影响入手,提出了精密单点定位技术。精密单点定位是利用全球若干地面跟踪站的 GNSS 观测数据计算得到的精密星历与卫星钟差,对单台 GNSS 接收机采集的相位和伪距观测值进行定位解算,双频接收机实时动态定位可以达到 $2 \sim 4\,dm$,快速静态定位可以达到 $2 \sim 4\,cm$。精密单点定位可用于全球高精度测量与卫星定轨。

在单点定位中,由于卫星星历误差、接收机钟与卫星钟同步差、大气折射误差等各种误差的影响,导致其定位精度较低。尽管这些误差已作了一定的处理,但是实践证明绝对定位的精度仍不能满足精密定位测量的需要。为了进一步消除或减弱各种误差的影响,提高定位精度,一般采用相对定位法。

相对定位是用两台或两台以上 GNSS 接收机,分别安置在若干基线的端点,同步观测相同的卫星,通过两测站同步采集数据,经过数据处理以确定基线两端点的相对位置或基线向量(图8－10)。

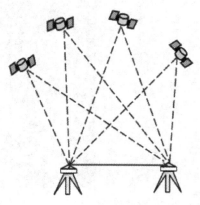

在相对定位中,两个或多个观测站同步观测同组卫星的情况下,卫星的轨道误差、卫星钟差、接收机钟差以及大气层延迟误差,对观测量的影响具有一定的相关性。利用这些观测量的不同组合,按照测站、卫星、历元三种要素来求差,可以大大削弱有关误差的影响,从而提高相对定位精度。

图 8－10　相对定位

根据定位过程中接收机所处的状态不同,相对定位可分为静态相对定位和动态相对定位。它既可采用伪距观测量也可采用相位观测量,大地测量或工程测量均应采用相位观测值进行相对定位。测地型接收机利用卫星载波相位进行静态相对定位,可以达到 $10^{-6} \sim 10^{-8}$ 的高精度,但是为了可靠地求解整周模糊度,必须连续观测一两个小时或更长时间,这限制了其在有些需要实时或快速定位领域的应用。

按待定点的状态分为静态定位和动态定位两大类。静态定位是指待定点的位置在观测过程中是固定不变的,如 GNSS 在大地控制测量中的应用。动态定位是指待定点在运动载体上,在观测过程中位置是随时变化的,如 GNSS 在船舶导航中的应用。静态相对定位的精度一般在几毫米至几厘米范围内,动态相对定位的精度一般在几厘米到几米范围内。对信号的处理,从时间上划分为实时处理及后处理。实时处理就是一边接收卫星信号一边进行计算,获得目前所处的位置、速度及时间等信息;后处理是指把卫星信号记录在一定的介质上,回到室内统一进行数据处理。一般来说,静态定位用户多采用后处理,动态定位用户采用实时处理或后处理。

8.5.2　GNSS RTK 技术

GNSS RTK(Real Time Kinematic)技术是基于载波相位观测值的实时动态定位技术,该测量技术能够实时提供流动站在指定坐标系中的三维坐标,在一定范围内可达到厘米级精度。其原理是由基准站通过数据链实时将其载波相位观测值及基准站坐标信息一起传送给流动站,流动站将接收的卫星的载波相位与来自基准站的载波相位组成相位差分观测值,通过实时处理确定用户站的坐标,如图 8－11 所示。所谓数据链是由调制解调器和电台组成,用于实现基准站与用户之间的数据传输。RTK 技术的关键在于数据处理技术和数据传输技术,RTK 定位时要求基准站接收机实时地把观测数据(伪距观测值,相位观测值)及已知数据传输给流动站接收机。

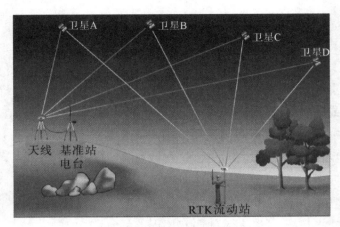

图 8 – 11　GNSS RTK 技术

　　这项技术的问世,极大地提高了外业作业效率,拓展了 GNSS 的使用空间。特别对于测绘领域,使其从只能做控制测量的局面中摆脱出来,而开始广泛运用于工程测量。但 RTK 技术也有一定局限性:①用户需要架设本地的参考站。②误差随距离而增大。③误差的增大使流动站和参考站距离受到限制(小于 15km)。④可靠性和可行性随距离降低。

　　伴随着计算机技术、网络技术以及通信技术的发展,出现了连续运行卫星定位服务系统(Continuous Operational Reference System,CORS)。连续运行参考站系统可以定义为一个或若干个固定的、连续运行的 GNSS 参考站,利用现代计算机、数据通信和互联网(LAN/WAN)技术组成的网络,实时地向不同类型、不同需求、不同层次的用户自动地提供经过检验的不同类型的观测值(载波相位,伪距),各种改正数、状态信息,以及其他有关 GNSS 服务项目的系统。CORS 系统由基准站网、数据处理中心、数据传输系统、定位导航数据播发系统、用户应用系统五个部分组成,各基准站与监控分析中心间通过数据传输系统连接成一体,形成专用网络。与传统的 RTK 作业相比,连续运行参考站具有作用范围广、精度高、野外单机作业等众多优点。

　　目前全国部分省、市已建成或正在建立的省、市级 CORS 系统,如北京、天津、上海、广州、东莞、成都、武汉、昆明、重庆、青岛等。CORS 系统不仅是一个动态的、连续的定位框架基准,同时也是快速、高精度获取空间数据和地理特征的重要的基础设施。CORS 可向大量用户同时提供高精度、高可靠性、实时的定位信息,并实现测绘数据的完整统一。它不仅可以建立和维持城市测绘的基准框架,更可以全自动、全天候、实时提供高精度空间和时间信息,成为区域规划、管理和决策的基础。该系统还能提供差分定位信息,开拓交通导航的新应用,并能提供高精度、高时空分辨率、全天候、近实时、连续的可降水汽量变化序列,并由此逐步形成地区灾害性天气监测预报系统。此外,CORS 系统可用于通信系统和电力系统中高精度的时间同步,并能为地面沉降、地质灾害、地震等提供监测预报服务,研究探讨灾害时空演化过程。

8.6　卫星导航定位系统的应用

卫星导航定位系统是一种高精度、全天候和全球性的连续定位、导航和定时的多功能系统,而且具有定位速度快、费用低、方法灵活及操作简便等特点,所以它已发展成为多领域(陆地、海洋、航空航天)、多模式(GPS、DGPS、RGPS 等)、多用途(导航制导、工程测量、大地测量、地球动力学、卫星定轨及其他相关学科)、多机型(机载式、车载式、船载式、星载式、弹载式、测地型、定时型、全站型、手持型、集成型)的高新技术国际性产业。

首先,卫星导航定位为民用领域带来巨大的经济效益。按应用市场分为专业应用市场、生命安全市场、大众消费市场三类。其中专业应用市场主要包括大地测量、石油物探、地质勘探、国土资源调查、土木与水利工程、地理信息采集、物流管理、气象预报、精细农业、车辆与机器控制、构筑物安全监测等。生命安全市场主要包括航空、铁路、航海、内陆水运、医疗救护、警察/消防、搜索救援、人员保护、交通监视、危品运输等。大众消费市场主要包括个人出行导航、车辆导航、车队管理、公交车调度、团队户外活动等。如图 8 – 12 ~ 图 8 – 16 为 GNSS 在大地测量、工程测量中的应用。

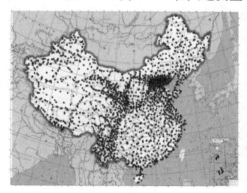

图 8 – 12　国家 2000 大地网

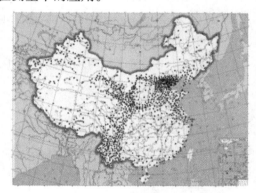

图 8 – 13　国家地壳监测网

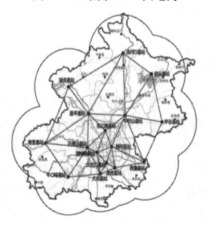

图 8 – 14　北京 CORS 站点分布

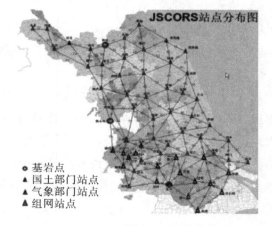

图 8 – 15　江苏 CORS 站点分布

图 8-16　GNSS 用于桥梁、大坝、高层建筑监测

按不同的服务目的划分,有下列几个方面的应用。

1.应用于导航

(1)船舶远洋导航和进港引水。

(2)飞机航路引导和进场降落。

(3)汽车自主导航。

(4)地面车辆跟踪和城市智能交通管理。

(5)紧急救生。

(6)个人旅游及野外探险。

(7)个人通信终端(与手机、PDA、电子地图等集成一体)。

2.应用于授时校频

(1)电力、邮电、通信等网络的时间同步。

(2)准确时间的授入。

(3)准确频率的授入。

3.应用于高精度测量

(1)建立国家大地控制网和坐标系统。

(2)建立省、市大地控制网。

(3)水下地形测量。

(4)地壳形变测量,地质灾害监测,桥梁、大坝和大型建筑物变形监测。

(5)GIS 应用。

(6)工程机械(集装箱轮胎吊,推土机等)控制。

(7)精细农业。

其次,卫星导航是军事应用的重要领域。卫星导航可为各种军事运载体导航,例如为弹道导弹、巡航导弹、空地导弹、制导炸弹等各种精确打击武器制导,可使武器的命中率大为提高,武器威力显著增长。卫星导航已成为武装力量的支撑系统和武装力量的倍增器。卫星导航可与通信、计算机和情报监视系统构成多兵种协同作战指挥系统。卫星导航可完成各种需要精确定位与时间信息的战术操作,如布雷、扫雷、目标截获、全天候空投、近空支援、协调轰炸、搜索与救援、无人驾驶机的控制与回收、火炮观察员的定位、炮兵快速布阵以及军用地图快速测绘等。

卫星导航可用于靶场高动态武器的跟踪和精确弹道测量,以及时间统一勤务的建立与保持。当今世界正面临一场新军事革命,电子战、信息战及远程作战成为新军事理论的主要内容。卫星导航系统作为一个功能强大的军事传感器,已经成为天战、远程作战、导弹战、电子战、信息战的重要武器,并且敌我双方对控制导航作战权的斗争将发展成为导航战。谁拥有先进的导航卫星系统,谁就在很大程度上掌握未来战场的主动权。

第 9 章 "3S"技术集成与应用

9.1 "3S"技术集成概述

9.1.1 "3S"定义

所谓"3S",一般是指遥感(Remote Sensing, RS)、地理信息系统(Geographical Information System, GIS)和全球定位系统(Global Positioning System, GPS)英文缩写的简称,是空间技术、传感器技术、卫星定位与导航技术和计算机技术、通信技术的结合,是多学科高度集成地对空间信息进行采集、处理、管理、分析、表达、传播和应用的现代信息技术。测绘学界也有称"5S",即在"3S"的基础上加上数字摄影测量系统(Digital Photogrammetry System, DPS)和专家系统(Expert System, ES),但该说法没有被其他行业广泛接受,而"3S"在 20 世纪 90 年代一经提出,即得到各界高度重视。1993 年,美国提出国家信息基础设施(National Information Infrastructure, NII)计划,并认为基于"3S"技术的地理空间数据的处理是实现 NII 的瓶颈问题。我国也在国家"九五"科技攻关中将"遥感、地理信息系统和全球定位系统技术综合应用研究"列为国家"重中之重"的高新技术发展项目。目前"3S"已被各行业所接受,并广泛应用,现已经成为一门重要的空间信息处理技术。

通过前面章节的学习,我们知道三者在空间信息管理上各具特色,均可以独立完成自身具有的功能,如 GPS 和 RS 用于获取目标空间信息,GIS 用于空间数据的存储、分析、处理和表达,但这三门学科中的每一项都只侧重了一个方面,无法满足全面描述地理信息流的要求。经过多年各自独立与平行发展,到 20 世纪 90 年代人们逐步认识到三门学科的优势互补,并在实践中促其走向集成与综合。如:GIS 为 GPS 提供定点查询专题信息,而 GPS 为 GIS 提供或更新空间位置;GIS 为 RS 提供几何配准、辅助分类等,而 RS 为 GIS 提供或更新区域信息;GPS 为 RS 提供几何校正、监督区选择以及分类验证,而 RS 为 GPS 提供定位遥感信息查询。三者的基本关系如图 9 - 1 所示。

从图 9 - 1 可以看到,"3S"的组合应用,使得各技术之间取长补短,三者之间形成了"一个大脑,两只眼睛"的框架,也即 RS 和 GPS 向 GIS 提供区域信息以及定位信息,GIS

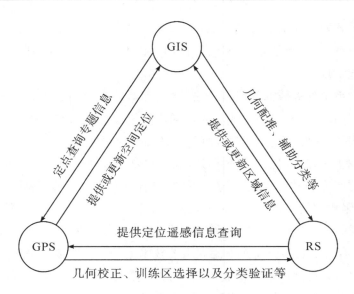

图 9-1 "3S"相互作用机理

进行相应的空间分析,并从 RS 和 GPS 提供的海量数据中提取有用信息,进行综合集成,为决策提供科学依据。近年来,伴随着众多卫星导航系统的兴起,出现了一个全新的称呼:全球导航卫星系统(Global Navigation Satellite System, GNSS),它泛指所有的卫星导航系统,如美国的 GPS、俄罗斯的 GLONASS、欧洲的 Galileo、中国的 BDS,以及其他的区域和增强系统,如美国的 WAAS(广域增强系统)、欧洲的 EGNOS(欧洲静地导航重叠系统)和日本的 QZSS(准天顶卫星系统)等。随着 GNSS 的快速发展和广泛应用,"3S"系统中的 GPS 一词逐渐被 GNSS 所替代。

9.1.2 集成的含义

"3S"集成的英文名称为 3S Integration。Integration 中文含义为整体、集成、综合、一体化等,对于系统一般采用系统集成的翻译法,对于数据我们更多的是使用 Data Fusion,意指数据的融合、整合。其核心含义是要在不同的系统或要素之间建立一种有机的联系。这种联系一般有多种实现方式,不同实现方式之间联系的紧密程度和性质会有差异。对于"3S"集成来说,这种差异可以从广度、深度和同步性三个方面来探讨。

广度是指建立了联系的子系统或要素的多少,"3S"集成包括三种两要素集成方式(RS + GIS/RS + GNSS/GIS + GNSS)和一种三要素集成方式(GIS + RS + GNSS)。

深度是指联系的紧密程度,包括三个层次,即数据层次的集成、平台层次的集成和功能层次的集成。所谓数据层次的集成,是通过数据的传递来建立子系统之间的联系,此时平台处于分离状态,数据传递要通过网络或人工干预完成,故效率较低。平台层次的集成是在一个统一的平台中分模块实现两个以上子系统的功能,各模块共用同一用户界面和同一数据库,但彼此保持相对的独立性。功能层次的集成是一种面向任务的集成方式。此种集成方式同样要求平台统一\数据库统一\界面统一,不同的是,它不再保持子系统之间的相对独立性,而是面向应用设计菜单和划分模块,往往在同一模块中包括不同子系统的功能实现。

同步性是指系统处理数据的时效与现势性,即数据获取与数据处理的时间差,包括完全同步、准同步和非同步三种方式。完全同步是指数据获取与数据处理同时进行,此方式下数据采集是一个连续的不间断过程,并且要求数据处理的速度与数据采集的速度严格匹配。准同步是在数据获取与数据处理之间存在一定的时间差,造成该时间差的原因是数据处理的速度与数据采集的速度不能严格匹配,进而使得数据采集不是连续进行,而是在两次采集之间存在一定的时间间隔。非同步是指数据获取与数据处理之间存在较长的时间间隔,造成这种间隔的原因是因为数据获取与传递的过程太长(如统计资料和 RS 影像),有时是因为目前尚不能克服的技术上的一些限制。应该指出,同步与准同步方式不仅要求数据处理平台集成,同时也要求数据采集平台集成,故实现的代价较高,通常只用于需要实时监控和快速反应的紧急事件,如救灾抢险、交通或战场指挥等。大多数情况下,非同步方式都能满足应用要求,且成本远低于同步和准同步方式。

9.1.3　集成的方式

就"3S"集成方式而言,现阶段主要有两种。其一是以 GIS 为中心的集成系统,RS 和 GNSS 作为系统的重要信息源和数据更新手段,以充实系统和加强系统的信息提取功能,保证系统的现势性;反过来,GIS 则为 RS 的信息提取提供辅助信息和专家思维,提高遥感识别的可靠性,并为 GNSS 定位点上所采集的各种数据提供管理、分析和制图等功能。其二是以遥感图像处理为中心的集成,如 GNSS 和 RS 结合,利用 GNSS 的高精度和高时间分辨率特性可提高 RS 对地观测精度,实现对地动态监测等。"3S"集成的方式主要如下。

1. RS 与 GIS 集成

RS 与 GIS 的集成是"3S"集成中最重要也是最核心的内容。实际上,早在"3S"集成概念出现之前,学术界已对 RS 与 GIS 集成进行了探讨,在许多方面已经形成共识。RS与 GIS 集成的基本出发点是 RS 可为 GIS 的数据更新提供稳定、可靠的数据源,而 GIS 是处理和分析应用空间数据的一种强有力的技术保证,在为 RS 提供空间数据管理和分析的同时,也可以为 RS 影像提供区域背景信息,提高其解译精度。在航空遥感时代,典型的作业方式是先将航片解译成图,然后数字化进入 GIS。尽管这种方式效率不高,但由于航空遥感覆盖周期长,影像数量少,手工作业的低效率引起的矛盾并不明显。进入航天遥感时代,遥感影像的数量猛增且空间分辨率不断提高,上述矛盾变得尖锐。人们开始尝试用计算机图像处理技术自动处理 RS 影像并将结果传输到 GIS 中,再进一步形成集成的思路。RS 与 GIS 可以在数据、平台和功能三层中的任一层次上集成,通常采用非同步方式。数据结构的转换曾经是集成的难点之一,因为早期的 GIS 大多采用矢量数据结构,而 RS 采用栅格数据结构。现在大部分 GIS 中已能够处理矢量、栅格两种数据格式,此问题基本解决。目前,RS 与 GIS 一体化的集成应用技术渐趋成熟,在地物分类、灾害评估、变化检测等方面均有相关应用。

2. GIS 与 GNSS 集成

GIS 和 GNSS 集成是利用 GIS 中的电子地图结合 GNSS 的实时定位功能为用户提供一种组合的空间信息服务方式,通常采用实时集成方式。从严格意义上说,GNSS 提供的是空间点的动态绝对位置,而 GIS 提供的是地球表面地物的静态相对位置。二者通过同一个大地坐标系统建立联系。实际应用中,非集成方式下使用 GIS 和 GNSS 常常产生两方面的问题。其一,实地位置和图上位置之间建立联系只能靠目测估计,速度慢、准确性差。其二,在动态定位或者缺乏参照物的场合,由于不能确定实地位置和图上位置之间的对应关系,只能靠目测来获得测点周围地物的相对位置。受人眼视野窄、不能定量等因素的影响,靠目测获得的测点周围地物相对位置在信息量、准确性等方面存在严重不足。所以,在电子导航、自动驾驶、公安侦破、实时数据采集和更新等既需要空间点动态绝对位置又需要地表地物静态相对位置的应用领域,GIS 与 GNSS 集成几乎是一种必然的选择。具体来说,存在以下几种集成模式:①GNSS 单机定位 + 栅格式电子地图;②GNSS 单机定位 + 矢量电子地图;③GNSS 差分定位 + 矢量/栅格电子地图。

3. GNSS 与 RS 集成

GNSS 和 RS 集成的主要目的是利用 GNSS 的精确定位功能解决 RS 定位困难的问题,既可以采用同步集成方式,也可以采用非同步集成方式。传统的遥感对地定位技术主要采用立体观测、二维空间变换等方式,采用地—空—地模式先求解出影像的位置和姿态或变换系数,再求出地面目标点的位置,从而生成 DEM 和地学编码图像。但是,这种定位方式不但费时费力,而且当地面无控制点时更无法实现,从而影响数据实时进入系统。GNSS 强大的定位能力为 RS 影像的实时处理与快速编码提供了可能,其基本原理是采用 GNSS 和惯性导航系统(Inertial Navigation System, INS)组合方法,将传感器的空间位置 (X_s, Y_s, Z_s) 和姿态参数 $(\varphi, \omega, \kappa)$ 同步记录下来,通过相应软件,快速产生直接地学编码。

4. "3S"整体集成

"3S"整体集成包括以 GIS 为中心的集成方式和以 GNSS/RS 为中心的集成方式。前者的主要目的是非同步数据处理,通过利用 GIS 作为集成系统的中心平台,对包括 RS 和 GNSS 在内的多种来源空间数据进行综合处理、动态存储和集成管理,同样存在前文所说的数据、平台和功能三个集成层次,可以认为是 RS 与 GIS 集成方式的一种扩充。后者以同步数据处理为目的,通过 RS 和 GNSS 提供的实时动态空间信息结合 GIS 的数据库和分析功能为动态管理、实时决策提供在线空间信息支持服务。该模式要求多种信息采集和信息处理平台集成,同时需要实时通信支持,故实现的代价较高。加拿大的车载"3S"集成系统(VISAT)和美国的机载/星载"3S"集成系统是后一种集成模式比较成功的两个实例。

GIS、RS 和 GNSS 三者集成应用,构成了整体、实时和动态的对地观测、分析应用系统,提高了 GIS 的应用效率。

9.1.4 集成的关键技术

从空间信息系统和信息集成角度看,"3S"系统涉及许多挑战性问题及关键技术,主要包括高分辨率卫星技术、空间信息基础设施、大容量数据存储及元数据交换与共享、空间数据的挖掘和知识发现以及可视化技术等。

1. 高分辨率卫星影像

近几十年来,卫星遥感影像在空间分辨率、光谱分辨率和时间分辨率方面得到较大提高。空间分辨率方面,美国 2016 年发射的 WorldView – 4 卫星能够提供 0.3 m 分辨率的高清地面图像,中国高分 2 号卫星(GF – 2)全色谱段星下点空间分辨率达到 0.8m。光谱分辨率方面,中国 2018 年发射的高分 5 号卫星(GF – 5)光谱分辨率达到了 0.5nm。时间分辨率方面,美国快鸟卫星的重访周期仅 1~3.5 天,我国计划 2030 年实现 138 颗小卫星组网的"吉林一号"后续卫星星座将具备对全球任意点 10 分钟以内的重访观测。高时间分辨率遥感与高空间、高光谱遥感技术相结合是未来遥感科技发展的一个新趋势,能够实现地物类型与理化特性的精准反演和高时频变化监测。

2. 时空信息基础设施

当人们在集成"3S"技术的数字地球上,处理、发布和查询信息时,将会发现大量的信息都与地理空间位置有关。例如查询两点之间的交通连接,查询旅游景点和路线等,都需要有地理空间参考,若是缺少空间数据参考框架,就无法实现数字地球信息与地理空间参考的有机连接,因此必须建立国家空间信息基础设施。国家空间信息基础设施(National Spatial Information Infrastructure,NSII)是支持地理空间信息网络集成和共享应用的设施,由国家公用地理空间信息获取处理系统、通信网络系统、国家基础性地理空间信息资源、地理空间信息标准规范体系和政策法规以及相应的组织体系组成。NSII 主要包括空间数据协调管理与分发体系和机构、空间数据交换网站、空间数据交换标准及数字地球空间数据框架。NSII 的发展水平直接影响国家安全和政府管理决策的现代化水平,已成为各国信息基础设施建设和高技术应用的重要内容。1994 年,美国率先提出信息基础建设(National Information Infrastructure,NII)计划,1999 年又大力发展国家空间数据基础设施(National Spatial Data Infrastructure,NSDI)建设计划。之后,其他发达国家相继制定和实施了类似计划,如 2001 年欧盟提出了欧洲空间信息共享基础设施(Infrastructure for Spatial Information in the European Community,INSPIRE)计划,加拿大提出了"地理空间数据基础设施"计划以及澳大利亚提出了"空间数据基础设施"计划等。我国也早就根据中国空间信息资源的特点和中国基础设施建设项目的特殊内涵,提出了我国的国家空间信息基础设施计划,至今已取得了长足发展。

时空信息基础设施是在空间信息基础设施基础上加入时间元素,体现数据信息的历史性、动态性和关联性特征,是时空数据的获取、处理、访问、分发和有效利用所需的政策、技术、标准以及基础数据集和人力资源的总称,是利用时空资源为广大用户提供时空产品与服务的天地一体化工程设施。随着物联网、云计算、大数据、地理信息+、空间地理信息集成等新技术的发展,时空信息基础设施建设需求更加迫切,所提供的服务也更加丰富。

3. 大容量数据存储及元数据交换与共享

随着对地观测技术的快速发展及传感器性能的提升,高分辨率对地观测数据被大量获取,数据量正在呈几何阶数增长,已经从 GB 级、TB 级迈向 PB 级。如何更有序、更高效地存储与管理海量数据,形成统一的存储组织标准(基准,尺度,时态,语义),实现海量信息的快速共享与分发,已经成为空间信息科学领域研究和业务应用部门重点关心的问题之一。同时,由于"3S"相关数据实际应用总是与地理空间位置直接关联,因此海量数据高效存储问题的一个重要方面则在于结合遥感数据的空间特性,建立合理、科学和统一的全球遥感数据存储组织模型与相应的存储架构。

为了在海量数据中迅速找到需要的数据,需要建设元数据(metadata)库,元数据描述了有关数据的名称、位置、属性等信息,通过对元数据的检索和管理可以避免直接操作大数据量的原始数据,大大减少用户寻找所需数据的时间,是实现数据共享的关键。但由于元数据来源各异,所以其结构也并不相同,这种方式难以直接适应多种来源数据的存储与管理。因此,为了方便数据存储,提高共享查询效率,必须对不同来源的元数据进行标准化,为数据共享和交换提供共用的数据描述基础。

4. 空间数据的挖掘和知识发现

"3S"系统管理的数据量迅速发展,极大提高了数据生产、收集、存储和处理的能力,使得数据资源日益丰富。但就现阶段来说,数据中蕴涵的知识还未得到充分挖掘和利用,致使"数据爆炸但知识贫乏"。为了有效利用"3S"系统管理的海量空间数据,就需要对空间数据进行综合处理和分析。于是,在 20 世纪末出现了多学科相互交融和相互促进的新兴边缘学科,即数据挖掘和知识发现(Data Mining and Knowledge Discovery,DMKD)。它是一个涉及多学科的研究领域,数据库技术、人工智能、机器学习、统计学、粗糙集、模糊集、神经网络、模式识别、知识库系统、高性能计算、数据可视化等均与数据挖掘相关。

空间数据挖掘则是指从空间数据库中抽取尚未清楚表现出的隐含知识和空间关系,并发现其中有用的特征和模式的理论、方法和技术。依靠终端用户分析空间数据并提取知识或特征是不现实的,因此从空间数据库中自动地挖掘知识,寻找空间数据中的隐含知识越来越重要。利用空间数据挖掘和知识发现技术,将能够更好地认识和分析所观测到的海量数据,从中找出规律和知识,真正解决空间数据爆炸但知识贫乏的现象。

5. 空间信息可视化技术

可视化是实现"3S"系统与人交互的窗口和重要工具。空间信息可视化是指运用计算机图形图像处理技术,将复杂的科学现象和自然景观及一些抽象概念图形化的过程。具体地说,是利用地图学、计算机图形图像技术,将地学信息输入、查询、分析、处理,采用图形、图像,结合图表、文字、报表,以可视化形式实现交互处理和显示的技术和方法。"3S"系统采用的可视化方法包括二维、二点五维和三维空间可视化方法。空间信息三维可视化,以其数据利用率高、三维空间逼真以及易于发现和理解科学规律等优点成为空间信息可视化的发展方向。

按照技术实现的途径,可以将空间信息三维可视化的方法分为两大类,即基于矢量图形信息的三维可视化和基于实景影像信息的三维可视化。基于图形信息的三维可视化是指基于已有的地形或地物特征数据,先利用计算机建立三维几何模型,然后在给定观察点和观察方向后,进行着色、消隐、光照、纹理映射及投影处理后产生的虚拟场景。随着数字摄影测量、计算机视觉和虚拟现实等技术的发展,直接由立体正射影像、核线影像或者全景序列影像构建人造立体视觉和立体量测环境,已成为地球空间信息三维可视化应用的一种经济快捷的技术途径。将两者有机结合是空间信息三维可视化发展的一个显著特征。

9.2 "3S"技术集成的典型应用领域

由于 RS、GIS 和 GNSS 在功能上的互补性,各种集成方案通过不同的组合取长补短,不仅能充分发挥各自的优势,而且能够产生许多新的功能。如果说 RS、GIS 和 GNSS 三种技术的单独应用提高了空间数据获取和处理的精度、速度和效率,那么"3S"集成除了在以上三方面更进一步以外,其优势还表现在动态性、灵活度和自动化等方面。所谓动态性是指数据源与现实世界的同步性、不同数据源之间的同步性以及数据获取与数据处理的同步性。灵活度是指用户可以根据不同的应用目的来决定相应数据采集和数据处理,建立二者之间的联系及反馈机制,从而以最恰当的方式完成指定的任务。自动化是指集成系统能够自动完成从数据采集到数据处理的各个环节,不需要人工干预。以上的三种优势不同程度地反映在各种具体的集成模式中。"3S"集成已经在测绘制图、环境监测、战场指挥、救灾抢险、公安消防、交通管理、精细农业、地学研究、资源清查、国土整治、城市规划和空间决策等一系列领域获得了广泛的应用。可以肯定,其应用领域在未来还将进一步拓展。但无论应用领域如何广泛,也无论应用领域在未来如何拓展,"3S"集成本质上是三种对地观测技术的集成,它所能提供的是不同层次的空间信息服务,服务内容会随具体的应用场合不同而改变,但不会超出以下五个层次的组合:①直接信息服务,包括原始遥感影像、GNSS 定位信息和 GIS 数据库中存储了的信息。②复合信息服务,包括带有 RS 影像或地图背景的解算好的 GNSS 定位信息,经过处理带有地学编码的遥感影像或同时包含 RS 和 GIS 信息的影像地图。③查询信息服务,包括从空间位置到空间属性的双向查询以及二者的联合查询,此处空间位置可由 RS、GNSS 或 GIS 任意一种方式指定。④计算信息服务,包括由 GIS 计算所得的空间目标本身的长度、面积和体积或其相互之间的距离和空间关系等。⑤复杂信息服务,包括利用空间分析和模型得到的各种结果,如最短路径或交通堵塞时的替代路线、污染物泄漏或管线断裂影响范围、自然灾害灾情实时估算等。

在"3S"与通信技术集成上,以"3S"技术为代表的地球空间信息技术具有全数字、全自动、数据标准化等特点,能够顺利实现与各种通信设备的接口。网络和通信技术在近几十年取得了飞速发展,特别是 5G 技术、宽带网络技术、WAP 技术、数字微波技术、卫星数据中继技术和调频副载波技术的发展为地球空间信息技术与之结合创造了必要的基础。

9.2.1　数字中国与数字城市

当前,人类面临着人口、环境、资源和发展等全球性问题,为了维持生存环境,确保地球具有一个长期、稳定和可持续发展的环境,迫切需要对地球有一个完整的理解和认识。因此,美国率先提出数字地球的概念。所谓数字地球,就是构建覆盖全球的地球信息模型,把分散在地球各地的不同信息,以地球地理坐标形式组织起来,既体现出地球上各种信息的内在有机联系,又便于按地理坐标进行检索和利用。数字地球至少有三个层次,分别是数字全球、数字国家和数字城市。按照数字地球的思路,建设数字中国是一项重要的国家战略,是实现我国可持续发展的重要举措。

数字中国涵盖经济、政治、文化、社会、生态等各领域信息化建设,包括宽带中国互联网 + 、大数据、云计算、人工智能、数字经济、电子政务、智慧城市、数字乡村等内容,以遥感卫星影像为主要载体,在可持续发展、农业、资源、环境、全球变化、生态、水土循环等方面管理中国,推动信息化发展和可持续发展。2018 年发布的《数字中国建设发展报告(2017 年)》指出,数字中国顶层设计架构已经完成,今后数字中国建设的重点任务包括加速推动信息领域核心技术突破,加快信息基础设施优化升级并夯实数字中国建设基础,大力发展数字经济,加快政务信息资源整合,深入推进"互联网 + 政务服务",提升网络安全保障能力以及完善信息化发展环境等方面。

数字城市是推动我国城市信息化建设和社会经济、资源环境可持续发展的重要策略。城市是人们现实生活中一个重要的活动空间,随着现代城市的飞速发展,人们对城市的了解不再停留在原有的数字图或平面图上,而是要求有一个直观的、现实的感受和了解。因此,数字城市是数字地球中不可缺少的重要组成部分。目前,数字城市大致有三种:①以文本形式提供的信息源,如平面图。②二维站点,它包括城市地图和电子地图。③三维城市空间,以三维虚拟城市模型作为界面,加载各种专题信息系统,提供各种信息服务。三维数字城市是未来数字城市的基本表现形式,对于未来的城市信息服务具有十分重要的意义。所谓城市信息服务,是指为城市居民提供各种信息、日常业务等以信息处理为主要内容的各类服务项目,如提供城市交通路况、旅游景点分布及其详情、商业网点的布局及各自特色、城市道路与建筑物的空间分布等。在数字城市中,人们只需在计算机前告诉系统自己感兴趣的城市或想了解的信息,即可对该空间信息进行定位、浏览,甚至可以通过数字地球开展业务运作、购物、旅游、休闲、娱乐、与朋友聚会聊天等。城市信息服务具有用户数量大、需求信息多样化、信息实时、服务方式多样化等特点,宽带和分布式的三维数据浏览、管理、交互式操作将是数字城市建立的基础。

9.2.2 资源环境监测

如今,全球卫星数量超过千颗,可用于环境监测的在轨卫星总数也已达上百颗,"3S"技术信息获取的能力大大加强,使得"3S"技术可以广泛应用于水环境、大气环境、生态环境、荒漠变化和土地利用变化等方面的监测,解决因经济高速发展带来的诸如滑坡、水土流失、土地退化等方面的资源与环境之间的矛盾。

"3S"技术特别是其中的遥感监测和地理信息分析在资源环境监测中发挥了重要作用。利用 RS 技术,实时准确地获取资源环境信息,全方位、全天候的监测资源与环境的动态变化;利用 GIS 的强大模拟功能,实现空间信息与属性信息的结合,并分析其在空间和时间上的发展过程,两者的结合可以在资源环境监测中发挥巨大优势。我国的资源环境遥感监测始于 20 世纪 70 年代,经过多年发展已构成了对地圈、生物圈、大气圈及其相互作用的物理、化学过程和时空演变规律的系统化、立体化的探测,相关应用也日益深入。例如:1977 年,首次利用多光谱图像对西藏地区的森林资源进行了清查,填补了森林资源数据的空白;20 世纪 80 年代,完成了 1:100 万比例尺的全国草地资源图,随后利用资源卫星数据多次进行了全国范围的土地资源调查、土地利用监测等工作;"六五"和"七五"期间,利用遥感技术对黄淮海平原地区的河流、湖泊、洼淀等地表水体开展了演变过程、空间差异等方面的系统研究。在环境研究中也广泛使用了 RS 和 GIS 技术,例如:20世纪 80 年代中期,利用陆地卫星资料进行了土壤侵蚀分区、分类、分级制图;针对黄河上游地区共和盆地因不合理的经济活动导致沙漠发展的问题,基于 GIS 技术,利用陆地卫星 TM 遥感数据开展动态监测,实现了沙漠化土地的沙漠化程度分级等。

如今,人们对于资源环境认识的深度和广度逐渐加深,特别是一系列资源环境问题对于实施可持续发展战略带来的限制和约束,促使人们提升了对于资源环境问题的重视程度,在此过程中"3S"技术发挥了重大作用。随着 GIS、RS 和 GNSS 一体化技术的日益成熟,"3S"技术在促进国家资源环境监测和预警能力方面的作用将日益强大。

9.2.3 智慧交通

智能交通系统(Intelligent Transportation System,ITS)是充分利用现代化的通信、定位、传感器以及其他与信息有关的技术,快速实现交通信息的采集和传递,在人、车、路之间构造最优时空模型,从而合理分配交通资源,改善地面交通条件的一项有战略意义的系统工程。基础地理信息是 ITS 的数据支持平台,由于道路等基础建设的日新月异,城市交通网和高等级公路网的建设周期减短,使得基础地理信息必须快速更新,方可具备实时、全面、准确等实用特征,从而保持 ITS 的现势性。

智慧交通是在智能交通的基础上,在交通领域中充分运用物联网、云计算、互联网、人工智能、自动控制、移动互联网等技术,通过高新技术汇集交通信息,对交通管理、交通运输、公众出行等交通领域全方面以及交通建设管理全过程进行管控支撑,使交通系统在区域、城市甚至更大的时空范围具备感知、互联、分析、预测、控制等能力,以充分保障交通安全,发挥交通基础设施效能,提升交通系统运行效率和管理水平,为通畅的公众出行和可持续的经济发展服务。

"3S"技术为智慧交通的信息采集、数据库建设提供了关键技术。高分辨率的卫星遥感与航空摄影测量相结合,再辅以成图方式较为灵活、快捷的"3S"自动道路测量系统,可以快速、高效地采集和更新地理信息(空间三维坐标信息和地物属性信息),进行大比例尺的数字地图成图及地图修测生产,解决智慧交通中基础地理信息数据的现实性问题。基于"3S"集成的空间信息采集中,通过差分 GNSS 可以提高空间数据的测量精度。借助"3S"技术在处理和分析基础地理数据、路网数据等空间数据方面的优势,合理地组织、管理和发布交通信息将有助于提高交通系统的运行效率,降低交通事故的发生率。通过交通信息的分析和对交通数据的挖掘,掌握人们在不同时段、区域的出行规律,为交通管理部门进行交通规划、交通诱导、车流量预测提供支持,为缓解交通拥堵提供理论依据。

"3S"技术在交通领域经过多年应用与发展,正在建立适合交通系统的时空基准、时空数据模型和时空数据分析等理论基础,开创了以信息源采集、信息融合处理、交通数据挖掘、交通信息传输表达为代表的技术方法,应用于交通管理、物流管理、智能导航、交通信息位置服务和交通安全等领域,改善全球环境,促进经济可持续发展。

9.2.4 精准农业

自 20 世纪 90 年代以来,精准农业(Precision Agriculture)作为基于信息高科技的集约化农业出现,并成为农业可持续发展的热门领域。所谓精准农业,是将 GIS、GNSS、RS、计算机技术、通信技术、网络技术、自动化技术等高科技集成并与地理学、农业、生态学、植物生理学、土壤学等基础学科有机地结合起来,实现农业生产过程中对农作物、土地、土壤从宏观到微观的实时监测,以实现对农作物生长、发育状况、病虫害、水肥状况以及相应的环境状况进行定期的信息获取和动态分析,通过专家系统的诊断和决策,制定实施计划,并在 GNSS、GIS 集成系统支持下进行田间作业。在精准农业中,单纯运用"3S"中的某一种技术往往无法满足需要,无法提供精准农业实施过程中所需要的对地测量、存储管理、信息处理、分析模拟的综合能力。因此,精准农业首先建立全球的航空遥感或卫星数据采集网,获取实时的农作物征兆图。通过影像处理进行变化监测,结合已储存的土壤背景库和农田灌溉、施肥、种子等农作物专家系统数据库进行分析并做出判断,最后形成诊断图。然后,利用管理信息系统(Management Information System,MIS)对诊断图进行综合分析,结合社会经济信息作出投入产出估计,提出实施计划,由装有自动指挥和控制的农业机械,在 GNSS 的引导下,开到指定的农田,完成指定的作业任务。

为了保证作业的精确性,需要建立相应地区的专题电子地图和广域/局域 GNSS 差分服务网。此外,要保证整个系统的效率,影像变化检测数据、GIS、MIS 要求建立高效的通信联系,借助 GNSS 的实时定位与农业机械、农业物资管理部门实现实时控制和反馈。实现的可行手段是在整个系统中建立起无线通信网络,实现各模块的交互,5G 技术将是有效的通信方式。

9.2.5　防灾减灾

自然灾害是全人类共同的敌人,人类正面临着诸如洪涝、干旱、地震、滑坡、地面沉降、土地沙漠化等各种自然灾害的威胁和挑战,特别是随着社会经济发展、生产规模扩大,新时期自然灾害呈现出损失日益加重的趋势,如何最大限度地减少损失已经成为当前防灾救灾工作的主要目标之一。早期预警是防灾备灾的科学依据,应急响应和紧急救援是提高减灾效率、减少灾害损失的重要保证,灾害评估是抗灾救灾的重要依据。因此,早期预警、应急响应和灾害评估成为当前综合减灾工作的重要内容。随着"3S"技术的发展、信息交换方式的改进、自然灾害风险评估理论和方法的提高,"3S"技术在这三个方面体现出了重要应用价值。

现阶段,中国已形成了"天—空—地—现场"一体化的灾害立体监测体系框架。天基资源中,目前我国在轨运行民用遥感卫星已达到 20 多颗,由 2 颗光学卫星和 1 颗雷达卫星组成的环境与灾害监测预报小卫星"2 + 1"星座已经建立,后期将再建立由 4 颗光学小卫星和 4 颗合成孔径雷达小卫星组成的"4 + 4"星座,风云卫星、海洋卫星、资源卫星、高分卫星等民用空间基础设施也为灾害风险与损失评估业务提供了有力的数据保障。在重特大灾害应急阶段,通过启动空间与重大灾害国际宪章机制,中国可免费获取全球多个航天机构的遥感卫星数据。

为实现对灾害的预防和预警,国内外学者利用遥感影像和 GNSS 等技术开展了干旱灾害监测、洪涝灾害监测、森林及草原火灾监测、土壤侵蚀及土地盐渍化动态监测、地震灾害监测以及地质灾害监测等方面的研究。例如,实现了利用高空间分辨率的机载、星载雷达遥感数据、GNSS 数据、极轨卫星资料等,通过不同遥感数据的融合、遥感数据与非遥感数据的融合,实现了对洪涝灾害进行动态监测并提出抗灾、救灾建议;利用遥感技术对大兴安岭大火、中蒙边境大火等进行了监测、预警,形成了以中国气象局国家卫星气象中心及各省市气象局为主的林火监测系统;利用遥感系统和 GIS 系统对黄土高原、三峡库区等重点侵蚀区域小流域土壤侵蚀进行了预测,对黄河三角洲、内蒙古等典型区域土地盐渍化状况进行了动态监测。目前,我国已建立了重大自然灾害的历史数据库和背景数据库,从全国范围的角度,宏观地研究了自然灾害的危险程度分区和成灾规律。同时还选择了上述重大灾种进行了详细的监测评价技术方法与应付突发性灾情的研究,建立了各自的遥感－地理信息系统,实现了对经常性和突发性自然灾害的监测评价功能。

基于"3S"技术的灾后评估也在防灾减灾中发挥着巨大作用。如灾害发生后,迅速获取遥感影像数据,并按照既定数据处理方案以最快的速度对灾区的受灾范围、灾区居民点分布和受灾程度等内容做出评估,利用 GIS 的空间分析功能,对灾害的分布特征、发展趋势以及灾害防治等做一些相关分析,为突发灾害应急指挥调度、救援工作提供科学支持和指导依据。

将"3S"技术应用于防灾减灾,可以让我们更透彻地感知和认识各种灾害;将"3S"技术与大数据、云计算、互联网＋等新技术、新理念不断深入融合,将会创新灾害风险管理业务运行模式,提高灾害监测评估能力。

9.2.6 国防与军事

未来的战争将是数字化战争,即数字化部队在数字化战场进行的信息战。它是以信息为主要手段,以信息技术为基础的战争,是信息战的一种形式。其特点是信息装备数字化、指挥控制体系网络化、战场管理一体化、武器装备智能化、作战人员知识化和专业化。数字化战场是数字化部队实施作战的重要依托,所谓数字化战场就是以数字化信息为基础,以战场通信系统为支撑,实现信息收集、传输、处理自动化、网络一体化的信息化战场。

数字化战场的重要一环就是战场实时信息的获取。无人侦察机以其无人化、造价低、灵活机动的特点,取代大型有人侦察机成为战场前沿信息最主要的侦查力量。所谓无人侦察机,就是指无人驾驶的专门用于从空中获取情报的军用飞机,飞机上往往搭载着先进的定位设备及遥感数据获取设备,如 CCD 相机、合成孔径雷达、激光雷达及红外设备等。如美国的 RQ－4 全球鹰无人机,具有多种高精度的目标定位方法,不仅可以在大范围内通过雷达搜索目标,还能获取 7.4 万 km² 范围内的目标光电/红外图像信息。在 20 km 的高空上,通过合成孔径雷达侦察获得的条幅式照片具有 1m 的精度,定点侦察照片的精度则高达 0.3 m,对 20~200 km/h 速度移动的地面目标,也能达到 7 m 的定位精度。此外,英国的"不死鸟"中程无人机则是通过红外探测装置进行全天候照相侦察。随着现代战争的发展变化,无人机侦察技术在军事上的应用将越来越普遍,现如今已在军事侦察、军事目标监视、毁伤效果评估等方面展现了广泛的应用前景。

从"数字地球"到"数字化战场"再到"数字化士兵",战场地理信息服务成为争取现代化局部战争胜利的重要因素。建立作战单位和上级指挥的双向数据通信,作战部分通过 GNSS 接收机获得位置信息,以无人侦察机等获得战场图像等信息,并通过数据通信设备将这些信息传递到上级指挥部分,使得指挥部分对作战部分的位置和战场实况有全面的了解,并及时更新指挥部分的三维电子地图和战场信息数据库,实时反应战场的瞬息变化。同时,指挥部分在服务器上根据 GNSS 提供的位置信息从三维电子地图中提取作战单位附近一定范围的地理信息和战场信息,及时发送到作战单位,并且利用 GIS 的空间分析功能,对作战单位所处的环境进行分析,提供进一步行动的指导。

9.3 "3S"集成的应用示例

9.3.1 "3S"技术在自动驾驶汽车中的应用

1. 自动驾驶

过去的一百多年来,汽车主要通过人的控制来实现驾驶,但近代高速互联网技术、高精度定位技术、高精度环境感知设备和人工智能的迅猛发展,推动了自动驾驶汽车技术的发展,使得汽车自动驾驶成为可能,并成为未来汽车行业的发展趋势。在国内,北京市首次定义了自动驾驶功能,即自动驾驶车辆上,不需要测试驾驶员执行物理性驾驶操作的情况下,能够对车辆行驶任务进行指导与决策,并代替测试驾驶员操控行为使车辆完成安全行驶的功能。自动驾驶功能包括自动行驶功能、自动变速功能、自动刹车功能、自动监视周围环境功能、自动变道功能、自动转向功能、自动信号提醒功能、网联式自动驾驶辅助功能等。

2. 自动驾驶的分级

目前全球汽车行业公认的两个分级制度分别是由美国高速公路安全管理局(NHTSA)和国际自动机工程师学会(SAE)提出的。2013 年,NHTSA 发布了汽车自动化的五级标准,将自动驾驶功能分为 5 个级别:0~4 级,其定义如下:

(1)Level 0:无自动化。没有任何自动驾驶功能、技术,司机对汽车所有功能拥有绝对控制权。驾驶员需要负责启动、制动、操作和观察道路状况。

(2)Level 1:单一功能级的自动化。驾驶员仍然对行车安全负责,不过可以放弃部分控制权给系统管理,某些功能已经自动进行,比如常见的自适应巡航、应急刹车辅助和车道保持。Level 1 的特点是只有单一功能,驾驶员无法做到手和脚同时不操控。

(3)Level 2:部分自动化。司机和汽车分享控制权,驾驶员在某些预设环境下可以不操作汽车,即手脚同时离开控制,但驾驶员仍需要随时待命,对驾驶安全负责,并随时准备在短时间内接管汽车驾驶权。Level 2 的核心不在于要有两个以上的功能,而在于驾驶员可以不再作为主要操作者。

(4)Level 3:有条件自动化。在有限情况下实现自动控制,比如在预设的路段(如高速和人流较少的城市路段),汽车自动驾驶可以完全负责整个车辆的操控,但是当遇到紧急情况,驾驶员仍需要在某些时候接管汽车,但有足够的预警时间。Level 3 将解放驾驶员,即对行车安全不再负责,不必监视道路状况。

(5)Level 4:完全自动化(无人驾驶)。无须司机或乘客的干预,在无人协助的情况下由出发地驶向目的地。仅需起点和终点信息,汽车将全程负责行车安全,并完全不依赖驾驶员干涉,行车时可以没有人乘坐。

2014 年,SAE 将自动驾驶技术分为 0～5 级。SAE 的定义在自动驾驶 0～3 级与 NHTSA 一致,分别强调的是无自动化、驾驶支持、部分自动化与条件下的自动化。唯一的区别在于 SAE 对 NHTSA 的完全自动化进行了进一步细分,强调了行车对环境与道路的要求。在 SAE－Level4 下的自动驾驶需要在特定的道路条件下进行,比如封闭的园区或者固定的行车线路等,可以说是面向特定场景下的高度自动化驾驶。SAE－Level5 则对行车环境不加限制,可以自动地应对各种复杂的车辆、行人和道路环境。NHTSA 和 SAE 的自动驾驶分级可以通过表 9－1 进行比较。

表 9－1　NHTSA 和 SAE 对自动驾驶的分级比较

分级	NHTSA	L0	L1	L2	L3	L4	
	SAE	L0	L1	L2	L3	L4	L5
称呼（SAE）		无自动化	驾驶支持	部分自动化	有条件自动化	高度自动化	完全自动化
SAE 定义		由人类驾驶者全权驾驶汽车,在行驶过程中可以得到警告	通过驾驶环境对方向盘和加速减速中的一项操作提供支持,其余由人类操作	通过驾驶环境对方向盘和加速减速中的多项操作提供支持,其余由人类操作	由无人驾驶系统完成所有的驾驶操作,根据系统要求,人类提供适当的应答	由无人驾驶系统完成所有的驾驶操作,根据系统要求,人类不一定提供所有的应答,限定道路和环境条件	由无人驾驶系统完成所有的驾驶操作,可能的情况下,人类接管,不限定道路和环境条件
主体	驾驶操作	人类驾驶者	人类驾驶者/系统	系统			
	周边监控	人类驾驶者			系统		
	支援	人类驾驶者				系统	
	系统操作域	无	部分				全域

不同级别的自动驾驶功能是逐层递增的,L0 中实现的功能仅能够进行传感探测和决策报警,比如夜视系统、交通标识识别、行人检测、车道偏离警告等。L1 实现单一控制类功能,如支持主动紧急制动、自适应巡航控制系统等,只要实现其中之一就可达到 L1。L2 实现了多种控制类功能,如具有自动制动系统和车道保持系统等功能的车辆。L3 实现了特定条件下的自动驾驶,当超出特定条件时将由人类驾驶员接管驾驶。SAE 中的 L4 是

指在特定条件下的无人驾驶,如封闭园区固定线路的无人驾驶等。而 SAE 中的 L5 就是终极目标,完全无人驾驶,是自动驾驶的最终形态。

3. 自动驾驶的基础技术

1) 环境感知技术

自动驾驶系统使用传感器从环境获取信息。但是没有任何一种传感器能够保证在任何情况下都可提供完全可靠的信息。因此,采用多传感器融合技术实现信息的相互补充和印证是当前自动驾驶环境感知技术的基本策略。最常用的驾驶环境传感器主要包括雷达、摄像头、激光雷达和超声波传感器等。

无线电探测和测距(Radio detection and ranging,Radar),简称雷达,最初是为军事和航空电子应用开发的。第一个可应用于汽车的雷达传感器大约 40 年前开发,直到 1998 年才将雷达传感器引入商用汽车,汽车上常用的雷达是毫米波雷达,其工作频域介于 $30 \sim 300GHz$。大雨对毫米波的影响非常大,且很多场合受到的干扰较大。

汽车上应用的摄像头主要有单目和双目两种类型。单目摄像头的测距原理决定了需要预先建立并不断维护一个庞大的样本库来实现测距,这极不利于应用;而双目测距是通过对两幅图像视差的计算,直接对前方景物进行距离量测,理论上精度可以达到毫米级,且花费的时间远低于单目摄像头。摄像机支持色彩辨认需求,将激光雷达和摄像机融合,对数据进行着色,可以使数据更有价值,此外还具有成像像素高,技术成熟且制造成本较低等优点。但摄像头的致命缺点是需要外部光源,低照度情况下的性能会迅速下降。此外,直射光源、光照度急剧变化以及雨雪雾霾等也影响摄像头的使用。

激光探测及测距(Light Detection And Ranging,LiDAR),简称激光雷达,是一种主动测距法。其原理是传感器发射激光束并经空气传播到物体表面,再经表面反射,反射能量被传感器接收并记录为一个电信号。记录发射时刻和接收时刻的精确时间,就可以计算出激光器至物体表面的距离。相对于摄像头,激光雷达可以在夜晚和雨雪天气下提供高分辨率的图像,在自动驾驶中的应用主要包括障碍物检测、动态障碍物跟踪以及环境重建等方面。激光雷达可以弥补摄像机和雷达的不足,提供的信息在与其他传感器信息融合后,能够生成可靠的汽车环境图像。

超声波传感器是将超声波信号转换成其他能量信号(通常是电信号)的传感器,是振动频率高于 $20kHz$ 的机械波。超声波测距原理简单、成本低、制作方便,对雨雪雾的穿透能力较强,且对外界电磁场不敏感,可以用于有电磁干扰的环境中。但是超声波传感器的覆盖范围较小,一般用于停车场景中的距离测量。

2) 高精度数字地图

高精度数字地图是当前自动驾驶领域必不可少的一个组成部分。一般情况下,传统数字地图只需要做到米级精度即可实现基于 GNSS 的导航。而高精度数字地图的主要服务对象是无人车,或者说是机器驾驶员,它缺乏人类与生俱来的视觉识别、逻辑分析的能力,因此高精度地图需要达到厘米级的精度才能保证无人车行驶的安全。所谓的高精度数字地图是相对于普通导航电子地图来说的,一方面是数字地图的绝对坐标精度更高,另一方面是所含有的道路交通信息元素更加丰富和细致。高精度地图作为自动驾驶发展成熟标志的重要支撑,在横向/纵向精确定位、基于车道模型的碰撞避让、障碍物检测和避让、智能调速、转向和引导等方面发挥着重要作用,是自动驾驶的核心技术之一。

高精度数字地图一般包含大量的行车辅助信息。这些辅助信息可以分成两类,一类是道路数据,如道路车道线的位置、类型、宽度、坡度和曲率等车道信息;另一类是行车道路周围相关的固定对象信息,如交通标志、交通信号灯等信息、车道限高、下水道口、障碍物及其他道路细节,还包括高架物体、防护栏、树、道路边缘类型、路边地标等基础设施信息。所有上述信息都有地理编码,因此导航系统可以准确定位地形、物体和道路轮廓,从而引导车辆行驶。

传统数字地图主要依靠卫星图产生,然后由 GNSS 定位,这种方法可以达到米级精度。而高精度数字地图需要达到厘米级精度,仅靠卫星与 GNSS 是不够的。因此,高精度数字地图的生产需要用到多种传感器,主要有陀螺仪、轮测距器、GNSS、摄像头和 LiDAR等,通常会使用采集车收集数据,然后通过线下处理将各种数据融合产生高精度地图。当前,高精度地图一般采用"专业采集 + 众包维护"的方式进行生产,即通过少量专业采集车实现初期数据采集,借助大量半社会化和社会化车辆及时发现并反馈道路变化,并通过云端实现数据计算与更新。

3)信息交互技术

信息交互技术由车联网通信技术、云平台与大数据技术以及信息安全技术组成。车联网通信技术具体包括短距离无线通信、远距离移动通信、通信保障、移动自组织网络以及多模式通信融合等技术。云平台与大数据技术具体包括云平台架构技术、数据交互技术、数据高效存储和检索技术、大数据的关联分析和深度挖掘技术等。信息安全技术具体包括信息传输加密技术、入侵检测技术、数据系统容灾技术以及信息安全漏洞应急响应机制等。

4)自动驾驶系统

自动驾驶系统一般分为三个层级:感知层、决策层、执行层。感知层主要检测驾驶员的输入及状态、车辆自身的运动状态以及车辆周围的环境情况;决策层主要根据感知层得到的驾驶员驾驶意图和驾驶状态、当前车身的速度和位姿以及外部威胁情况,通过一定的决策逻辑、规划算法,得出期望的车辆速度、行驶路径等信息,下发给执行层;执行层主要执行决策层下发的控制指令。自动驾驶系统架构如图 9 - 2 所示。

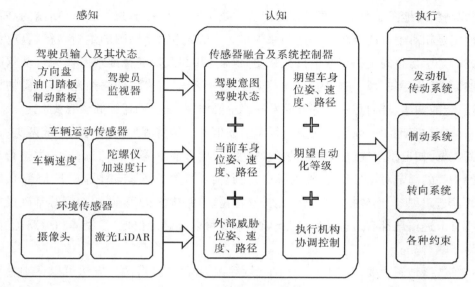

图 9 - 2   自动驾驶系统架构

4. 国内外的自动驾驶公司

对传统车企来说,自动驾驶其实是弊大于利的。首先因为最关键的软件、算法以及人工智能算法并非它们的强项,自动驾驶发展越成熟,传统车企面对谷歌、苹果等科技公司的挑战就越严峻。其次,自动驾驶技术势必促进汽车共享的发展,而汽车共享又必不可少地影响新车的销量。因此,自动驾驶对于传统车企来说几乎是一场革命,如果没有谷歌、特斯拉等企业的进入,传统车企会缺少主动发展自动驾驶的动力。但当革命浪潮已经不可逆转,传统车企也就只能跟进。

总体看来,目前从事无人驾驶技术研发的以两大阵营为主:传统车企和科技公司。从事无人驾驶技术研发的科技公司以谷歌、苹果和特斯拉等为代表,而进行这一领域技术研发的传统车企则以奔驰、宝马和沃尔沃等公司为主。由于双方各自的技术方案和实现路径存在明显差异,因此这两大阵营从目前来看竞争多于合作,但是有限度的合作已经初露端倪,如谷歌已经与菲亚特、克莱斯勒及本田携起手来。

目前,著名的咨询公司 Navigant 对 2017 年全球自动驾驶企业的竞争力进行了排名,从公司愿景、市场发展策略、合作伙伴、生产策略、技术、营销 & 销售 & 产品、产能、产品质量 & 可靠性、产品组合和长期投入度等十个维度综合评价,最终得到了全球自动驾驶领域具有代表性的 19 家无人驾驶汽车企业,分别是通用汽车、谷歌 Waymo、戴姆勒 – 奔驰 – 博世联盟、福特汽车、大众集团、宝马 – 英特尔 – 菲克联盟、安波福、雷诺日产联盟、沃尔沃 – Autoliv – 爱立信 – Zenuity 联盟、标致雪铁龙集团、捷豹路虎集团、丰田汽车、Navya、百度 – 北汽联盟、现代汽车集团、本田汽车、Uber、苹果和特斯拉。当然,随着从事自动驾驶研发的团队和企业越来越多,今后将出现更多更有竞争力的自动驾驶创业公司。

9.3.2 LD2000 - RM 基本型移动道路测量系统

LD2000 - RM 基本型移动道路测量系统是武汉立得空间技术发展有限公司的产品之一,它主要是在机动车上装配 GNSS、CCD(视频系统)、DR(航位推算系统)等先进的传感器和设备,在车辆高速行进中快速采集道路及道路两旁地物的空间位置数据和属性数据,并同步存储在车载计算机中,经专门软件编辑处理,形成各种有用的专题数据成果。其基本配置如图 9 - 3 所示,是"3S"集成的典型应用。

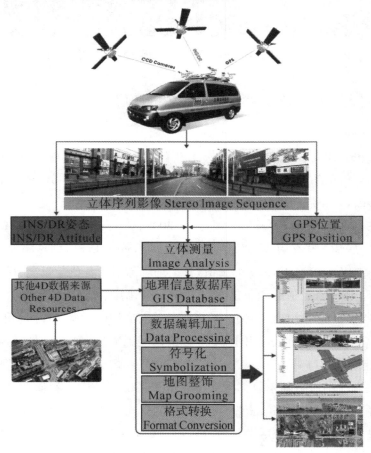

图 9 - 3   LD2000 - RM 基本工作原理

LD2000 - RM 在具体工程如公路 GIS 数据采集及青藏线移动测量工程中得到了应用。运用该系统,可以方便地对公路中心线、电线杆、交通标志等海量地物实施快速测量,事后通过专门的数据处理软件进行计算和编辑,直接将地物的位置数据、矢量属性数据以及 3D 图像录入公路 GIS,并可输出成图,如图 9 - 4 所示。另外也利用该系统为青藏铁路 GIS 提供可视化的 3D 数据解决方案,包括铁路中心线建库、铁路附属设施(千米标/半千米标/信号灯/⋯⋯)建库、可视化铁路 3D 图像建库等。

图 9 - 4　基于 LD2000 - RM 的可视化公路 GIS 数据采集

9.3.3 "3S"技术在 Google Earth 中的应用

1. Google Earth

Google Earth(GE)是一款由 Google 公司开发的虚拟地球仪软件,该软件将卫星照片、航空照相和地理信息系统整合在一个地球三维模型上,是首次将 GIS 引入到公共应用中的软件。Google Earth 是一个包括了虚拟世界、地图和 GIS 的系统,最初称为 Earthviewer。Google 公司在 2004 年收购 Keyhole 公司后,于 2005 年正式推出了 Google Earth 3.0 免费版,至今已经发展到了 9.0 版本。除了免费版本的 Google Earth,Google 公司还推出了付费版本的 Google Earth Plus 和 Google Earth Pro,前者除了具备免费版本的所有功能外,还具有通过 GNSS 驱动查看道路和建筑、更高的打印清晰度、添加了能提供更详尽注释的工具等功能,该版本已经于 2008 年停售;后者则是针对商用的付费专业版,功能强于 Google Earth Plus,2015 年起免费向公众开放,如今已经发展到 7.3 版本。此外,Google 还提供了 Google Earth 企业版(Google Earth Enterprise, GEE),GEE 最初在 2006 年发布,目标是让企业客户能在自己的服务器部署 Google map 以及 Google Earth,存储或处理 TB 级的影像、地形和矢量图,并在 Google Earth Enterprise Client 上发布自己的影像应用。随着越来越多的服务被搬到云端,Google 公司于 2015 年 3 月宣布弃用和终止企业版销售,并于 2017 年开源 GEE,利用开源的 GEE,用户可以构建和托管自定义 3D 地球模型和 2D 地图的地理空间应用。

Google Earth 的卫星影像并非单一数据来源,而是卫星影像与航拍数据的整合。该软件整合了多种数据来源,卫星影像以美国 Digital Globe 公司的商业卫星(城市)、EarthSat 公司的卫星(陆地)为主,航拍部分则以 BlueSky 和 Sanborn 等公司数据为主。另外,美国航天局和地质调查局的多种全球范围的地形和影像资料公共领域的图片、受许可的航空照相图、Key Hole 间谍卫星图片以及许多其他卫星所拍摄的照片也都应用于 Google Earth。这些数据更新较快,现势性较好,多种数据源的融合,为获取信息提供了便捷。因此,通过 Google Earth 可以非常轻松地获取世界上任何一处的地理信息。

Google Earth 在 2009 年推出的 Google Earth 5.0 版本中,新增了谷歌海洋(Google Ocean)功能,该功能以卫星照片和海洋探测地图相结合方式,提供海洋图表和深度等细节,带来世界各地海洋的水下全景图。影像数据主要来自美国国家海洋与大气管理局(NOAA)和科罗拉多大学的环境科学研究所(CIRES)。另外,Google Earth 也推出了 Google 星空、Google 火星以及 Google 月球功能模块,用来显示星空、火星以及月球的图像,显示的图像主要来自美国的 NASA。

Google Earth 采用 C/S(Client/Server)的工作模式,通过服务器存储全球数 TB 的高精度卫星影像、地标等地图相关数据、地貌影像与 3D 数据。用户启动软件,在客户端向 Google Earth 服务器发送请求,服务器响应并分析请求,最后返回用户指定区域的地图数据,实现地图的加载。启动 Google Earth 进入主界面,如图 9-5 所示。

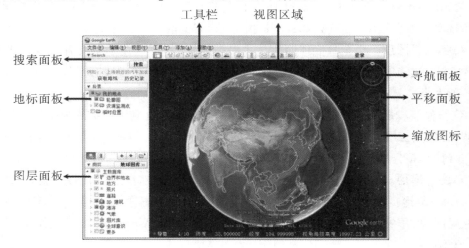

图 9-5 Google Earth 主界面

主要功能区如下:

(1)工具栏。显示一些常用工具,如绘制多边形、路线、距离测量或面积测量等。

(2)视图区域。显示所浏览的区域。

(3)搜索面板。用来查找位置、行车路线或者商业网点以及管理找到的结果。

(4)地标面板。查找、保存、组织和重游地标。

(5)图层面板。实现 Google 预设的地标集。

(6)导航面板。实现旋转、倾斜视图。

(7)平移面板。实现图层的移动。

(8)缩放图标。实现当前图的缩放。

2. Google Earth 的图层

Google Earth 有较多图层,用于描述和表示不同的地理信息,包含商业网点、有趣的地点和网络社区等内容,如维基百科和 YouTube 等。

（1）边界和地名层。显示各国的边界和地名(包括省、市、镇等)。一般用粗黄线标记国际边界,用淡紫色线标记一级行政边界(省、州),用青色线标记二级行政边界(市、县)。用细黄线表示海岸线。

（2）道路层。显示道路网,道路显示的颜色与道路等级有关。一般情况下,各国高速公路标为淡橙色线。重要的道路也以橙色标记,其他道路标为白色,部分小路标为透明的白线。

（3）交通层。显示交通状况,实时监控道路的车流量。绿色表示交通状况较好,黄色表示车速较慢,红色表示交通状况较差。

（4）公共交通层。显示地铁站及其路线。

（5）社区设施层。标示社区设施位置,包括学校、图书馆、邮政局、商场、公园、运动场、医院、政府建筑物,甚至便利商店和餐厅等。

（6）3D 建筑层。显示 3D 建筑物,一般以仿真和 3D 灰色简图来表现。在北美、欧洲、香港和日本等地有较多 3D 建筑物;在其他国家则有少量集中于大城市里。

（7）街景视图层。以全景立体照片显示沿街风景,其特点在于使用者能以 360°全景图像的方式在电脑上免费查看旅游胜地、建筑等外观。谷歌通过装有摄像头的汽车行遍城市各条大街,实现了这项服务。

（8）气象层。显示气象信息。基于地球静止卫星和低轨卫星拍摄的数据显示云层覆盖的情况;根据云层温度及高度来计算云层的可视效果;显示 weather 等网站的气象雷达数据,并每 5~6 分钟更新一次。显示本地温度、天气情况和天气预报。

（9）图片库层。显示诸多著名位置采集机构的与地理位置相关的图片,例如:显示来自 Discovery 频道提供的地理信息,显示欧洲空间局的卫星图像,显示美国国家航空航天局的卫星图像,国家地理杂志、旅行观光、户外运动、火山、Webcams 实时摄像头和 YouTube 上的对应视频。

（10）海洋层。显示有关海洋的地理图片和信息,例如海洋探索、国家地理、BBC 地球、海洋世界、冲浪点、潜水点、海滩、海洋考察、濒危海洋生物、海洋状况及动物追踪系统等。

（11）地形图层。用于显示地形的高低起伏状态。

3. Google Earth 的典型应用

1）灾后调查

地震及重大气象灾害后,灾区原有的很多地图将无法利用,这时 Google Earth 的价值将体现得更加明显。例如:2005 年 8 月底美国遭遇卡特里娜飓风时,当时新奥尔良一半的城市被淹没在水中,许多地表被破坏,大片地区没有可以识别的路标,这给用直升机前来救援的人员造成了极大的麻烦。而此时 Google Earth 已经发布了最新的灾区航拍图像,把最新的遥感图像与原有的街道地图进行叠加,成功地帮助了救援人员实现救援目的地的导航。在卡特里娜灾后的 2005 年 9 月里,Google Earth 大约为用户提供了 250 万次的灾区浏览。例如:Google Earth 提供的灾区最新图像,帮助了宾夕法尼亚州的许多家庭获知新奥尔地区洪水分布状况,显示了没有受灾的教堂,使灾民及时获得了外来的救援食品。防灾救灾部门,利用灾后最新遥感图像和救灾人员实地反馈的地面情况,利用 Google Earth 发布了灾情报告图,通过该图可以清楚地了解洪水淹没的区域,以及各受灾区域的受灾程度(轻度破坏、中度破坏、重度破坏等),特别是提供的灾区路况信息,为及时指示和引导受灾群众和救灾人员顺利通过灾区提供了便利。Google Earth 的距离量测等简单空间分析功能,也为救灾行动提供距离信息,保障了行动的迅速和成功进行。与此同时,为了更好地提供避难场所信息,Google Earth 还发布了由红十字会提供的避难场所的实时动态分布和状态图,显示了各个避难场所的位置和状态等信息,为灾民的避难提供了宝贵的实时信息。

此外,Google Earth 自从投放使用以来,就不断推出和更新高清影像。全球许多地区已经具有高清影像,不过大多局限于北美、欧洲和日本地区,其他地区则较少。在中国,Google Earth 提供的高清影像也很有限,仅对北京、上海等一些大中城市提供高清影像。而且影像更新周期较长,这就限制了 Google Earth 在诸如发生地震和滑坡等山区的使用。为了弥补 Google Earth 影像数据清晰度低以及更新周期长的问题,可通过航拍等手段获取感兴趣区域高清影像,然后将高清影像叠加到 Google Earth 对应区域的方法去解决,如图 9-6 所示。这一过程的关键是坐标系统的转换。Google Earth 采用的是 WGS84 坐标系,而我国影像数据一般采用北京 54 或西安 80 坐标系统。因此两种数据叠加的关键就是将北京 54 或西安 80 坐标系数据转换为 WGS84 坐标系下的数据,并实现遥感影像和 Google Earth 数据的配准。另外也可以将 CAD 文件叠加到 Google Earth 上,以辅助设计和调查。

图 9-6 Google Earth 叠加遥感影像及滑坡分析

影像叠加的关键步骤:

(1)数据预处理。数据预处理是指对获得的原始影像数据进行坐标纠正、投影转换等操作。

(2)影像数据叠加。以影像所占的矩形区域为准,获取四个边的经纬度信息,根据获得的经纬度信息进行叠加。

（3）精确对准。由于误差的存在，影像数据和 Google Earth 数据不可能完全对准，需要对叠加上的数据进行精确对准，这一步是在 Google Earth 中手动完成的，Google Earth 提供了精确对准功能。

2）电力线路设计

在电力企业中，常规电力 GIS 平台一般可以满足电力系统的业务需求，但仍普遍存在地图粗糙且不逼真，平台操作较为复杂，界面设计不够友好，响应速度不够快以及专业性太强等缺点。Google Earth 软件则提供了免费的清晰地图，而且可同时显示遥感图片和矢量数据地标，以及具有三维虚拟模型和栅格图像叠加功能，使得利用 Google Earth 进行电力线路设计变得较为可行。

电力架空线路初步设计中，在确定线路的起讫点后，一般方法是收集可能的几个路径方案的沿线资料，从投资、运行费用和线路运行的稳定性等方面进行初步的经济技术比较。沿线资料的搜集一般以现存纸质地图、航拍或商业遥感数据为主。但当前纸质地图更新较慢、商业遥感数据价格昂贵，以及三维地图展示技术和现有的地理信息系统发展普遍存在着交互性不高和可移植性不足等问题。由前面介绍可知，Google Earth 的影像来源广泛，且分辨率较高。因此，可利用 Google Earth 的高清影像以及方便的交互性，将 Google Earth 地理信息数据与其直观的三维影像应用到电力线路勘测工作中，进行电力线路的精确设计，减小初勘工作难度与工作量，提高工作效率并减少工作强度。

综合应用 Google Earth 及 GNSS 进行电力线路勘测阶段具体工作流程如图 9 – 7 所示。

电力线路勘测的步骤及关键节点如下：

（1）路径规划：根据勘测任务书利用 Google Earth 软件的路径绘制功能进行室内选线。

（2）坐标转换：路径绘制完成后，另存为扩展名为 KML 的地标文件，并将路径转换成关键点坐标形式。

（3）手簿坐标导入：将选线关键点坐标输入 GNSS 测量设备手簿。

（4）现场踏勘：野外踏勘人员根据所确定关键点进行现场踏勘。

（5）坐标采集：根据现场实际情况采集必要的关键点、修正点。

（6）内业处理：根据现场采集的工程数据，导出 WGS 84 坐标系格式的 csv 文件和地标文件，输出 Google 路径图，同时导出 dxf 格式文件，利用 AutoCAD 绘制初设图纸。

（7）审核：输出选线 Google 路径图和 CAD 图，审核部门对线路工程勘测报审资料进行审核，通过审核后，进行下一步的初步设计，否则重复以上工作，直至审核合格。

（8）按照通过审核的方案进行初步设计。

（9）根据初设方案做出工程概算。

（10）汇集初设方案和工程概算资料，准备提交领导会审。

（11）电力线路勘测初设工作结束。

图 9 –8 为利用 Google Earth 进行电力线路室内选线效果图。

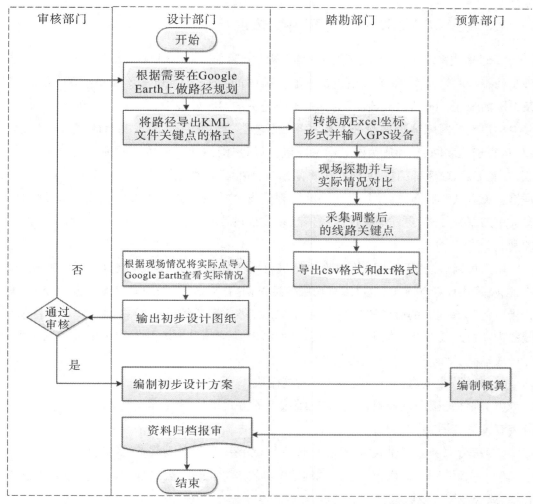

图 9-7 综合 Google Earth 及 GNSS 的电力线路勘测工作流程

图 9-8 基于 Google Earth 的电力线路室内设计

9.3.4 "3S"技术在"天地图"中的应用

"3S"集成系统中，GIS 实现对 RS 和 GNSS 及其他来源的时空数据综合处理、集成管理及动态存取等操作，是系统集成的核心。美国的 Google Earth Engine、ArcGIS、mapx 以及中国的 SuperMap 和"天地图"等都是十分先进的 GIS 处理平台。其中，"天地图"是国家主导建设的国家地理信息公共服务平台，它是"数字中国"的重要组成部分。"天地图"运行于互联网、移动通信网等网络环境，以门户网站和服务接口两种形式向公众、企业、专业部门、政府部门提供 24 小时不间断"一站式"地理信息服务。其目的在于促进地理信息资源共享和高效利用，提高测绘地理信息公共服务能力和水平，改进测绘地理信息成果的服务方式，更好地满足国家信息化建设的需要，为社会公众的工作和生活提供便利。

用户可以通过"天地图"的门户网站进行基于地理位置的信息浏览、查询、搜索、量算，以及路线规划等应用；也可以利用服务接口调用"天地图"的地理信息服务，并利用编程接口将"天地图"的服务资源嵌入到已有的各类应用系统（网站）中，并以"天地图"的服务为支撑开展各类增值服务与应用，从而缓解地理信息资源开发利用中技术难度大、建设成本高、动态更新难等突出问题。

"天地图"主要有如下一些应用和功能模块：

（1）在线地图。从地图、影像和三维城市等方式提供餐饮、宾馆、交通出行等基本的分类查询等应用。

（2）综合服务。提供人口专题、行政地名、旅游专题以及天气专题等应用。

（3）手机地图。提供智能手机端的地图浏览、实时定位、公交规划、自驾规划、兴趣点查找、离线地图以及收藏夹等应用。

（4）地图 API。分别从 WebAPI 方面提供基于 JavaScript 构建地图基本功能的各类地理信息服务接口，以及从移动 API 方面提供基于 Android 构建手机地图常用功能的各类地理信息服务接口。

（5）专题应用。主要提供车辆监控、天地旅游、中华舆图、三维城市、国家动态地图网、标准地图下载等专题应用。

（6）服务资源。提供地图、影像、地形以及查询等在线服务和基础测绘成果检索服务。

"天地图"的一些典型应用如图 9-9 ~ 图 9-12 所示。

针对开发者，"天地图"还提供了地图 API 功能，使得用户可以从网络和智能手机端构建具有地图基本功能的各类地理信息服务接口。"天地图"移动 API 已经发展到了 2.0 测试版，此版本是一套基于 Android2.2 及以上版本设备的应用程序接口，基于此 API，开发者可以开发出简单易用的在线地图服务。

图 9-9 "天地图"在线地图服务

图 9-10 "天地图"综合服务专题地图

图 9-11 "天地图"车辆监控系统

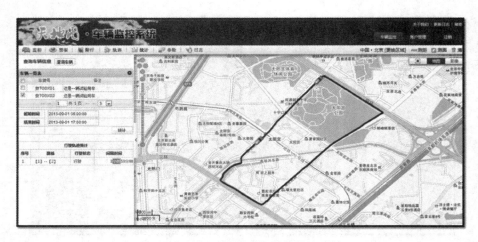

图 9 – 12 "天地图"车辆监控轨迹回放

"天地图"移动 API 主要包括：地图展示、地图操作、兴趣点查找、自定义覆盖物、定位服务、坐标变换、驾车规划、逆地理编码等。

（1）地图展示。在手机上显示"天地图"的地图数据，包括矢量、影像和地名。"天地图"移动 API 提供覆盖全球数据精细矢量地图和最高精度达 0.5m 的影像地图数据。

（2）地图操作。内置地图的平移、跳转、放大缩小、手势操作。

（3）地图搜索。提供关键字搜索、周边搜索及视野内搜索，如图 9 – 13（a）所示。

（4）自定义覆盖物。添加自己的覆盖物（标注层）到地图上，可以使地图显示更多精彩内容，实现更多应用。

（5）定位服务。支持定位服务，拥有 GNSS、网络等多种定位方式，定位更准确。

（6）坐标变换。天地图移动 API 提供屏幕坐标和地理坐标的相互转换功能。

（7）驾车规划。提供驾车路线规划接口和公交路线规划接口，如图 9 – 13（b）所示。

（8）公交查询。支持公交、地铁等城市公共交通线路、站点的查询，如图 9 – 13（c）所示。

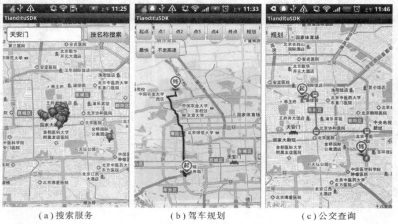

（a）搜索服务   （b）驾车规划   （c）公交查询

图 9 – 13 基于移动 API 的地图开发

（9）离线地图。"天地图"移动 API 为用户免费提供全国所有地级市的矢量和影像地图的离线地图数据包。

（10）逆地理编码。主要实现逆地理编码服务,提供地址丰富、内容全面、信息准确的逆地理编码。

9.3.5 "3S"技术在数字水利中的应用

"数字水利"这一词汇大概在 2000 年前后出现。当时,美国副总统戈尔提出的"数字地球"概念引起了全社会的广泛关注,如何借鉴数字地球战略建立数字中国成为热点;也在此时,通信行业开始大规模使用数字通信技术,基于数字通信技术的互联网也开始普及推广;同时,水利行业在经历了"98"大洪水后,正在积极思考探索一条全新的治水思路——可持续发展水利,这些就是数字水利产生的历史背景。时任水利部部长的汪恕诚在 2001 年全国水利厅局长会议上明确指出:"特别要注意采用计算机技术、微电子技术、现代通信技术、遥感技术、地理信息系统、全球定位系统及自动化技术等,实现水利信息化。"水利行业信息化引起了从国家到地方,从领导到大众的重视,并建立了众多的水利信息系统,但这些系统普遍存在网络功能弱、数据共享能力弱、数据更新手段受限、数据可视化手段单一、系统封闭和缺乏决策支持分析等弱点。实施以"3S"技术为核心,数据库技术、通信和计算机网络技术、系统集成和互操作技术为补充的数字水利战略规划,是解决上述问题的有效手段,其能够有效实现水利行业数据的整合,使之便于共享和使用。

基于"3S"技术的数字水利,是水利公用信息平台上的空间信息获取、更新、处理和应用的系统,主要包括数据获取和更新体系、数据库体系、网络体系等,如图 9 - 14 所示。

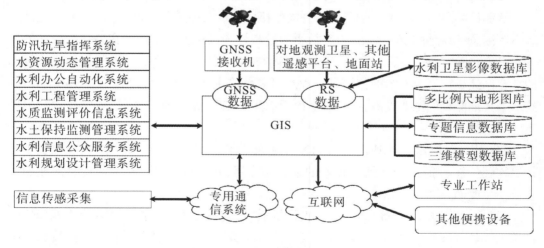

图 9 - 14 基于"3S"的数字水利总体框架图

目前,作为数字水利重要组成部分的国家防汛指挥系统工程正在建设,而且已在某些领域得到应用。从实际情况看,数字水利的应用十分广泛,例如:灾情评估系统,可以实时评估洪涝干旱灾害涉及的耕地及居民地面积、受灾人口和受淹房屋间数,实时监控大面积水体污染和赤潮的影响范围,实时监控大面积泥石流、滑坡等山地灾害的影响范围。水资源水环境调查系统,可以根据多年平均降水量,计算出多年平均地表径流、入渗补给量,还可以计算出多年平均水量。此外,还可根据遥感资料提供的积雪分布、积雪量、雪面湿度,用融雪径流流域模型估算融雪水资源和流域出流过程。还可以对水的浑浊度、PH值、含盐度等要素进行定量监测,对污染带的位置作定性监测。工程规划与管理系统,可以进行大型水库淹没区实物量估算,库区移民安置环境容量调查,灌溉区实际灌溉面积和有效灌溉面积调查,水库淤积测量等。还可以在洪灾前作洪水预报,对未来各种降雨情况下的水情进行模拟分析;可以针对洪水预报制定多个调度预案,进行后效与损失比较,为决策提供依据;可优化分洪区居民撤离、抢险物资及救灾物资运输的路线;可对灾情的发展作出空间与时间上的预测;可对灾后重建提供决策依据。

除了提供调查、监测和统计数据外,"3S"技术与传统手段相结合,还在水资源开发利用以及水利工程规划、建设和管理等方面发挥了重要作用。如监测与评价大型水利水电工程及跨流域调水工程对生态环境的影响,包括大型水利水电枢纽工程地质条件的遥感调查、技术经济评价及动态监测、流域综合规划、灌区规划、水库上游水土流失调查及对水库淤积的趋势预测、河口泥沙监测和综合治理、河道演变监测、河道水库湖泊等水体水质污染遥感动态监测、流域治理效益调查、海岸带综合治理、对施工过程中的坝址进行大比例尺遥感制图。

9.4 "3S"集成与测绘学科发展

"3S"技术的发展与集成,体现了测绘学科从细分走向综合的规律。

从测绘学科内部专业的结合来看。航空摄影测量与遥感早在20世纪80年代已经形成摄影测量与遥感的统一术语,数字摄影测量和计算机遥感图像处理在系统结合和处理方法上已日趋一致,看不出明显区别。GNSS技术、地图制图、数字摄影测量与遥感技术的结合已经成为当今GIS的数据采集和及时更新的主要技术手段以及有力支撑。GNSS技术是大地测量的主要发展方向,现已广泛应用于工程测量、海洋测量、航空测量和卫星遥感中。

GIS的发展依赖于地理学、计算机图形图像学、统计学、测绘学等多学科,也取决于计算机软硬件技术、航空航天遥感技术的进步与发展,其本质是信息科学与信息产业的一个重要组成部分。

"3S"技术的发展与相互结合,使得测绘科学将与各相关学科相互融合成为地球信息科学。但是测绘各学科仍会保持自身发展和研究的特点,而且也会因受到的挑战和迎来的机遇,促进自身的发展。抓住机遇,迎接挑战,开创测绘科学的明天。

第 10 章　智慧城市与时空大数据

10.1　智慧城市技术总体框架

10.1.1　智慧城市的概念

1. 智慧城市概念

智慧城市是城市功能发展的高级阶段,是城市信息化的必然结果。不同学者和机构从不同角度对"智慧城市"概念进行了定义。目前国际上较为广泛接受的概念是 Caragliu、Del Bo 和 Nijkamp 等在 2011 年提出的,即智慧城市是在参与式的治理及合理的自然资源管理之下,通过人力资本和社会资本的投资、传统和现代通信基础上的运用,推动可持续的经济增长和提供高品质生活。简单来说,智慧城市是以新一代信息技术和网络宽带化为支撑,以实现城市管理信息化、基础设施智能化、公共服务便捷化、产业发展现代化、社会治理精细化。通俗地讲,智慧城市就是让城市更聪明,本质上是让作为城市主体的人更聪明。通过互联网把无处不在的被植入城市物体的智能化传感器连接起来形成物联网,实现对物理城市的全面感知,利用云计算、物联网等技术对感知信息进行智能处理和分析,以实现人与物、物与物、人与人之间的互联互动。

2. 智慧城市的四个层面

智慧城市被认为是数字城市的发展和延伸。智慧城市建设是以城市基础设施管理的智能化、精准化,城市经济和社会组织的高效化与协作化,城市社会服务的普惠化与人性化为重点,更加强调城市信息的全面感知、城市生活的智能决策与处理以及能为城市居民提供多样化、多层次的服务。

从技术角度看,智慧城市包括四个层面(图 10 - 1):一是通过深层感知全方位地获取城市系统数据;二是通过广泛互联将孤立的数据关联起来,把数据变成信息;三是通过高度共享、智能分析将信息变成知识;四是把知识与信息技术融合起来应用到各行各业形成智慧。

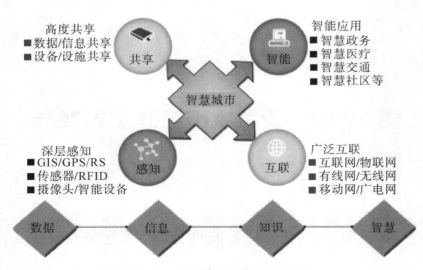

图 10 - 1　智慧城市的四个层面

3. 数字城市、智能城市、智慧城市概念辨析

随着城市信息化工作的不断深入,我国出现了数字城市、智能城市、智慧城市的概念。城市的数字化、智能化、智慧化是递进的关系。数字化是智能化和智慧化的基础条件,智能化是智慧化的微观组成部分。虽然智能城市和智慧城市有时都被看作智慧城市,但实际上三者的侧重点各有不同。

1)数字城市与智慧城市的差别

智慧城市是城市信息化 3.0(信息港是 1.0,数字城市是 2.0),是基于数字城市之上,把物联网作为第五基础设施,利用和融合更为先进的技术,促进物人之间的互动,提高城市的智能化程度,是一种基础设施高端、管理服务高效、产业生机勃勃、环境智慧友好、未来特质明显的新型城市形态。智慧城市与数字城市是一脉相承的,是从数字城市一步步发展过来的,所以智慧城市建设一定充分利用数字城市的已有基础和资源,实现优化升级、节省资源,实现城市建设、发展思路和理念的智慧。智慧城市与数字城市的区别在于:

(1)关注点不同。在数字城市阶段,人们关注的是信息的采集和传递;在智慧城市阶段,人们更多关注的是信息的分析、知识或规律的发现以及决策反应等。

(2)目标不同。数字城市以电子化和网络化为目标,智慧城市则以功能自动化和决策支持为目标。

(3)实质不同。数字化的实质是用计算机和网络取代传统的手工流程操作,智慧化的实质则是用智慧技术取代传统的某些需要人工判别和决断的任务达到最优化。

(4)结果不同。数字化的结果是数据的积累和传递,智慧化的结果是数据的利用和开发,用数据去完成任务并实现功能。如果说数据是信息社会的粮食,那么智慧技术则是将粮食加工成可用食品的工具。

传统的数字城市是一种基于宽带通信基础设施和面向服务的计算资源基础设施,提供创新型管理与服务的互联共同体;智慧城市是以大系统整合的物理空间和网络空间交互下的数字城市。智慧城市的管理更加精细、环境更加和谐、经济更加发达、生活更加宜居。目前,数字城市和智慧城市都是数字中国建设的重要组成部分。

2)智能城市和智慧城市的差别

智能和智慧这两个词都有聪明才智的意思,两者的差别在于智能更偏重于能力,智慧更偏重于明判与创新,需要拥有更多的知识和更强的学习能力。

智能城市是智能技术被充分应用的城市。智能技术使智能软件系统采用人处理事物的逻辑来代替人自动处理事务,如智能电网、智能交通、智能环保等技术使用的自动化系统。随着城市智能化水平的提高,居民的生活会更加方便,工作会更有效率。国外更多的是建设智能城市,我国更多的是建设智慧城市。国外在整体的智慧城市规划方面欠缺,其智能城市建设更侧重于按行业设计的智能项目建设,关注单项工程的效益。例如,芝加哥开放了城市犯罪数据,可以按照地理位置、时间等要素实时展示犯罪信息,并且开发了"安全线路"等应用提醒公民绕开犯罪高发区,提高城市治安水平。中国的智慧城市是在智能城市建设内容的基础上,建设更有效益的信息城市化,并制定城市的信息化规划,考虑城市的整体效益。比如,大部分城市都在进行水、电、燃气的智能化改造,实现这些市政服务的信息统一,或者在城市的排水管道、立交桥部署水位监测,对城市排水实时监测。这些数据一定程度上可以构建出城市运行状态,提高城市管理、调度效率。当前,机器的智能还赶不上人类的智慧,因此,我们可以在宏观规划上运用人的智慧,在微观处理上使用机器的智能,以充分发挥各自的长处。从这个角度来说,我国的智慧城市定位更高,其建设难度比单个领域的智能系统的建设大得多。

10.1.2　智慧城市的参考模型

智慧城市技术参考模型,从技术角度提出智慧城市建设应该具备"四个层次要素和三个支撑要素",即物联感知层、网络通信层、数据及服务支撑层、智慧应用层和质量管理体系、安全保障体系、运营管理体系(图 10-2)。参考模型的外围分为最顶层和最底层,最顶层是服务对象,具体包括社会公众、企业用户和政府管理决策用户,不同的访问渠道将以服务对象为中心,统一在一起,实现多渠道统一接入;最底层是外围的自然环境,是整个参考模型的数据采集源。

1. 物联感知层

智慧城市的物联感知层主要提供对环境的智能感知能力,以物联网技术为核心,通过芯片、传感器、射频识别(RFID)、摄像头等手段实现对城市范围内基础设施、环境、建筑、安全等方面的识别、信息采集、监测和控制。其中主要的技术为 RFID、传感技术、智能嵌入技术等。

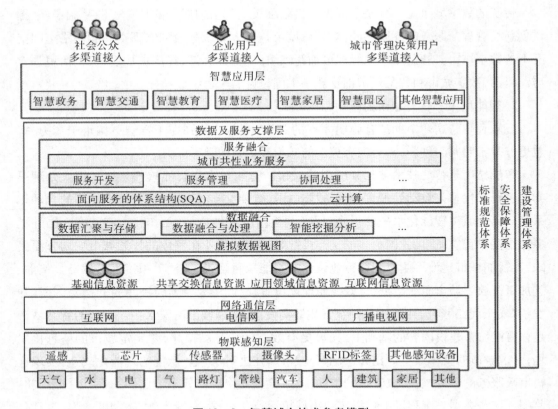

图 10 − 2 智慧城市技术参考模型

2.网络通信层

智慧城市的网络通信层主要目标是建设普适、共享、便捷、高速的网络通信基础设施,为城市级信息的流动、共享和共用提供基础。本层重点是互联网、电信网、广播电视网以及三网之间的融合(如移动互联网),从而建设城市级大容量、高带宽、高可靠的光纤网络和全城覆盖的无线宽带网络。从技术角度,智慧城市网络通信层要求具有融合、移动、协调、宽带、泛在的特性。

3.数据及服务支撑层

智慧城市的数据及服务支撑层是智慧城市建设的核心内容,本层实现城市级信息资源的聚合、共享、共用,并为各类智慧应用提供支撑。数据和信息已被认为是城市物质、智力之外的第三类重要的战略性资源,数据融合和信息共享是支撑城市更加"智慧"的关键。

4.智慧应用层

在智慧城市的技术参考模型中,应用层主要是指在物联感知层、网络通信层、数据和服务融合层基础上建立的各种智慧应用。智慧应用端是数据具体领域的业务需求,对及时掌握的各类感知信息进行综合加工,通过智能分析、辅助统计、分析、预测、仿真等手段,构建的智慧应用体。通过发展支撑性智慧产业,确保政府、企业、公众的目的、意愿得到充分实现,为政府、企业和个人提供更加精细化、智能化的服务。应用层的建设可以促进各行业的信息化和智慧化的发展,比如智慧政务、智慧交通、智慧教育、智慧医疗、智慧家居、智慧园区等,为社会公众、企业用户、城市管理决策用户等提供整体的信息化应用和服务,促进城市实现智能化运行、高效的社会管理和普适的公共服务,同时可以带动城市的现代化产业体系发展。

5. 标准规范体系

智慧城市建设中整体所需的标准体系,涉及各横向层次,指导和规范智慧城市的整体建设,确保智慧城市建设的开放性、柔性和可扩展性。

6. 安全保障体系

智慧城市建设需要完善信息安全保障体系,以提升城市基础信息网络、核心要害信息及系统的安全可控水平,为智慧城市建设提供可靠的信息安全保障环境。从技术角度看,信息安全保障体系重点是构建统一的信息安全保障平台,实现统一入口、统一认证,涉及各横向层次。

7. 建设管理体系

智慧城市的建设管理体系是智慧城市建设顺利推进的重要保障,包括建设、运行和运营管理三个方面,确保城市信息化建设,促进城市基础设施智能化、公共服务均等化、社会管理高效化、生态环境可持续以及产业体系现代化,以全面保障智慧城市规划的有效实施。

从技术角度,城市信息基础设施和信息资源的建设和使用宜采用开放的体系结构,通过建立以信息资源汇聚处理和公共服务为核心的城市运行平台,通过开放的标准促进各系统互联互通,为智慧城市建设提供运营和运行管理服务,涉及参考模型中的各横向层次。智慧城市运营和运行管理体系目标是确保智慧城市建设的长效性,可为政府、服务提供商开展各种服务提供一个开放的信息资源平台集群,从而带动城市服务产业的发展。

10.1.3　智慧城市技术架构

在知识社会环境下,智慧城市根据城市运营和管理需要,通过人与物、物与物、人与人的广泛连接,将信息技术与其他资源要素组织起来,综合运用数据、信息和智慧的力量,促使城市更加"智慧"地运行。随着科技的不断进步,智慧城市所借助的技术手段也在与时俱进,现阶段采用的信息技术主要有数字城市相关技术、物联网技术、云计算技术等。

1. 数字城市相关技术

数字城市相关技术是覆盖整个城市的信息技术,把分散的各类信息按城市的地理坐标组织起来,这样既能体现自然、人文、社会等各类信息的相互关系,又能按地理坐标进行信息的检索和使用。数字城市可以被理解为我们生活的城市世界中的副本,数字城市的资料具有数字化、地理化和可视化的特点。数字城市按表现形式可以分为文本形式提供的信息点、二维数字城市平面、三维数字城市空间、四维时空数字城市空间。在数字城市相关技术发展过程中，起到关键作用的是"3S"技术，包括遥感技术、地理信息系统、全球定位系统。

2. 物联网技术

1999 年，物联网的概念就出现了。2001 年，加州大学伯克利分校首次提出了智能微尘的概念。2005 年，国际电信联盟（International Telecommunications Union，ITU）在其发布的《ITU 互联网报告 2005：物联网》中，正式定义了"物联网"的概念，物联网是通过射频识别、红外感应器、全球定位系统、激光扫描器等信息设备，按约定的协议，把任何物品与互联网连接起来，以进行信息交换和通信，实现智能化识别、定位、跟踪、监测和管理的一种网络。具体地说，感应器被嵌入和装备到电网、铁路、桥梁、隧道、公路、建筑、供水系统、大坝、油气管道等物体后，其与网络连接，形成物联网。物联网能够实现人与人、人与机器、机器与机器的互联互通，充分发挥人与机器的优点。

3. 云计算技术

云计算是一种基于互联网模式的计算，是分布式计算等的延伸和发展。用户无须关心操作系统、数据库以及平台软件环境、底层硬件环境、计算中心的地理位置、软件提供方和服务渠道，只需选择算法即可获取最终结果。云计算通过软件的重用和柔性重组，以进行服务流程的优化与重构，促进软件之间的资源聚合、信息共享和协同工作，可以快速处理海量数据，为用户提供更快捷的个性化交互服务。

10.2　智慧城市中的时空大数据关键技术

10.2.1　智慧城市中的时空大数据来源

大数据是第四次工业革命的重要领域。人类的一切活动都是在特定的时空（时间和空间）中进行的，所有数据都是人类活动的产物。时空数据是以地球为对象，基于统一时空基准的与位置直接或间接相关联的地理要素（或现象）信息的数据。具有时间维（T）、空间维（S）和属性维（D）等多维特征。时空大数据则是大数据与地理时空数据的融合，即以地球为对象、基于统一时空基准，活动于时空中与位置直接或间接相关联的大数据。时空大数据揭示了几乎所有大数据都是在一定的时间和空间中产生的，与位置直接或间接相关联的。大数据本质上就是时空大数据，它是现实地理世界空间结构与空间关系各要素（现象）的数量、质量特征及其随时间变化而变化的数据集的"总和"。

时空大数据既包括按照测绘地理信息标准规范生产的大量的时空基准数据、GNSS和位置轨迹数据、大地测量与重磁测量数据、遥感影像数据、地图数据，也包括与位置相关的空间媒体数据等类型。数据具体来源如下。

1. 时空基准数据

时空基准数据主要包含时间基准数据(守时系统数据、授时系统数据、用时系统数据)和空间基准数据(大地坐标基准数据、重磁基准数据、高程和深度基准数据)。

2. GNSS 和位置轨迹数据

1)GNSS 基准站数据

一个基准站按 1s 采样率一天得到的数据量约为 70MB,按全国 3000 个基准站计算,则一天的数据总量约为 210GB。

2)位置轨迹数据

通过 GNSS 测量和手机等方法获得的用户活动数据,可被用于反映用户的位置和用户的社会偏好及相关交通情况等,包括个人轨迹数据、群体轨迹数据、交通轨迹数据、信息流轨迹数据、物流轨迹数据、资金流轨迹数据等。

3. 大地测量与重磁测量数据

包括大地控制数据、重力场数据、磁场数据等。

4. 遥感影像数据

(1)卫星遥感影像数据:可见光、微波、红外影像数据、激光雷达扫描数据等。

(2)航空遥感影像数据。

(3)地面遥感影像数据。

(4)地下感知数据:地下空间和管线数据等。

(5)水下声呐探测数据:水下地形和地貌数据、阻碍物数据等。

5. 地图数据

指各类地图、地图集数据,其特点之一就是数据量大。据不完全统计,全国 1:5 万数字矢量线画地图(DLG)数据量达 250GB,数字栅格地图(DRG)数据量达 10TB,1:1 万 DLG 达 5.3TB,DRG 达 350TB。

6. 与位置相关的空间媒体数据

指具有空间位置特征的随时间变化的数字化文字、图形、图像、声音、视频和动画等媒体数据,如通信数据、社交网络数据、搜索引擎数据、在线电子商务数据、城市监控摄像头数据等。

首先所有采集到的时空大数据,都具有 3 个基本特征,即空间位置、时间、属性。其次,时空大数据还具有多维、多源、异构等特点,时空大数据来源广泛,类型众多,其空间基准、时间、维度、语义等都不一致,表现为泛在化和海量性。时空大数据的本质,就是所有大数据都需要而且可以与地理时空数据融合。任何决策的做出,都必须依据一定的具有时间、空间特性的地理时空大数据。

10.2.2　时空大数据存储技术

时空大数据本质上是非结构化的数据,一方面不仅包括空间数据,如矢量数据和栅格数据,还同时包括时态数据,如时间点、时间间隔等对数据,故首先需要探究其类型。

另一方面,针对大多数数据的应用,传统时空数据的存储方式使得检索和查询时空数据的时间复杂度非常高。

目前时空数据模型主要有几种:一是在栅格矢量空间模型基础上扩展时间维度,如基于栅格的时空数据模型、基于矢量的时空数据模型;二是在时间模型基础上扩展空间维度,如基于时间的空间数据模型;三是采用面向对象的方式,如基于对象的时空数据模型。

对于上述时空数据模型,时空大数据数据库摒弃了传统关系数据库模型的约束,弱化了一致性的要求,从而可获得水平扩展能力,支持更大规模的数据。根据数据存储模型的不同,当前时空大数据数据库模型主要可以分为 4 种:键值模型、列式模型、文档模型和图形模型(表 10 – 1)。

表 10 – 1 4 种时空大数据数据库模型对比表

存储模型	数据模型	应用场景	优点	缺点
键值模型	key 与 value 间建立键值映射,通常用哈希表实现	主要用于处理大量数据的高访问负载	查找迅速	数据无结构化,通常只被当作字符串或者二进制数据
列式模型	以列存储,将同一列数据存放在一起	分布式文件系统	适合大量的数据而不是小数据,高效的压缩率	不适合扫描小量数据,不适合随机更新
文档模型	与键值型类似	主要适用于动态查询支持,如 Web 应用	查询性能较好	不支持事务
图形模型	图结构	社交网络、推荐系统、关系图谱	利用图结构相关算法提高性能	图结构不好切割,很难支持分布式解决方案

基于时空大数据数据库,在大数据背景下,数据的规模已经从 GB 级别跨越到 PB 级别,当前的时空数据存储方法受单机的吞吐性能与扩展能力的限制,无法存储和处理如此规模的数据量,只能依靠大规模集群来对这些数据进行存储和处理。目前最流行的技术是 Hadoop + MapReduce 的大数据存储和处理框架。其中 Hadoop 的分布式文件处理系统(HDFS)作为大数据存储框架,分布式计算框架 MapReduce 作为大数据处理框架。

10.2.3 时空大数据处理平台

目前针对时空大数据的处理平台主要包括:基于大型集群并行的时空大数据处理平台,基于 GPU 计算的时空大数据处理平台,基于 MapReduce 的时空大数据处理平台等。

1. 基于大型集群并行的时空大数据处理平台

集群计算是并行计算的一个重要组成单元,高性能集群计算平台采用多台计算机构成。集群计算平台使用高速交换机连接集群节点。目前常见的大型集群有高性能计算集群和 Hadoop 集群。Hadoop 集群是对海量数据进行分布式处理的软件架构,对数据的处理方式可靠、高效并且可伸缩。Hadoop 对处理分析的数据维护多个副本,确保在数据计算存储失败时能够重新分配节点处理数据,以并行的形式处理海量 PB 级别的数据。Hadoop 能被广泛用于大数据处理的原因是 Hadoop 使用分布式架构体系,可以尽可能地存储系统,并进行海量数据的处理分析。

2. 基于 GPU 计算的时空大数据处理平台

GPU 计算是指将计算机的图像处理器用于数据计算工作的计算方式。GPU 计算模式是在异构协同数据处理的计算机模型中用 GPU 辅助 CPU,将应用程序中数据计算繁重的部分交由 GPU 进行处理,而其他串联部分由 CPU 执行,从而提高应用程序的可用性。从用户的角度来说应用程序在运行速度上比之前快了许多。GPU 加速器对于有海量数据计算的应用有着极其重要的价值,因此大数据的数据处理硬件平台越来越青睐于使用 GPU 加速器来满足其日益增长的数据规模及计算性能需求。在大数据时代,可以使用 GPU 协调 CPU 来提高并强化其整体计算性能。

3. 基于 MapReduce 的时空大数据处理平台

MapReduce 是 Google 开发的一个基于云计算体系的编程架构,是一种简化大数据集并行计算的分布式编程模式,MapReduce 方便用户将自己的程序运行到分布系统上。MapReduce 隐藏了跨集群调度、故障机器处理、集群节点通信及数据分布等问题细节。MapReduce 方便用户在不了解分布式系统和分布式处理情况下,将应用程序发布到大规模集群并行计算平台上,只需要经应用程序使用 MapReduce 函数形式表示,应用程序便可以处理海量的时空大数据,并具备了较好的延展性。

10.2.4　智慧城市大数据分析方法

在大数据的关键技术中,大数据分析是大数据从数据转换为价值的最重要的环节,否则,大数据仅仅是一堆数据而已。然而时空大数据分析方法不但具有大数据分析方法上的 4V 特点,即数据量大(volume)、种类多样(variety)、增长速度快(velocity)、价值密度低(value),还同时具有时空坐标,数据结构更加复杂,这给数据分析带来了巨大的挑战。

时空数据分析有五个基本要素:

(1)可视化分析。普通用户和大数据分析专家是大数据分析的直接使用者,因此对大数据分析的基本要求就是要可视化,因为他们想通过可视化分析获得可观的大数据特征,让用户直观地看到结果。

(2)数据挖掘。大数据分析的理论核心就是数据挖掘。各种数据的算法基于不同的数据类型和格式,能更加科学地呈现出数据本身的特点,能更快速地处理大数据。在数据挖掘方面,主要是通过网络技术和机器学习等模型,从包含各种类型和形式的海量数据中发现数据间的深层次隐含关系,分析提取具有物理意义的有效特征关系。这种分析方式克服了数据类型和结构的束缚,是更强大的探寻数据关系的手段。网络技术包括信息检索、文本挖掘和网络挖掘等手段;机器学习包括归纳学习、深度学习(神经网络)和支持向量机等算法。其中,深度学习是较为成熟的机器学习技术,目前众多数据分析机构,包括 Google、Facebook、阿里巴巴等国内外创新型企业都在结合深度学习算法和网络技术方法开展大数据分析的探索和实践。

(3)预测性分析。预测分析是利用统计、建模、数据挖掘工具对已有数据进行研究以完成预测。预测方法从技术上分为定性预测与定量预测。定性预测是基于经验和判断对预测对象做定性分析,主要有集思广益法和德尔菲法,预测的准确程度主要取决于预测者的理论、经验以及掌握的情况和分析判断能力等。

(4)语义分析。由于非结构化数据与异构数据等的多样性带来了数据分析的新的困难与挑战,需要一系列的工具去解析、提取、分析数据。语义引擎的设计需要其能从文档中智能提取信息,并能从大数据中挖掘出特点,通过科学建模和输入新的数据,从而预测未来的数据。语义分析即对信息所包含的语义的识别。语义分析技术是智能语义分析,包括 3 个方面:一是通过语义识别处理非结构化的社会性信息;二是通过支持大规模程序计算的自动分析应对持续快速增长的大数据;三是通过人工智能对信息进行及时处理,提高数据处理的时效性。

(5)数据管理和数据质量。大数据的 4V 特性使大数据存在数据质量问题,即不一致、不精确、不完整、过时或描述同一实体时数据出现冲突。对大数据进行有效分析的前提是高质量的数据。数据质量的评估维度:完整性、规范性、一致性、准确性、唯一性、关联性。数据质量提高技术涉及实例和模式 2 个层面。数据清洗解决的是数据实例层面的问题;数据存储技术解决的是模式层面的问题。

针对上述时空数据分析的基本要素,时空数据分析方法主要有 8 类,包括时空数据可视化、空间统计指标的时序分析、时空变化指标、时空格局和异常探测、时空插值、时空回归、时空过程建模、时空演化树。

(1)时空数据可视化。时空数据可视化是将时空数据用图形的形式展现出来。主要包括文本可视化、网络(图)可视化、时空数据可视化、多维数据可视化技术等。时空数据可视化可作为统计数值分析的先导和补充,也可提供背景信息和提示时空规律。主要的方法有时空立方,其维度是二维空间加时间维度;时空轨迹,其以水平二维坐标表示地理空间,以纵坐标表示时间,时空轨迹可将一个主体(如人)的时空运动轨迹用线连接起来;时空剖面,其以距某地物远近(欧式或非欧距离)和时间为两个水平维度,以属性值为纵轴,在平面上表达的三维图案,来发现某属性与某地物的统计关联,并且表达这种关系随时间的变化;时空动画,其利用计算机图形技术将地图序列的每一幅图片按时间帧连接并播放即生成时空动画,完整地展示所有时空信息;虚拟现实,其基于相似准则,运用计算机虚拟现实技术将空间、时间和物体等比例缩小,将研究对象、环境及其相互作用建立在计算机中,各要素和参数可操作、加减和调控。

（2）指标时序分析。空间统计量随时间的变化序列。将时空变化看作是空间分布随时间变化,在每个时间点分别做空间统计,将其按时间先后顺序连接起来,反映空间统计指标变化。现在已有许多空间统计指标,如几何重心、最邻近距离、BW 统计、全局和局域的 Moran's I 和 Getis G、Ripley K、半变异系数、空间回归系数等,都可做时间维度分析。

（3）变化指标。反映时空变化的综合指标,用单一值度量时空变化程度,主要用来度量时空变化程度的指标有动态度、时空速度等。

（4）时空格局和异常探测。时空格局是指事物属性的时空规律性,能够被人类智力理解、掌握和预测。异常探测是指大小和形状各异的景观要素在空间上的排列和组合。表现出规律性的景观格局可以称作时空格局。异常指时空点与其周围时空格局的差别。用于时空格局和异常探测的主要方法:SOM 时空聚类、EOF 时空分解、时空热点探测、多维热点探测、地球信息图谱。

（5）时空数据插值。时空抽样数据,可以通过时空插值技术,得到遍历时空的数据集。时空数据插值方法主要有时空 Kriging 插值模型、BME 插值模型等。时空 Kriging 是线性方法,而 BME 可以是线性或者非线性,还可以融合多种知识和多种数据,更加符合实际。

（6）时空回归。回归的目的是寻找因变量 y 和自变量 x 的关系。实际上对经典回归或空间回归模型进行简单延伸即可得到时空回归模型。主要用于时空回归的模型:时空面板模型、时空 BHM（Bayes Hierarchical Model）模型、贝叶斯网络有向无环图模型、时间 T－GWR（Geographical WeightingRegression）模型、时空 GAM（Generalized Addable Model）模型等。

（7）时空过程建模。当时空过程机理清晰和主导时,可以据此建立时空过程的数学模型。相对于统计模型而言,过程模型反映运动本质,容易解释,可用于仿真和预测。不同的过程具有不同机理,因而有不同的模型。

（8）时空演化树。时空演化树借鉴生物学发展演化理论,不做维度的约束,通过事物发展规律的梳理,将多维数据中可能蕴藏的机理关联脉络和演化变异以一种简单清晰可视化的形式表达出来,多维数据中的生命系统结构及其演化规律一目了然。

10.3　智慧城市中的时空大数据应用

10.3.1　时空大数据采集平台

对于时空大数据来说,每种数据都有各自的采集方式和采集平台,本节主要介绍与测绘相关的一些数据采集。

1.遥感影像数据采集平台

按照搭载传感器的遥感平台来分,遥感分为航空遥感、航天遥感、地面遥感。其中航空和航天遥感的重要性日益显著。

1）遥感卫星

遥感卫星指对地球和大气的各种特点和现象进行遥感观测的人造地球卫星。卫星遥感是指用卫星作为平台的遥感技术。遥感卫星包括侦察卫星、环境监测卫星、海洋观测卫星、地球资源卫星和气象卫星等。目前民用遥感卫星按照其工作方式分为光学卫星、雷达卫星、激光测高卫星以及重力卫星，例如：Landsat、SPOT、ALOS、EOS、资源、高分、GRACE 等系列的卫星。这些卫星可以用于调查大气、地下矿藏、海洋资源和地下水资源，监视和协助管理农、林、畜牧业和水利资源的合理使用，预报农作物的收成，研究自然植物的生长和地貌，考察和预报各种严重的自然灾害（如地震）和环境污染等，卫星拍摄各种目标的图像，以及绘制各种专题图（如地质图、地貌图、水文图）等，服务于气象、海洋、水利、农林、民政减灾、国土普查等方面。

2）航空遥感平台

航空遥感平台（空中平台）主要有各种固定翼和旋翼式飞机、系留气球、自由气球、探空火箭等。值得一提的是以无人驾驶飞机作为空中平台，以机载遥感设备，如高分辨率CCD 数码相机、轻型光学相机、红外扫描仪、激光扫描仪、磁测仪等获取信息，用计算机对图像信息进行处理，并按照一定精度要求制作成专题图像、三维模型等成果。全系统在设计和最优化组合方面具有突出的特点，是集成了高空拍摄、遥控、遥测技术、视频影像微波传输和计算机影像信息处理的新型应用技术。以无人机为空中遥感平台的微型航空遥感技术，适应国家经济和文化建设发展的需要，为各类工程勘测、中小城市特别是城、镇、县、乡等地区经济和文化建设，提供了新型的、高效的遥感技术服务手段。

2. 地图数据采集平台

地图数据分为矢量数据和栅格数据两种类型。地图数据主要通过对地图的跟踪数字化和扫描数字化获取。其中，直接的栅格数据来源有卫星遥感影像、航空遥感影像等，间接栅格数据来源有扫描纸质地图、通过等高线地形图提取的数字高程模型等；直接获取矢量图来源有全球定位系统测量、工程测量等，间接的矢量数据来源于纸质地图扫描矢量化等。随着遥感技术的进步，地图数据依赖实地采集的比例越来越小。

3. 地面测量数据采集平台

现代的地面测量设备主要有全站仪、水准仪和 GNSS 移动终端等。全站仪的数据采集主要有两个方面：角度测量和距离测量。水准仪主要采集高程方面的信息。此外，与地面测量相关的还有一种在车辆等移动平台上安置集成的遥感测量系统，在平台行进中通过激光扫描和数码照相的方式快速采集城市道路等目标区域的空间影像数据、属性数据和位置数据，并同步存储在系统计算机中，经过专门软件编辑处理，形成所需的三维模型、属性数据和专题图数据。街景数据采集系统能够通过 GNSS 接收机确定车辆的地理空间位置，利用 IMU 测量导航单元实时提供车辆的运行姿态，可以精确记录具有空间参考信息和时标信息的 RGB 点云及视频影像，能够快速获取道路以及周边地物的三维特征，获取街道沿线 360° 全景影像以及重建街景模型。

4. 大地测量数据与重磁测量数据采集平台

大地控制数据主要有天文点数据、GNSS 网数据、水准高程数据和水深数据。天文点数据在我国一般采用目视光学观测,可用经纬仪进行观测,例如 T2、T3、T4、DKM3A 等。GNSS 网数据由 GNSS 接收机获得。水准高程数据可用水准仪测得。重力数据可用重力场数据,主要有地球重力场模型,重力观测点数据,各类卫星重力、航空重力数据和海洋重力数据,对于一千米格网,全国重力格网数据量达 100TB。目前用于重力测量的卫星有 CHAMP、GRACE、GOCE 卫星。磁场数据主要用卫星磁测法获得,卫星磁测法是指把磁力仪放在人造卫星上进行的地磁测量。

5. 与位置相关的空间媒体数据采集平台

空间媒体数据数字化的文字、图形、图像、视频等,主要来源于移动社交网络,博客、微博、微信等新型互联网应用。

10.3.2 时空大数据开放服务平台

时空数据是大量不同时间、不同尺度的空间数据和非空间数据的积累,是建设智慧城市最重要的信息来源。但时空数据在生产、管理与应用上也面临着存储组织与分析处理难、集成应用难及数据全生命周期管理难等问题。缺乏全面支持不同类型数据建模的数据存储方法,因为结构化、非结构化数据往往以不同方式存储。同时,不同空间数据库和文件格式的语义、语法、能力截然不同,这增加了应用程序开发的难度。因此,时空大数据开放服务平台一般基于特定的用途需求进行开发。本节以高速公路智慧交通服务平台为例,讲述其具体功能。

随着我国经济的快速发展,机动车的数量快速增加,从而产生了巨大的交通服务需求,出行者对服务质量的要求也逐步提高。我国常见的交通信息发布系统一般由可变情报板、可变限速标识、广播站等构成,功能比较简单,而且交通信息发布存在很大的随机性,不能全面的动态的报道道路运行状况。一旦发生交通事故、车辆抛锚等交通事件,就会在交通流中形成阻滞点,再加上大量的车流,这种交通阻滞和交通阻塞就会迅速向相反的方向延伸,如果不及时发现和处理,就有可能产生一系列的连锁反应,从而导致整个线路的瘫痪。智慧高速能为出行者全面分析道路状况,及时提供各种交通信息参考,同时发布指令或建议,供出行者选择最佳出行方式或交通路线,从而使得各道路交通流量合理分布。其在充分整合和综合利用交通信息资源的基础上,切实从用户的需求出发,借助多样化的服务方式,如通过传统 PC 客户端、智能手机、PDA 等各种智能终端进行服务,为高速管理者、出行者及第三方运营服务商等提供服务功能。这种服务主要由基础信息管理服务、出行服务、增值服务等组成。

1. 基础信息管理服务

高速公路智慧交通平台将高速公路基础设施采集的数据(主要包括道路状况信息、

收费站及周边信息、服务区信息、GIS 地理信息、机电设备运维信息、地质灾害预警信息等各类信息)进行汇集和共享,形成综合的高速公路基础信息库,为高速公路管理方使用,提高高速公路的管理效能。同时设置一定的权限,将部分信息面向出行者开放,供出行者查询使用(图 10 - 3)。

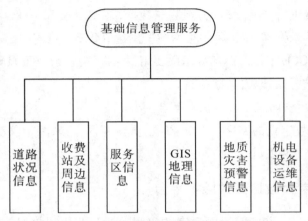

图 10 - 3　基础信息管理服务功能示意图

2. 出行服务

高速公路智慧交通突出人为核心的理念,将为人服务作为第一需求。出行服务是通过高速公路智慧交通平台将实时采集的信息进行分析与处理,为出行者提供综合的交通信息,满足出行者的各种出行信息需求。出行服务主要由出行诱导服务和第三方信息服务组成。出行诱导服务是依托高速公路上的各种智能交通诱导系统,如雾区诱导系统、长下坡诱导系统等,为出行者及时地提供诱导信息,保障出行安全。第三方信息服务是指出行者可以通过手机短信、车载终端、广播电视媒体等有偿信息服务,实时获取高速公路通行状况、气象信息、环境信息、异常交通事件等信息,为出行者提供信息参考(图10 - 4)。

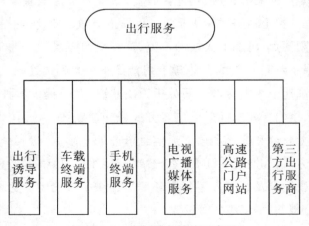

图 10 - 4　出行服务功能示意图

3. 增值服务

增值服务是指高速公路智慧交通平台将采集的交通数据进行实时处理,形成关联信息数据库,将关联信息提供给网络服务商、广播电视媒体服务商、第三方信息服务商及交通信息研究机构等数据需求者,提供有偿的数据服务,为高速公路管理部门带来额外的增值收益(图 10 – 5)。

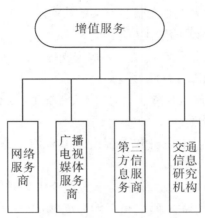

图 10 – 5 增值服务功能示意图

10.3.3 智慧城市时空大数据典型应用

人类社会飞速发展,未来一个城市将承载越来越多的人口。我国目前正处于城镇化加速发展的时期,部分地区"城市病"问题日益严峻。为解决城市发展难题,实现城市可持续发展,建设智慧城市已成为当今世界城市发展不可逆转的历史潮流。

智慧城市是在一个城市中将政府职能、城市管理、民生服务、企业经济通过智慧城市这个大平台融为一体。采用信息化、物联化、智能化科技,将城市所涉及的社会经济、综合管理与社会服务资源,进行全面整合和充分利用,为城市的社会经济可持续发展,为城市综合管理和社会民生服务,为保障我国城镇化健康发展、建立和谐社会提供一个可实施途径和强有力的技术支撑。

智慧城市实质上就是国家信息化在一个城市中的具体体现。我国提出的"互联网 +"行动计划,实际上是中国特色改革创新与互联网科技相结合发展的新常态、新业态,驱动当今社会变革和创新。"互联网 +"真正的内涵是融入了无所不在的应用和服务,造就了无所不在的应用创新。"互联网 +"的实质就是信息的互联互通,"互联网 + 交通"= 智慧交通;"互联网 + 电网"= 智慧电网;"互联网 + 物流"= 智慧物流;"互联网 + 医疗"= 智慧医疗等。

1. 智慧交通

智慧交通可以减少交通拥挤,提高交通量,改善交通安全状况,充分利用路网资源并减少对环境的影响。智慧交通系统拥有实时的交通和天气信息,所有车辆都能够预先知道并避开交通堵塞,减少二氧化碳的排放,沿最快捷的路线到达目的地,能随时找到最近的停车位,甚至在大部分时间车辆可以自动驾驶,而乘客可以在旅途中欣赏在线电视节目。这需要信息技术、交通大数据、先进交通管理给予支持。依托城市交通信息中心,实现城市公共汽车系统、出租车系统与轨道交通系统、交通信号系统、电子通信系统、车辆导航系统、电子地图系统综合集成的一体化交通信息管理。智慧交通利用的技术包括现代化的通信、定位、传感器以及其他与信息有关的技术。

目前智慧交通已经取得以下应用实例:

(1)利用智能交通信息技术支撑、交通大数据支撑、先进交通管理支持等,实现道路的"零堵塞""零伤亡"和"极限通行能力"。

(2)利用车辆轨迹和交通监控数据,为政府改善交通状况,为乘客提供交通信息,为驾驶员提高行车效益提供帮助。

(3)根据用户历史数据,为司机和乘客设计一种双向最优出租车招车/候车服务模型。

(4)基于出租车 GNSS 轨迹数据,并结合天气及个人驾驶习惯、技能和对道路的熟悉程度等,设计针对个人的最优导航算法,可平均为每 30min 的行车路线节约 5min 时间。

(5)利用车联网技术和用户车辆惯性传感器数据,汇集司机急刹、急转等驾驶行为数据,预测司机的移动行为,为司机提供主动安全预警服务。

2. 智慧电网

以先进的通信技术、传感器技术、信息技术为基础,以电网设备间的信息交互为手段,以实现电网运行的可靠、安全、经济、高效、环境友好和使用安全为目标的先进现代化电力系统,其核心是实现电网的信息化、自动化和智能化。电网大数据是通过物联网技术,连接遍布电网六大要素的传感器,从发电系统读取所有电流数据和智慧电网设备状态数据,智能电表从每个家庭或企业自动采集数据。而电网基础地理空间大数据则是电网布局的空间结构和空间关系数据、全部传感器位置数据、输电线路巡线位置轨迹数据、停电或事故断电等电网的安全数据。此外,先进电网管理支持还需要集发电监控中心、调度中心、输电系统、变电系统、配电系统、用电系统等于一体的智慧电网信息系统。

目前智慧电网已经取得以下应用实例:

(1)智能电表数据的应用。更好地掌控电网中用户的需求层次;监控各种电器详细的电力消耗情况;可按时间或需求量的变化定价;根据用电模式对用户进行分类;避开高峰时段用电;识别用电需求来自哪个地方或用户。

(2)智慧电网规划、设计、建设和运行。基于智能电网地理空间大数据的电网覆盖范围布局的空间结构和空间关系的优化设计;基于电网地理空间大数据的电网上所有传感器的精确空间定位;基于电网地理空间大数据的智能电网信息系统(集发电系统、调度系统、输电系统、变电系统、配电系统、用电系统、安全监控系统等于一体)的高效运行。

3. 智慧物流

采用 GNSS、PDA、多功能手持终端、RFID、无线网关等设备,集生产中心、仓储中心、商务中心、配送中心、监控中心等于一体的精细化、智能化、协同化物流信息系统。其中信息技术支持包括：GNSS、多种感知设备（温、湿、压等多功能手持终端、RFID 等）、无线通信技术、物联网技术、地理信息系统技术。其中的物流大数据包括：覆盖物流网范围的地理空间大数据、物流网络详细交通数据、油气管道线路位置数据及其感知设备上的位置数据、智慧物流过程的大数据等。

目前智慧物流已经取得以下应用实例：

（1）对物流车辆进行远程监控和指挥调度。根据显示在电子地图上的 GNSS 记录的物流车辆位置轨迹数据，分析和掌控物流车辆（队）行驶状况；根据显示在电子地图上的相应感知设备记录的车上物资的温度、湿度、压力等监控数据，分析和掌控物流物资的安全状况。

（2）对油气管道物流状况的监控。根据管道安全巡线员利用 PDA 和 GNSS 进行巡线的数据，进行分析并发出应对指令；根据管道上各类感知设备记录的温、湿、压、损数据，进行分析并采取相应措施。

（3）物流安全事故预防和事故处理。监控中心根据物流大数据进行实时分析，发现可能隐患，并提出预防措施；对已发事故，利用监控中心的物流信息系统平台研究处理方案，调集和组织力量赶赴事发现场抢救。

4. 智慧医疗

智慧医疗从个人角度出发，其目的是提升人们对健康和幸福的意识，使人们能够掌握更多的相关信息，以做出更加智慧的决定；从社会的角度出发，其目的是积累、存储和分析有关人们健康和习惯的信息数据，以便政府和市场更好地完善医疗政策、法规和医疗服务。智慧医疗需要人的身体和生理微型感知技术、互联网远程医疗技术、医学影像分析处理和三维仿真技术、计算机电子医疗档案技术、医疗卫生物联网技术等信息技术的支持。在此基础上，处理医疗大数据，即城市医疗卫生机构（行政机构、各类各级医院、卫生院所、保健院、药品商店、急救中心等）的空间分布数据；地方病、流行病、急性传染病数据；各类各级医院特色（专业）、人才、床位、医疗档案（病历）、大型专业和特殊设备、医疗文献等数据；个人保健数据。

目前智慧医疗已经取得以下应用实例：

（1）流感传播预测。美国 Rochester 大学的研究人员利用全球定位系统数据，分析纽约 63 万多微博用户的 440 万条微博数据，绘制身体不适用户位置"热点"地图，显示流感在纽约的传播情况，指出最早可在个人出现流感症状之前 8 天做出预测，准确率达 90%。

（2）个人保健。通过安装在人身上的各类传感器，对人的健康指数（体温、血压、心电图、血氧等）进行监测，并实时传递至医疗保健中心，如有异常，保健中心会通过手机提醒你去医院检查身体。

（3）远程医疗。通过国家卫生信息网络，利用医疗资源共享及检查结果互认数据以及急重病人异地送诊过程中的实时监控数据，在线会诊分析、治疗和途中急救等。

5.智慧城市社会管理

城市社会化大数据包括：城市基础地理空间信息交换共享平台大数据；位置轨迹数据；平安城市摄像头监控数据；空气质量监测数据；搜索引擎数据；流动人口注册数据等。而智慧城市社会管理，就是利用这些大数据，对社会进行有效管理。智慧城市社会管理目前已经在平安城市中得到应用。利用部署在大街小巷的监控摄像头数据，进行图像敏感性智能分析，并与110、119、112等交互，通过物联网实现探头与探头、探头与人、探头与报警系统之间的联动，从而构造和谐安全的城市生活环境。这些离不开传感器网监测技术、平安城市监控摄像头、空气质量监测、车流监测、GNSS导航技术、搜索引擎技术、地理信息系统技术等的支持。

目前智慧城市社会管理的应用实例：

（1）城市社会学研究。利用城市人群流动数据，揭示区域功能和区域人流的关系，对城市区域的社会学功能进行分类和优化。

（2）城市大气环境监测。利用地理监测站有限的空气质量数据，结合交通流道路结构、兴趣点分布、气象条件和人群流动规律等大数据，基于机器学习算法建立数据与空气质量的映射关系，从而推断出整个城市细粒度的空气质量。

（3）机动车违停管理。利用摄像头、电子眼等设备进行电子巡查、自动发现机动车违停；通过连接交警数据库，获取车主的联系方式，采用短信、电话告知等方式通知车主及时驶离，同时提供附近停车诱导服务；若车主无法及时驶离，即可进行罚款处理，并提供手机银行等快捷缴罚款方式；最后通过分析、挖掘数据报告，确定违停热点区域，提供给决策部门，以此分析数据来规划新的停车场、新的车位。

10.4　智慧城市发展的典型案例

中国城市的数量、规模以及特殊的城镇化进程，使得中国智慧城市建设具有独特性。截至2015年，我国开展智慧城市试点的城市（区、县、镇）已经达到340多个。从各地建设实践来看，智慧城市建设已经成为当前各地推进集约、智能、绿色、低碳的新型城镇化建设的重要抓手。本节以智慧上海为例介绍智慧城市的发展。

2011年，上海市"十二五"规划提出建设以数字化、网络化、智能化为主要特征的智慧城市，并发布了《上海市推进智慧城市建设2011—2013年行动计划》。该计划围绕构建国际水平的信息基础设施体系，通过政府规划引导，推动相关企业重点实施宽带城市、无线城市、通信枢纽、三网融合、功能设施五个专项，落实完善规划体系、规范建设管理、强化机制建设三项重点任务，全面提升了上海市信息基础设施服务等级（图10-6）。进而，2014年上海市又发布了《上海市推进智慧城市建设行动计划（2014—2016年）》，相比第一轮行动计划，该计划更加突出智慧应用，即建设中心由网络设施转为智慧应用；更加突出资源开放，加强政务信息化顶层设计，推动政务信息资源向社会开放；更加突出重点区域,积极建设智慧城市新地标,提高市民感知度和参与度(图 10-7)。在此基础上,上海市于 2016 年发布了《上海市推进智慧城市建设"十三五"规划》,该规划指出到 2020 年,上海市信息化整体水平继续保持国内领先,部分领域达到国际领先水平,以便捷化的智慧生活、高端化的智慧经济、精细化的智慧治理、协同化的智慧政务为重点,以新一代信息基础设施、信息资源开发利用、信息技术产业、网络安全保障为支撑的智慧城市体系框架进一步完善,初步建成以泛在化、融合化、智敏化为特征的智慧城市(图 10-8)。

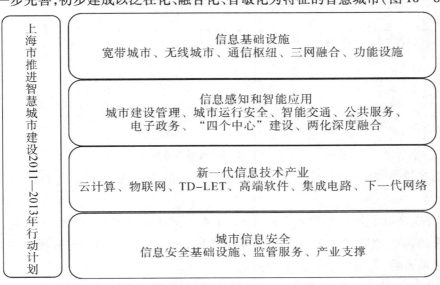

图 10-6 《上海市推进智慧城市建设 2011-2013 年行动计划》内容

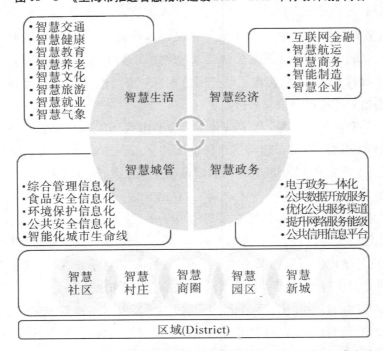

图 10-7 《上海市推进智慧城市建设行动计划(2014—2016 年)》内容

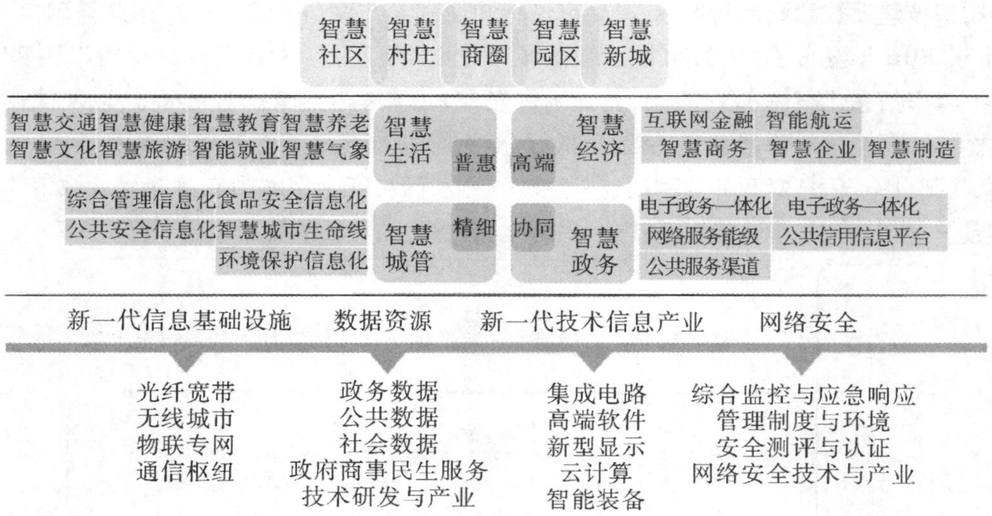

| 智慧社区 | 智慧村庄 | 智慧商圈 | 智慧园区 | 智慧新城 | | | | | | |

| 智慧交通 智慧健康 智慧教育 智慧养老
智慧文化 智慧旅游 智能就业 智慧气象 | 智慧生活 | 普惠 | 高端 | 智慧经济 | 互联网金融 智能航运
智慧商务 智慧企业 智慧制造 |
| 综合管理信息化 食品安全信息化
公共安全信息化 智慧城市生命线
环境保护信息化 | 智慧城管 | 精细 | 协同 | 智慧政务 | 电子政务一体化 电子政务一体化
网络服务能级 公共信用信息平台
公共服务渠道 |

新一代信息基础设施	数据资源	新一代技术信息产业	网络安全
光纤宽带 无线城市 物联专网 通信枢纽	政务数据 公共数据 社会数据 政府商事民生服务 技术研发与产业	集成电路 高端软件 新型显示 云计算 智能装备	综合监控与应急响应 管理制度与环境 安全测评与认证 网络安全技术与产业

图 10 – 8　上海市"十三五"智慧城市建设总体框架

经过多轮智慧城市行动计划的指导,上海市在推进智慧城市建设方面取得了显著成效:

(1)信息基础设施服务能力显著提升。上海市已基本实现了光纤到户、全覆盖;上海市成为全国首个 NGB 网络示范城市,基本覆盖中心城区和郊区城镇化区域;3G/4G 基本实现全市域覆盖;WLAN 接入点(AP)超过 18 万个。

(2)在智慧教育方面,以教育信息资源共享、电子书包、网上教学等应用为重点的教育信息化成果显著,上海学习网注册用户达到 184 万,在线课程达到 1.5 万门。

(3)在智慧交通方面,上海建立了统一的交通综合信息平台,实现了城市快速路、中心城地面主要交通道路和郊区干线公路三张路网的交通流状态数据和视频信息全覆盖;建成了不停车收费 ETC 系统,实现了泛长三角五省一市高速公路 ETC 互通互联,基本建成全市统一的公共停车诱导信息平台。

(4)在智慧健康方面,2006 年上海市启动了"市级医院临床诊疗信息共享工程";2011 年,在医联基础上,上海市启动了市民健康档案工程建设,已经完成市级平台、医联平台、市公共卫生平台和 17 个区县平台的建设和互联互通,建立起 3000 多万份动态市民健康档案。

(5)在智慧航运方面,上海市建立了口岸电子平台。上海市对与通关和口岸物流相关的信息系统进行整合,建设了上海电子口岸,并相继建成一批信息化功能性基础设施与服务设施,这包括加工贸易和保税类电子化、港航和空港业务、税费电子支付、洋山港区综合信息服务系统等,有效提高了口岸通关效率、监管和服务水平。

智慧城市给测绘行业开拓了一个新空间,提出了新要求。智慧城市要求测绘把基准从二维、三维上升到四维,在处理卫星遥感、航空遥感、地面遥感、地下探测手段所采集的数据时,要求测绘人对数据加工的过程更智能化、更快速化。

　　传统测绘领域主要提供地图服务,现在已经从地图服务转型到为各行各业、社会公众提供实时的地理空间信息服务。现在测绘行业要紧跟形势发展,将小测绘转向大测绘、智慧测绘,主动参与学科交叉,研究和解决其中的难点问题和不断出现的新问题。

参考文献

[1]孔祥元,郭际明,刘宗泉,等.大地测量学基础[M].2版.武汉:武汉大学出版社,2010.

[2]党亚民,章传银,陈俊勇,等.现代大地测量基准[M].北京:测绘出版社,2015.

[3]孙家抦.遥感原理与应用[M].3版.武汉:武汉大学出版社,2013.

[4]蔡孟裔,毛赞猷,田德森,等.新编地图学教程[M].北京:高等教育出版社,2000.

[5]廖克.现代地图学[M].北京:科学出版社,2000.

[7]张正禄.工程测量学[M].武汉:武汉大学出版社,2005.

[8]岳建平,徐佳.安全监测技术与应用[M].武汉:武汉大学出版社,2018.

[9]黄张裕,魏浩翰,刘学求,等.海洋测绘[M].2版.北京:国防工业出版社,2013.

[10]中国卫星导航系统管理办公室.北斗卫星导航系统发展报告(3.0版)[R].北京:中国卫星导航系统管理办公室,2018.

[11]李德仁.数字地球与"3S"技术[J].中国测绘,2003(2):28-31.

[12]张军,涂军,李国辉.3S技术基础[M].北京:清华大学出版社,2013.

[13]李春华,许翅章.智慧城市概论[M].北京:社会科学文献出版社,2017.

[14]边馥苓.时空大数据的技术与方法[M].北京:测绘出版社,2016.